科学技术部创新方法工作专项项目（2007FY140800）
国家自然科学基金（41125005）
资助

“十二五”国家重点图书出版规划项目

地理学思想与方法丛书

经济地理学思维

刘卫东 等 著

科学出版社
北京

内 容 简 介

经济地理学是一门培养整体思维观和领导力的学科，同时也是不易把握和驾驭的学科。这个学科的独到之处在于其面向真实世界的“立体”思维模式和宽广的知识结构，即善于把研究对象放到特定的历史阶段与特定尺度的空间中来观察和研究。成熟的经济地理学者应具备“系统工程师”的能力，在地域空间管理等领域面向社会和政府需求扮演系统集成的角色。本书介绍了这个“立体”思维模式及其主要构成要素，期望帮助读者更好地了解经济地理学。

本书适合于地理学及相关专业的学生和青年学者、城市与区域规划工作者、相关政府管理工作者，以及对该学科感兴趣的社会各界人士阅读。

图书在版编目(CIP)数据

经济地理学思维 / 刘卫东等著．—北京：科学出版社，2013. 1
（地理学思想与方法丛书）
ISBN 978-7-03-036507-1

Ⅰ. 经… Ⅱ. 刘… Ⅲ. 经济地理学 Ⅳ. F119. 9

中国版本图书馆 CIP 数据核字（2013）第 012664 号

责任编辑：李 敏 王 倩 / 责任校对：张凤琴
责任印制：钱玉芬 / 封面设计：黄华斌

科 学 出 版 社 出版
北京东黄城根北街 16 号
邮政编码：100717
http://www.sciencep.com

北京凌奇印刷有限责任公司 印刷
科学出版社发行 各地新华书店经销
*
2013 年 1 月第 一 版 开本：B5（720×1000）
2013 年 1 月第一次印刷 印张：15 3/4 插页：2
字数：300 000

POD定价： 108. 00元
（如有印装质量问题，我社负责调换）

《地理学思想与方法》丛书编委会

《经济地理学思维》各章作者

第1章	经济地理学之“惑”	刘卫东
第2章	区位法则：“距离”衰减律	贺灿飞
第3章	空间分异	刘志高
第4章	空间结构	王姣娥、莫辉辉
第5章	地方综合	张晓平、刘志高、高菠阳、刘卫东
第6章	空间联系与相互作用	梁进社、刘卫东
第7章	尺度关联与相互依赖	苗长虹
第8章	空间管理	刘卫东
第9章	“经世”与“致知”	童　昕
全书设计与统稿		刘卫东

总　序

“工欲善其事，必先利其器。”科学思想和方法就是科学研究的“器”，是推动科学技术创新的武器。科学技术发展历程中每一次重大突破，都肇始于新思想、新方法的创新及其应用。科学思想和科学方法上的创新意识与系统研究的不足，已经制约了我国科技自主创新能力的提高。加强科学思维、科学方法和科学工具的研究与创新，是建设创新型国家的必然选择。因此，“推进学科体系、学术观点、科研方法创新”被写入了党的十七大报告。

科学技术部原拟从编制《科学方法大系》入手来贯彻和推进中央的这个精神，并拟先从《地球科学方法卷》开始，但后来的思路大为扩展。2007 年 5 月 29 日《科技日报》发表了地理学家刘燕华（时任科学技术部副部长）的题为“大力开展创新方法工作，全面提升自主创新能力”的文章。2007 年 6 月 8 日，我国著名科学家王大珩、叶笃正、刘东生联名向温家宝总理提出“关于加强创新方法工作的建议”。2007 年 7 月 3 日，温总理就此意见批示：“三位老科学家提出的‘自主创新，方法先行’，创新方法是自主创新的根本之源，这一重要观点应高度重视。”遵照温总理的重要批示精神，科学技术部、国家发展和改革委员会、教育部、中国科学技术协会于 2007 年 10 月向国务院呈报了《关于大力推进创新方法的报告》，中央有关领导人批转了这个报告。2008 年 4 月，科学技术部联合国家发展和改革委员会、教育部、中国科学技术协会发布了《关于加强创新方法工作的若干意见》（国科发财〔2008〕197 号），明确了创新方法的指导思想、总体目标、工作任务、组织管理机构、保障措施。

《关于加强创新方法工作的若干意见》部署了一系列重点工作，并启动了“创新方法工作专项”。主要工作包括：加强科学思维培养，大力促进素质教育和创新精神培育；加强科学方法的研究、总结和应用；大力推进技术创新方法应用，切实增强企业创新能力；着力推进科学工具的自主创新，逐步摆脱我国科研受制于人的不利局面；推进创新方法宣传普及；积极开展国内外合作交流。其中“加强科学方法的研究、总结和应用”旨在“着力推动科学思维和科学理念的传承，大力开展科学方法的总结和应用，积极推动一批学科科学方法的研究”，这就是《科学方法大系》要做的事。

作为国家“创新方法工作专项”中首批启动的项目之一，我们承担了“地理学方法研究”重点项目。项目的总目标是“挖掘、梳理、凝练与集成古今中外地理学思想和方法之大成，促进地理学科技成果创新、科技教育创新、科技管理创新”。我们认为这是地理学创新的重要基础工作，也是提高地理学解决实际问题的能力、更好地满足国家需求的必要之举。我们组织了科研和教学第一线的老、中、青地理学者参与该项目研究。经过四年的努力，做了大量工作，取得了丰富的成果，包括发表了一系列研究论文、凝聚了一支研究团队、锻炼了一批人才、举办了多次研讨会和培训班、开发了一批软件、建立了项目网站等。而最主要的成果就是呈现在读者面前的这套《地理学思想与方法丛书》，包括专著、译著和教材三大系列。

《地理学思想与方法丛书》专著系列包括《地理学方法论》、《地理学：科学地位与社会功能》、《理论地理学》、《自然地理学研究方法》、《自然地理学研究范式》、《经济地理学思维》、《城市地理学思想与方法》、《地理信息科学方法论》、《计算地理学》等。

《地理学思想与方法丛书》教材系列包括《地理科学导论》、《普通地理学》、《自然地理学方法》、《经济地理学中的数量方法》、《人文地理学野外方法》、《地理信息科学理论、方法与技术》、《地理建模方法》、《高等人文地理学》等。

《地理学思想与方法丛书》译著系列包括《当代地理学方法》、《地理学生必读》、《分形城市》、《科学、哲学和自然地理学》、《地理学科学研究方法导论》、《自然地理学的当代意义：从现象到原因》、《经济地理学指南》、《当代经济地理学导论》、《经济地理学中的政治与实践》、《理解正在变化的星球——地理科学的战略方向》、《空间行为的地理学》、《人文地理学方法》、《文化地理学手册》、《地球空间科学与技术手册》、《计量地理学》等。

“地理学方法研究”项目的成果还包括一批已出版的著作，当时未来得及列入《地理学思想与方法丛书》，但标注了“科学技术部创新方法工作专项项目资助”。它们有：*Recent Progress of Geography in China：A Perspective in the 21st Century*（The Commercial Press，2008 年）、《地理学思想经典解读》（商务印书馆，2011 年）、《基于 Excel 的地理数据分析》（科学出版社，2010 年）、《基于 Mathcad 的地理数据分析》（科学出版社，2010 年）、《地理数学方法：基础和应用》（科学出版社，2011 年）、《世界遗产视野中的历史街区——以绍兴古城历史街区为例》（中华书局，2010 年）、《地理学评论（第一辑）：第四届人文地理学沙龙纪实》（商务印书馆，2009 年）、《地理学评论（第二辑）：第五届人文地理学沙龙纪实》（商务印书馆，2010 年）、《地理学评论（第三辑）：空间行为与规划》（商务印书馆，2011 年）、《我国低碳经济发展框架与科学基础》（商务印书馆，2010 年）等。

科学思想和科学方法的不断总结对于推动地理学发展起到不可小视的作用。所以此类工作在西方地理学中历来颇受重视，每隔一段时期（5～10 年）就会有总结思想和方法（或论述学科发展方向和战略）的研究成果问世。最近的一个例子是美国全国研究委员会 2010 年发布的《理解正在变化的星球——地理科学的战略方向》。中国地理学者历来重视引进此类著作，集中体现在商务印书馆出版的《当代地理科学译丛》和以前的一系列译著中（甚至可上溯到 20 世纪 30 年代出版的格拉夫的《地理哲学》）。但仅引进是不够的，我们需要自己的地理学思想和方法建设。有一批甘坐冷板凳的中国地理学者一直在思索此类问题，这套《地理学思想与方法丛书》实际上就是这批人多年研究成果的积累；不过以前没有条件总结和出版，这次得到“创新方法工作专项”的资助，才在四年之内如此喷薄而出。“创新方法工作专项”的设立功莫大焉。

学科思想和方法的建设是一项长期的工作，伴随学科本身自始至终，这套丛书的出版只是一个新起点。“路漫漫其修远兮，吾将上下而求索。”

蔡运龙
2011 年 4 月

目　录

第1章　经济地理学之“惑”[①]

经济地理学，或许是一门让人感到一些困惑、但又有些诱惑的学科；
或许是一门让人感到“门槛”很低、但又难以完全把握的学科；
或许是一门善于从事实践性工作、但又不乏自身科学命题的学科。
经济地理学，不是记述什么地方生产什么的“地方志”。

1.1　引言：经济地理学独特吗？

2008年10月13日，瑞典皇家科学院将诺贝尔经济学奖授予了保罗·克鲁格曼。诺贝尔奖委员会授予他的颁奖词中提到，因为在贸易模式上所做的分析工作以及对经济活动区位理论的贡献，他能够获此殊荣。克鲁格曼的获奖在经济地理学界引起了不小的震动，因为他的研究工作与经济地理学密切相关。[②] 一些人认为，克鲁格曼把地理思维带入了主流经济学，为经济地理学争了光、打了气。更多的地理学者认为，克鲁格曼的研究并无太多新鲜的东西，主要是空间计量学派和区域科学的延续，而这类研究已经被主流地理学抛弃很久了。在一次美国地理学家联合会（AAG）针对克鲁格曼获奖的研讨会上，加州大学洛杉矶分校的著名地理学家阿兰·斯科特（Scott A.）曾谈到，如果在这个领域颁奖，也应该颁给我的老师瓦尔特·艾萨德（Isard W.）。艾萨德是区域科学的创始人。

事实上，早在20世纪90年代，关于克鲁格曼的“经济地理”研究到底是不是经济地理学的争论就已经开始了。90年代初，以克鲁格曼为代表的一批经济学家重新发展了空间经济学的计量方法，用来分析经济活动的集聚和空间过程。这种强调运输成本、报酬规模递增和不完全竞争在区位决策中作用的空间经济分析方法，被他们自己称为“新经济地理学”。这对主流经济地理学家产生了很大的冲击。毕竟，与“新”相对的是“旧”或者是“传统”。争论随之而起，并产生了针对此事的数量可观的论文和著作。克鲁格曼自己在为《牛津经济地理学手册》撰写“‘新经济地理学’在哪里？”一文中曾提到：“我知道这个名称会惹恼辛勤工作的传

① 本章作者：刘卫东。

② 克鲁格曼自己曾写道：“我发现我的整个学术生涯……都在思考和写作经济地理学，但却丝毫没有认识到这一点。”（Krugman，1991。引自《经济地理学指南》（中译本））

统的经济地理学家们”；而且在文中承认他的“两区位模型无法正确处理一个广阔三维世界的地理”。到90年代后期，主流经济地理学家已经习惯地把克鲁格曼这一派的研究称为“地理经济学”。如果克氏的研究不是经济地理学，那么“原汁原味”的经济地理学又是什么样的呢？这个学科有什么独特之处呢？

这样的问题也会出现在由年轻人和学生参与的学术会议或沙龙上。近年来，越来越多的敢于质疑的学生们站出来大声地质问：经济地理学有什么自己的理论？或者有什么独特的东西？这的确是令这个学科中的学者们感到尴尬的一件事，但是也未尝不是一件好事。它迫使学者们反思到底是哪出了问题。简单归纳起来，导致这个局面出现的原因可能有三。其一，经济地理学家的兴趣点十分广泛，而且表面上看相互联系也不紧密。过去半个多世纪以来，欧美国家的经济地理学家一直处于“游牧”状态，而且是一种“常态”。正如理查德·皮特（Peet R.）在《现代地理学思想》（皮特，2007）中提到的，分散的研究主题让地理学一直存在着认同危机。其二，与广泛的研究兴趣相关，经济地理学者借用了大量其他学科的理论概念，让初入门者感到迷惑。事实上，概念工具和分析工具并非区分学科的关键要素。这一点我们后面还会进一步讨论。其三，对于中国而言，经济地理学者从事了大量的实践性工作。由于这些工作是以解决实际问题为核心的，因而必然会吸收很多其他学科的知识或学者参与才能完成。这也给外界和初入门者一些错觉或困惑，以为经济地理学是“大杂烩”和“万金油”。

关于前两个原因，后面我们会不断地进行讨论。这里先通过回顾过去十年中国经济地理学者所做的重要实践性工作，来反观这个学科有什么独到之处。一个学科能够在一定时期的社会实践中发挥重要作用，虽然与历史机遇有关，但更主要的是取决于该学科的知识结构和观察世界的视角。在中国，进入21世纪以来，经济地理学者在若干国家战略决策中扮演了重要角色。特别是在实施西部大开发战略、制定东北振兴规划、出台主体功能区划、编制重点地区的区域规划等方面，经济地理学者都领衔发挥了主要的技术支撑作用。另外，在国家发展和改革委员会（简称国家发改委）组织成立的国家规划专家委员会，两位经济地理学者（陆大道和樊杰）出现在并不长的名单中，而这个委员会是制定国民经济和社会发展五年规划的主要咨询机构。这些从侧面表明，经济地理学应该有其独到之处。

2000年，中央政府决定实施“西部大开发战略”。《“十五”西部开发总体规划》指出，西部大开发要实施“以线串点，以点带面”的重点开发战略。正确实施这个战略，要求在空间规划、产业选择、基础设施建设及生态环境保护等方面做出科学的决策。这项研究工作是由以经济地理学者为主的团队承担完成的。经济地理学者不但运用地理分析工具确定了重点经济带的空间范围，而且还指出应该按照社会经济联系紧密的、更小的空间单元来组织重点开发工作。这些

“空间单元”成为之后西部大开发的重点经济区，体现在西部大开发的后续规划之中。2009 年，受国家发展和改革委员会的委托，经济地理学者又牵头完成了“西部大开发‘十二五’规划及到 2020 年中长期发展思路研究”，为中共中央和国务院制定《关于深入实施西部大开发战略的若干意见》提供了科学依据。研究报告的不少观点被吸收到“若干意见”中。特别是，“集中连片特殊困难地区”已经成为今后十年我国扶贫工作的主要着力点。

“十一五”以来，作为国土空间管治的重要手段，我国编制了 20 余个重点地区的区域规划。在多个重大规划中，经济地理学者都发挥了重要的技术支撑作用。例如，2007 年，国务院批复和发布了《东北地区振兴规划》；这是 21 世纪以来由国务院出台的第一个跨省的大区域发展规划。该规划是综合性区域经济社会发展与振兴规划，涉及产业、区域、生态、环境、人才、体制、创新等多项内容，需要多学科、多领域的综合性科研力量的支撑，而经济地理学者发挥了牵头作用。此外，在京津冀都市圈区域规划、长江三角洲地区区域规划、成渝地区发展规划、天山北坡经济区发展规划等重要区域规划中，都见到了作为“主力军”的经济地理学者的身影。

主体功能区划则是经济地理学者参与的另一项重大战略决策工作。中共中央在“十一五”规划建议和我国“十一五”规划纲要中，明确了编制全国主体功能区划的任务。2006 年，国务院正式启动了全国主体功能区划工作。2010 年，中共中央在“十二五”规划建议中进一步强调主体功能区划工作，将主体功能战略提升到与区域协调发展战略同等重要的位置。主体功能区思想是在总结国内外空间管治经验的基础上提出的，其中经济地理学者发挥了重要作用（虽然政府部门在采纳这个思想时过于强调管制了）。在主体功能区划编制工作上，经济地理学者主要承担了以下任务：技术路线研制，包括理论方法、指标体系和资源环境承载力评价等；区划方案的制定与比选，包括各类主体功能区边界及发展方向确定等；以及省级主体功能区划的技术方案与衔接。

此外，经济地理学者还广泛参与了全国国土规划编制、汶川和玉树震后重建规划（资源环境承载力评价）、全国民用机场布局规划等工作。列举这些与国家战略决策相关的重要实践性工作，并不是一种学科的“炫耀”，而是想问这样的问题：经济地理学者为什么在这些国家重大决策中发挥着技术支撑的核心作用？经济地理学有什么独特的视角？经济地理学者所发挥的作用难道只是由于历史的机遇？最后一个问题的答案当然是否定的。训练有素的经济地理学者之所以能够把握这些重大战略问题并给出合理的解决方案，主要是由于他们经过系统的训练能够拥有观察真实世界的“立体”思维能力！这个能力让他们可以把实践中的问题放到“立体”框架中来思考，并组织相关知识来解决问题。

我们将在本书中逐步树立这个面向真实世界的“立体”思维模式（图 1-1）。这个思维模式最基本的特点可以概括为时空思维和尺度思维，其基本构成要素包括区位（第 2 章）、区域分异（第 3 章）、地方综合（第 4 章）、空间结构（第 5 章）、空间联系（第 6 章）和尺度关联（第 7 章）。这些是经济地理学最基本的思维工具，我们可以利用其中之一进行研究工作。但是，成熟的经济地理学者需要知道这些思维工具之间的关系，并且能把它们组合起来形成“立体”思维能力。也就是要把研究对象放到特定的历史阶段和特定尺度的空间中来观察，通过观察地方内部各要素的相互作用、地区间联系以及尺度间关联，来分析这些力量所形成的空间格局，如区位、区域分异、空间结构等，并对空间格局的发展趋势（过程）做出科学判断。这其实也是地理学“驱动力—空间格局—空间过程”基本研究思路在经济地理学的一个体现。总体上，做好经济地理学研究，需要先树立整体观，再做具体研究工作。

从上述“立体”思维模式可以看出，经济地理学者具备成为（地域）空间管理“系统工程师”的能力（详见第 8 章）！在社会经济领域，他们面向社会和政府需求可以扮演系统集成的角色。这正是这个学科的独特之处和魅力所在。那么，什么是“系统工程师”呢？

> 系统工程师是指具备较高专业技术水平，能够分析商业需求，并使用子系统平台和相关软件来设计并实现商务解决方案的人员。……你可以认为系统工程师是一个大杂烩：一点服务器技术、一点操作系统知识、一点数据库概念、一点中间件结构、一点编程能力、一点网络基础、一点存储原理，还要一点 IT 素质和经验积累。（引自“百度百科”）

在强调学科分化的年代或者在科学问题相对简单的时代，这样一个“大杂烩”也许被视为没什么大用的“小角色”。但是，今天我们所面临的很多问题都是复杂系统。一方面，经济全球化使我们的社会经济系统越来越复杂，各国和各地区之间的相互依赖程度越来越高，“蝴蝶效应”在经济系统日趋明显。2008 年发生的全球金融危机及其后续效应，已经给我们上了最近的生动一课。另一方面，伴随经济活动的复杂化，人与自然复合系统也越来越复杂，政治、文化、社会等因素在这个复合系统中的作用不断显现。看看历年气候变化大会热闹的场面以及严峻的斗争形势，就不难理解人与自然的关系如何演化为政治事件了！要解决这些复杂系统的问题，就需要专业技能与宽广知识结构的结合。当研究全球气候变化的自然科学家在认真学习什么是产业结构的时候，我们应该意识到学科不断细化和分化的时代终结了。在这种背景下，是所谓的“大杂烩”站在舞台上的历史时刻了！

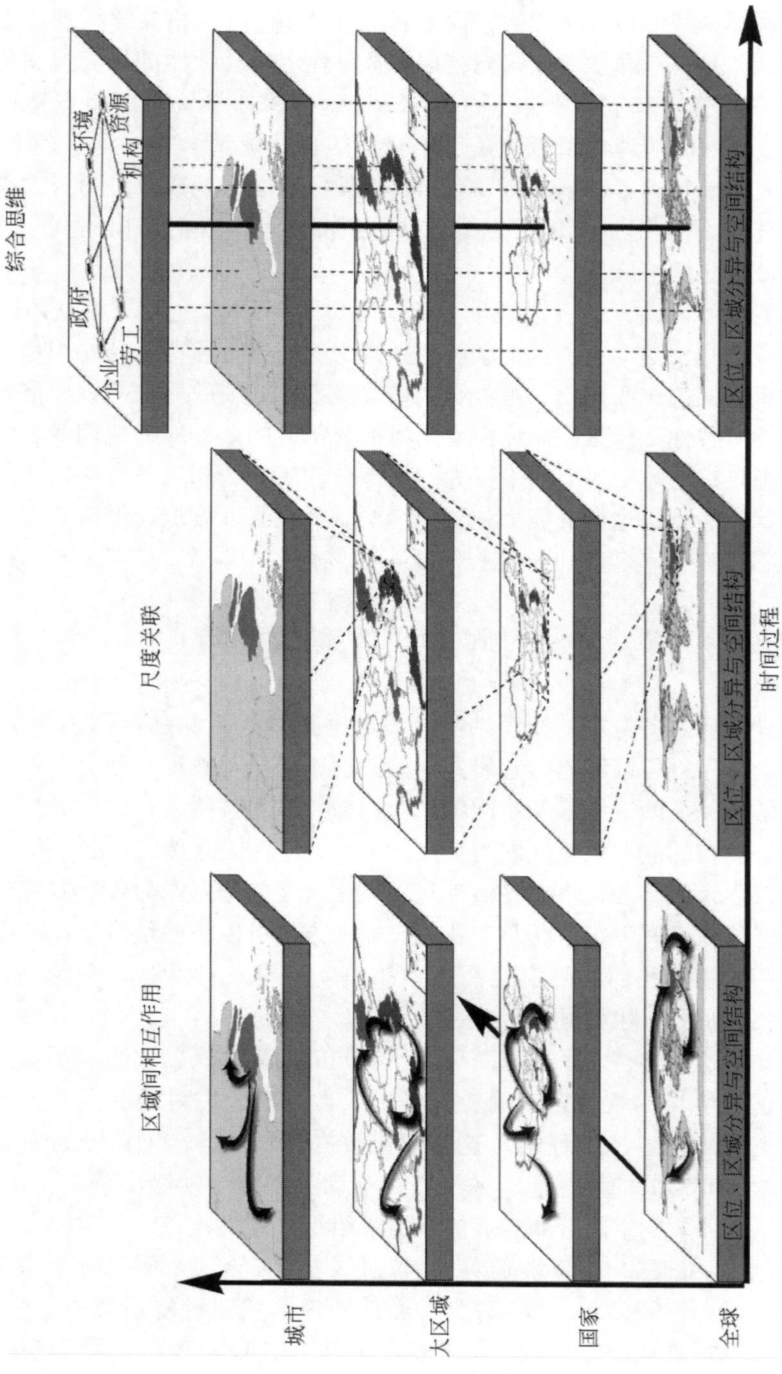

图1-1 经济地理学思维框架

制图：余金艳

当然，这不是经济地理学者的特权或者“个人舞台”，相关学科都在走向这个时代。但是，经济地理学者在知识结构的宽广性上具有天然的优势。文化景观学派的著名地理学者卡尔·索尔（Sauer C. O.，1998）早就在《历史地理学引论》中说过，“一位地理学家可能是一位合格的自然地理学家，而不必研究人；但是，一位人文地理学者，若是所知有限，他便没有能力观察及解释与人类经济相关的自然现象。”正是这样的历史传统，使经济地理学者把知识的宽广性作为自身科学素质的必要组成部分。

因此，我们可以说，经济地理学者所具有的针对真实世界的“立体”思维模式以及宽广的知识结构，是这个学科的独特之处。这个独特之处在当今的时代具有越来越重要的位置和作用，是进行战略决策不可或缺的。如果说经济地理学闪耀着光芒的实践性工作是一座冰山露出海面那部分的话，那么他们的思维方式和知识结构则是这座冰山在海面下更大的那部分。当然，如果没有严格和长期的专业训练，就无法具备这样的能力和知识结构。在很大程度上，经济地理学是一个看似“门槛”很低、实则不易把握的战略性学科。

1.2　经济地理学研究对象的特点

经济地理学者具备宽广的知识结构，并不意味着他们没有自己的专业领域。从这个学科的名字就可以看出，它研究经济活动，而且与地理空间有关。从最根本上，这个学科关注的一些最基本问题包括：为什么经济活动在地球表层的分布是不均匀的？分布的规律及其支配力量是什么？这些活动是怎么跨越不同的地点在空间上组织起来的？为什么有些活动只发生在特定的地点？为什么有些活动会随着时间的推移在空间上进行转移？我们在哪些方面可以调控经济活动的空间分布？……这些问题与我们的真实生活息息相关，直接或间接地影响到我们的就业、收入、社会福利、生活环境等。

但是，要给这个学科一个能够获得广泛认同的明确定义就比较难了。几乎在每一本有关这个学科的教材中，编者都给出了自己对研究对象的具体理解。例如，李小建主编的《经济地理学》这本中文教材，列举了八个典型的西方学者对经济地理学研究对象的阐述。有的从经济活动的细分出发给出定义，如生产、流通和消费三大环节的空间分布；有的从空间组织来定义；有的从空间差异来定义。彼得·迪肯和彼得·劳埃德在《空间区位：经济地理学的理论视角》（Dicken and Lloyd，1990）一书中写到：经济地理学关注经济系统的空间组织，即经济系统的不同要素位于何处、它们如何联为一体以及经济过程的空间影响如何？

最近的一些教材或著作干脆就放弃了给出一个非常明确的定义。在《牛津经济地理学手册》中，高登·克拉克（Clark G. L.）、玛瑞安·费尔德曼（Feldman M. P.）和默瑞克·格特勒（Gertler M. S.）三位主编就给出了一个非常宽泛的定义，即“它（经济地理）现在是一个关注以下问题的学术探索领域，即经济变化背景中的地理范畴和规模经济、这些变化的驱动力以及全球经济变革中地方的作用。”这样一个“定义”显然受到了时代的影响，即我们处在经济全球化的过程中，而且也照顾到了这本手册所邀请的不少经济学家的“口味”，具有非常大的包容性。尼尔·寇（Coe N. M.）、菲利普·凯利（Kelly P. F.）和杨伟聪（Yeung W. C. H.）在所著的《当代经济地理学导论》中没有给出任何定义，但用全书的内容诠释了经济地理学就是研究“经济”的，包括经济空间的动力、经济空间中的行动者以及经济活动的社会化。在埃里克·谢泼德（Sheppard E.）和特雷弗·巴恩斯（Barnes T. J.）主编的《经济地理学指南》中，也没有一个清晰的定义。

对这个学科多种多样的定义并不是一件难堪的事，其根源在于研究对象“经济”本身的特点。虽然经济学对“经济”有着非常明确的定义，但是真实世界中经济活动是复杂多样和丰富多彩的，绝非如定义那么简单。简单地说，真实的经济活动具有明显的时空特性。在不同的国家或区域，经济活动会展现不同的内容和特征；在不同的历史时期，同一个国家或地区的经济活动也呈现不同的内容和特征。举个简单的例子，三四十年之前，欧美发达国家处于制造业繁荣期，经济生活的主体及其存在的问题大多与制造业相关，经济地理学者关心的研究议题也是以制造业及流通领域为主。但目前这些国家的实体制造业大部分转移到了发展中国家，自身的经济活动转变为以金融、文化创意、高新技术、创新活动等为主。因此，处在不同时间位置和空间位置的学者，观察到的真实经济活动是不完全一样的，给出略有差别的学科定义也是难以避免的。

也许有人会质疑，经济地理学为什么不使用经济学对“经济”的抽象理解呢？那样不就可以有相对固定的研究对象了吗？事实上，在某个历史阶段，经济地理学曾以经济学的假设为基础，研究抽象的“经济”和几何空间，如居民点的空间等级秩序、制造业和零售活动的最佳空间区位等。但这个研究传统未能作为主流成功地延续下去——尽管作为经济地理学的组成部分这个传统仍然存在。经济地理学者们发现，给经济学“打小工”让经济地理学失去了特色和解释真实世界的能力，因而转向思考现实经济生活中更为重要的问题。因此，经济地理学的研究对象具有相当程度的历史性和地域性。位于不同国家和历史时期的经济地理学者总是善于捕捉现实经济生活中最重要的问题来研究。这或许是这个学科的诱惑力所在。

对于中国经济地理学者和学生来说，研究对象“经济”的变化更是“眼花缭乱”。这不仅表现为过去30年中国经济体系由传统计划经济转向市场经济的剧烈变革，而且还反映在现有经济体系中各种成分并存的现象，包括计划经济的遗留。这个经济体系中，既有传统的手工作坊，也有用最先进的机器设备武装起来的现代化企业；既有本土的私营中小企业，也有国有大型企业，还有各种层次的外资企业；既有市场运作机制，也有计划经济的成分；既有发达的世界性城市，也有贫穷落后的山村和城镇。30年的时间里，中国的“经济”经历了西方发达国家上百年所走过的历程。也就是说，对中国经济地理学者而言，具体研究对象经历了迅速而剧烈的变化。举个简单的例子，20世纪80年代，乡镇企业曾是中国经济地理学者重要的研究对象之一，但不到20年后这个概念就已成为历史了。

30年之前，中国的经济地理学主要服务于计划经济的需要，受原苏联经济地理学的影响很大，重点研究“分布”和“布局”。例如，吴传钧在《人文地理学概说》（李旭旦，1985）中认为，经济地理学研究人类经济活动的地域体系，特别是生产的地域布局体系。胡兆量等（1987）著的《经济地理学导论》将这个学科定义为“研究各国、各地区生产力布局及其发展条件和特点的学科。”应该说，20世纪90年代之前培育出来的经济地理学者或多或少都有一些“布局”情结和思维传统。到90年代后期，李小建主编的《经济地理学》将研究对象归纳为：经济活动区位、空间组织及其与地理环境相互关系。这个定义接近了80年代西方学者的认识，反映了研究对象与发展阶段的相关性。

中国经济地理学者对学科的界定与西方学者还有一个明显的区别，即中国学者重视经济活动与自然环境的关系，强调人地关系地域系统。例如，吴传钧等在1997年出版的《现代经济地理学》中归纳道，“经济地理学的中心研究内容是经济活动和地理环境的相互关系的地域系统的形成过程、结构特征、发展趋向和优化调控。”应该说，这是人地关系研究传统在中国经济地理学的延续和发扬光大。在地理学强调以“区域”为主要研究对象的时代（20世纪30~40年代），欧美经济地理学曾经重视“综合”，将自然环境置于研究的重要位置。但是，自计量革命转向研究抽象空间后，学者们放弃了对自然环境的关注。80年代兴起的“新区域主义”研究的关注点主要是社会、历史、文化、制度等因素。到2000年，在《牛津经济地理学手册》中，主流经济地理学再度出现了对自然环境的关注。例如，邀请杰弗瑞·萨奇斯（Sachs J. D.）等撰写了气候、临海性与发展的关系的论文，同时也对环境管制与发展的关系进行了讨论。之后出版的《经济地理学指南》包含了“资源的世界”一篇共五章，讨论了人与自然的关系。最近，随着越来越多地参与全球气候变化研究，西方经济地理学者正在重新认识和重视“人”与“环境”关系在研究工作中的位置。

中国经济地理学者以人地关系地域系统为重要研究对象，既与发展阶段有关，也与研究传统有关。中国是一个人口众多的发展中大国，在很多地区自然环境对发展的约束仍然很强烈，无论是研究“区域”还是研究空间差异和空间组织都必须思考自然环境的作用。同时，中国经济地理学的创始人吴传钧曾在20世纪40年代就读于英国利物浦大学，受到当时流行的人地关系学派的熏陶。因此，在引领中国经济地理学发展的半个多世纪中，他一直倡导重视人地关系地域系统的研究，成为这个学科在中国的特色之一。这个研究传统为中国经济地理学赢得了更为广阔的发展空间，在区域可持续发展领域发挥了重要作用。人类在地表不同地区的经济活动强烈地改变着自然格局，造成了各种不同空间尺度的环境变化和环境问题，因而正在成为改变自然环境最主要的动力。人地关系的研究传统使经济地理学成为人与自然环境关系研究的纽带和各类空间尺度的可持续发展研究的基础。

关于经济地理学的研究对象，我们已经讨论了其历史性和地域性，也分析了它在中国的特点。但比起“经济”的复杂性，这远远不够。最近20年，整个社会科学领域包括经济地理学对“经济”的理解发生了更为根本性的变化。以往提到“经济”这个词时，我们一般认为它是一个矗立在我们对面的一个“客观”事物，是毋庸置疑和理所当然的。我们每天都使用或听到这个词，以至于没有人会停下来思考“经济”实质上意味着什么。以国内生产总值（GDP）衡量的“经济”增长总是代表着欣欣向荣和蓬勃向上。研究“经济”的人（如经济学家）像研究一部精密机械一样进行物理和数学分析，并习惯于在社会上“发号施令”。“经济”真是理所当然的客观事物吗？最近的研究揭示出，事情并非如此。我们现在拥有的“经济”是被具有话语权的人塑造出来的！

在18世纪早期的英语国家，“经济”这个词指的是家庭财务管理，至今这个词也还有节约的意思。18世纪后期，由于工业化带来的专业化劳动分工的出现，加大了个体之间的相互依赖性。亚当·斯密在《国富论》中将这种相互依赖关系比喻为“看不见的手”，并将“经济”视为促进国家财富增长的社会结构，即经济是作为一个融合“整体”而发展的（关于这些论述详见Coe，Kelley and Yeung，2007）。从《国富论》开始到马克思的《资本论》，“经济”都是具有整体色彩和国家色彩的概念，是对社会总体生产、消费、贸易及财富的理解。到19世纪中后期，受到物理、化学等自然科学的影响，经济学家关注的重点从国家和整体层次转向个体，希望从“原子”构建对财富过程的理解。这个“原子”就是著名的“经济人”假设。为了搭建这个基于个体行为的学科体系以及寻求可以用于预测的规律，经济学家借用或借鉴了大量物理学概念，如效用、均衡、周期、稳定性、弹性、膨胀、摩擦等。这里潜在的含义是，“经济”是一个自然过程，而且像物理现象一样可计算。当然，所有这些假设和概念都符合公司运行的需要，赋予了公司摆脱政府管制的“尚方宝剑”。

20 世纪 40 年代之后，“经济”逐渐成为我们现在习以为常的一个流行概念。也就是说，经济学家为了寻求规律，强行把“经济”从整体社会生活中剥离出来，使其独立于社会、政治和文化过程。这是无可厚非的“科学方法”，就学术而言绝无可以指责的地方。但是，当这个“经济”被当做理所当然的意识形态灌输到人类发展之中时，显然产生了很多误导，而且很多误导已经根深蒂固，被视为“正常”。首先，为了做到“科学化”，“经济”必须是可计量和可交易的。凡是不能计量或者不能实现金钱交易的，就不能成为“经济”。我们走路或者骑车上下班，不是“经济”，而乘坐公共汽车或出租车则是经济活动。我们吃了一顿妈妈做的晚餐，没有任何经济价值，但在餐馆里吃饭则是“经济”。这样的“经济”堂而皇之地忽视了我们很多有价值和有意义的活动。其次，“经济”增长等同于财富增长，绝对是健康的和有益的，至少在“经济”的核算上是如此。对环境造成的影响是“外部性”，不是经济活动的组成部分。更多的人生病和治疗能促进“经济”增长；更多的人发生交通事故也能促进“经济”增长。多么令人匪夷所思的“经济”！这已经使我们的自然环境深受其害，也深深地伤害着我们自己。再次，“经济”是自然过程，是人们无法控制的一种机制。“经济”出了问题，市场会去纠正。至于生活在现实世界的人们的代价和感受就不必理会了。

因此，“经济”是具有话语权的人构建的一个“神话”，不是自然而然的东西。当下对“经济”的常规理解是特定历史和地理环境下的产物，不能视为理所当然。需要对“经济”有更现实、更富有人性的理解。其中一个方向就是将“经济”视为一个与政治、制度、社会和文化密切相关的过程，或者说是一个更为广阔的人类过程的有机组成部分。事实上，近年来经济学本身也在这个方向上进行努力。另一个方向是将自然环境纳入“经济”，而不仅仅是外部的“插件”。绿色 GDP 就是这样的努力之一。让“经济”回归现实世界的努力，使经济地理学的研究对象更加丰富多彩，为这个学科创造了巨大的研究空间。这是西方经济地理学过去 20 年发展的重要基础。

最后，还需要注意经济地理学研究对象与其他地学分支的区别。在地球表层，除了大气圈外的其他自然圈层的自然变化的时间尺度都是以数百年甚至数十万年计，而且以往的研究大多忽略了人类社会经济活动对自然环境变化的影响，因而形成了这些学科相对稳定的研究范畴和研究方法。而地球表层的经济活动则不一样，变化尺度通常以数十年计，而且变化速度越来越快。忽视这种时间尺度的巨大差异，在进行人类经济活动与自然要素过程耦合时可能会产生令人啼笑皆非的结果。一个简单的例子是当下流行的估算全球气候变化对经济系统的直接影响。气温升高2℃至少是50~100年的事情，而人们难以预计50年后一个地方的经济是什么样的（科幻小说家可能例外）。

总之，经济地理学的研究对象的特点赋予其一个非常活跃的学科特性。正如克拉克、费尔德曼和格特勒在《牛津经济地理学手册》中指出的，"经济地理学正处于思维变革和快速成长时期的一个充满未来的时刻……充满着各种具有深远现实意义的思维争辩。"这正是这个学科的诱惑力所在，也是一些人对其的困惑所在。

1.3 经济地理学的发展历程

通过对经济地理学研究对象的分析我们已经可以在一定程度上看到，这是一个发展演化很快的学科。尽管它只有一百多年的历史，但要追溯这个学科的产生并再现其发展过程是一项困难的工作。一方面，这样的工作往往面临"挂一漏万"的风险；另一方面，也的确存在如何界定学科范畴的问题。因此，到目前为止，还没有一本关于经济地理学史的著作。不过，已经出版的一些地理学著作或多或少包含了对经济地理学发展历程的简单讨论，如《地理学与地理学家》、《现代地理学思想》、《哲学与人文地理学》等。最近，特雷弗·巴恩斯（Barnes T.）和阿兰·斯科特（Scott A.）分别在《经济地理学指南》和《牛津经济地理学手册》中，对经济地理学的产生和发展做了简要的回顾。这里我们试图把分散在不同著作中的阐述串连起来，看看经济地理学在过去一百多年中走过的主要路径和"车站"。需要说明的是，我们并非要书写这个学科的历史，也没有能力这样做，而是试图通过简要回顾其历程看看这个学科给我们留下了什么样的"财富"。

一般认为，经济地理学诞生于19世纪后期。这是一个学科分化和新学科涌现的时代，社会学、心理学等就是这个时代的产物。按照巴恩斯（2008）的总结，一些能够说明经济地理学作为独立学科出现的重要事件包括：1826年，杜能出版了至今仍被奉为经典的《孤立国》，探讨了农业生产活动的区位问题；1882年，德国地理学者葛茨（Gotz）撰写的"经济地理学的任务"发表；1889年，英国地理学者乔治·奇泽姆（Chisholm G. G.）出版了《商业地理学手册》（*Handbook of Commercial Geography*）；1893年，美国康奈尔大学和宾夕法尼亚大学开始教授《经济地理学》课程；1913年，美国学者拉赛尔·史密斯（Smith R.）出版了《工业和商业地理》（*Industrial and Commercial Geography*）；1925年，克拉克大学出版了学术期刊《经济地理》（*Economic Geography*）。这些事件表明，至少在19世纪末和20世纪初，经济地理学已经作为独立的学科出现。

关于经济地理学的诞生，有人将其归结为欧洲发达国家推行殖民主义的需要（如Hudson，1977；Peet，1985；Livingstone，1992），但这只是针对贸易地理的出现而言的。巴恩斯在《经济地理学指南》中介绍史密斯的工作时指出了经济地理学的另一个起源，即一些经济学家对于抽象研究的不满。这些经济学家转向强调背景和细节的德国历史学派，认为经济活动具有时空相对性，要历史地看待和区域地看待经济现象，这便产生了经济史学和经济地理学。暂且不去考证这些说法是否百分百的正确，但在美国早期的经济地理学课程的确是由经济学家或商学院的老师们教授的。史密斯本人就是一位交通经济学家。无论起源如何，一百多年前，经济地理学成为了在大学中有自己的课程、在学术界有自己的团体的“制度化”学科了。从那时起，经济地理学就拥有了自己观察世界的视角和不断延续的“生命”。

1.3.1 二战之前的经济地理学

早期的经济地理学主要研究（某种）商品生产的地理分布和地理贸易。例如，奇泽姆和史密斯的著作所讲述的主要内容是贸易体系和支撑贸易的技术进展，以及由此形成的世界不同地方的劳动分工。开创并广泛地使用地图和表格来展现不同国家（特别是殖民国家和殖民地国家）之间的贸易联系，是这个时期经济地理学研究工作的特点，帮助人们更好地认识了当时的世界（对于英国而言则是它的世界帝国）。当时的学者已经深刻地认识到了交通和通信技术对于世界市场体系形成以及生产分布的重要作用。史密斯在他的《工业和商业地理》中就曾指出，世界的控制中心只集中在一些“角落”，如西北欧地区和美国的东北沿海地区，而生产活动是由广大其他地区承担的。这实际上也是对早期经济全球化的一种描述。

第一次世界大战之后，出现了对经济地理学研究对象的批判，导致了区域主义的产生。1915年，瑞·惠特贝克（Whitbeck R.）就曾批判到，经济地理学的分析单元不应该是某种商品，而是一个国家。之后在与同事芬奇（Finch V.）合著的《经济地理学》一书中，惠特贝克提出经济地理的核心组织思想是地域差异（areal difference），认为应该从农业、矿产、制造业、商业贸易、运输和通信等方面研究一个地区。所有这些以“区域”为研究对象的倡导在理查德·哈特向（Hartshorne R.）那里达到了顶峰，并影响了经济地理学长达20年之久，而且至今也是经济地理学的研究传统之一。

哈特向并不是第一个认识到“区域”的地理学家，但他在《地理学的性质》

一书中把区域研究视角系统化和正统化了①。哈特向认为，区域是将各种地理信息集合起来进行研究的基本单元。区域本身是独特的，各区域的组成要素或许相同，但要素的组合方式是独一无二的。就此而言，经济地理学不是预测性学科，而是解释性学科。对于哈特向而言，世界是由经济上定义的区域构成的大“补丁”被子或者说是“马赛克”，而区域是由诸如工厂和土地、建筑和生物、生产工具和方法、价格与市场、实践和抽象知识等要素组成的相互连接的复杂体。相比之前的生产和贸易地理研究，区域主义经济地理学研究具有如下特点。首先是重视野外调研，而不是仅仅依靠统计数据。要了解一个地方，就必须到那里去，这已经成为经济地理学的研究传统。其次是重视地方的综合（描述）研究，而不是单一商品的生产和贸易。尽管这把经济地理学的研究视野从认识世界和国家转到了认识地方，但也促成了经济地理学重视综合的传统。第三是划分区域的拓扑学方法。研究区域就要区分不同的区域，这不但为认识世界增加了新的视角，也是进行区划工作的“前奏曲”。尽管后来哈特向的区域主义遭到了计量学派的严厉批评，但它还是为经济地理学留下了很多宝贵的“财富”。

与此同时，早期的经济地理学还有两个需要提及的研究脉络：一个是区位研究；一个是人地关系研究。最初的区位研究可以追溯到杜能的农业区位论，但那时经济地理学还未成为一个制度化的学科，相关研究是一些人的业余爱好。杜能本人就是德国的一个地主和业余科学家。20 世纪初，一些学者开始关注工业活动的最佳区位，建立了工业区位论。代表性工作包括：韦伯的工业区位论（1909），胡弗区位论（1937）、克里斯塔勒的中心地理论（1933）和廖什的市场网络理论（1940）等。这些研究的共同点是研究抽象的世界，最基本的假设是“均质平原”和理性决策。其核心思想是生产成本和运费成本的最低化，或者利润的最大化。应该说，区位论代表着经济地理学抽象研究传统的开始。但是，第二次世界大战之前这些经济学家的工作并未在地理学界产生大的影响，但却是之后计量革命的“序曲”，也是艾萨德创立区域科学的基础。区位论被很多人奉为经济地理学中最经典的理论，至今在很多教科书中仍占据重要位置。这个脉络的研究也被一些人称为经济地理学的“空间传统”（尽管这个词并不十分准确）。从这个角度看，将克鲁格曼的研究工作视为“地理经济”或多或少有些不公平。

人地关系研究在西方国家一般很少被视为经济地理学的研究传统，但在中国

---

① 哈特向大学毕业后曾到德国跟随著名地理学家阿弗雷德·赫特纳（Alfred Hettner）做研究，深受赫特纳思想的影响。赫特纳主张从区域角度认识人地关系。在《地理学，它的历史、性质和方法》中他写到，地理学具有区域特性，它的任务在于了解区域，它的对象是人类和自然的区域性，它的重要方法是区域一比较方法。

它需要这样的历史位置。如前所述，过去三四十年中，中国经济地理学者将人地关系地域系统作为重要研究对象之一。人地关系研究传统可以追溯到地理环境决定论，而后者是 19 世纪地理学以合法化的身份进入现代科学体系的重要支撑（Peet，1985）。19 世纪中期，受达尔文生物进化论的影响，以弗里德里希·拉采尔（Friedrich Ratzel）为代表的一些学者将“适者生存”的思想引入对人类分布和活动的研究，认为地理环境决定了人的优劣，对人类文明具有的决定性作用。这些论述为殖民地扩张提供了理论基础。到 19 世纪后期，对地理环境决定论的批判已经十分普遍。重新思考人与自然环境的关系使地理学发展出了“或然论”（以法国的白兰士和白吕纳为代表）、景观学派（以德国的赫特纳和巴沙格为代表）、文化景观学派（以美国的索尔为代表）等研究视角。这些视角强调人与自然之间的相互作用关系。例如，白兰士认为，自然环境提供了可能性的范围，而人类在创造他们的居住地的时候，则按照自己的需要和愿望，凭借自身的能力来利用这种可能性。索尔认为，自然规律不适用于社会群体，人类的发展通过文化转变而发生。这些思想是经济地理学的宝贵“财富”，是中国经济地理学家提出人地关系地域系统的基础。事实上，最近 20 年来，人们对地理环境决定论有了新的认识——在宏观尺度上人类没有摆脱地理环境的约束。

1.3.2 二战后繁荣期的经济地理学

第二次世界大战之后，经济地理学很快开始了它的“第二乐章”，而这个乐章是以“计量革命”著称的。从 20 世纪 40 年代后期开始，北美和西欧国家经历了长达二十多年的战后繁荣期。伴随福特主义大规模生产的扩张，企业和城市都在迅速生长，区位、交通、空间规划等问题接二连三地摆在了决策者面前。与此同时，20 世纪初开始加速的科学进步大大地促进了生产力的提高，使人们对科学充满着“迷信”般的信任——科学和技术能解决任何问题。在这两种力量作用之下，经济地理学家面临着难堪的“挫折”：缺乏现代的科学方法论、距离决策需求太远、在学校和政府缺少威望等（皮特，2007）。在这种背景下，经济地理学开始转向寻求科学方法和发现科学规律，点燃了“计量革命”，或者说是“科学革命”。事实上，这不仅是经济地理学面临的问题，也是当时很多社会科学共有的问题。

尽管此前已经有学者倡导“社会物理学”的研究方法，但“计量革命”的第一枪是由弗雷德·谢弗（Shaeffer F. K.）打响的（Shaeffer，1953）。这位从纳粹德国逃亡出来的学者在美国依阿华大学教授《地理学思想史》和《政治地理学》等课程。1953 年，谢弗在《美国地理学家联合会学报》上发表了具有强烈震撼力的论文"地理学中的例外论"，矛头直指哈特向的区域主义学派，引发了对地理学的研究对象和性质的激烈争论。谢弗认为空间关系才是地理学的真正主题，号召以科学的方法研究地理并寻求地理"法则"，而不是进行区域的综合描述。之后，由华盛顿大学地理系开始，这场经济地理学的"空间科学"运动迅速传播开来，成为学科的主流，占据了学科发展领导者的地位。

在美国，早期的先锋人物包括爱德华·乌尔曼（Edward Ullman）和威廉·加里森（William Garrison），以及他们的后辈和学生布莱恩·贝里（Brain Berry）、杜南·马普（Duane Marble）、威廉·邦格（William Bunge）、瓦多·托布勒（Waldo Tobler）、爱德华·塔菲（Edward Taafe）等。他们崇尚逻辑实证主义研究方法，强调统计学和数学方法的应用。例如，贝里认为地理学是空间科学，而科学是逻辑实证主义的；邦格认为地理学是理论的和数学化的（皮特，2007）。在英国则是彼得·哈格特（Peter Haggett），强调通过对事物的抽象、建立模型并利用统计方法来检验模型的现实性。同时，以艾萨德为代表的一些经济学家对经济学研究忽视空间尺度不满，创立了区域科学，试图将需求、供给、价格等经济要素用区位方程表达出来。

"计量革命"或者说"空间科学"使经济地理学家在当时的社会和历史环境下获得了不断上升的学术地位，在交通规划、城市规划和企业区位选择等方面发挥了重要作用。其主要转变或特点是，使经济地理学从一个研究真实世界的学科转向研究抽象世界。这一方面使得这个学科具备了所谓的科学地位和"预测"能力，但另一方面也使其远离了现实世界。经济地理变成抽象空间、几何单元、符号和回归曲线，影响经济活动空间过程的因素仅剩下供给、需求、价格、成本、物理距离等，社会和自然因素被完全抛弃了。在那个时期的经济地理学界，对数学能力的掌握而不是对现实世界的了解是取得学术成绩的核心因素。不善于运用数学工具进行研究的学者往往被打入"冷宫"，难以发表学术成果。到20世纪60年代后期，计量革命的影响达到了顶峰，之后其威信和影响力快速下落。其中的主要原因是欧美国家社会经济的结构性变化，当然也与其研究高度依赖假设和约束条件有关。但是，计量学派的衰落并不代表经济地理学不再使用数学和统计方法，而是不再将其视为唯一正确的方法。

在计量革命如火如荼的同时，另一个研究脉络逐渐显示出其生命力，这就是企业（公司）地理的研究。在第二次世界大战后的繁荣期，伴随经济高速增长，企业迅速扩张，多区位、多部门企业越来越多，其中很多企业成为跨国公司。过去以单一部门的单一厂址为研究对象的最佳区位研究已经不能满足社会需要。一个独立的工厂和作为一个大公司分支机构的工厂，其区位决定因素可能有很大差别。在这个背景下，麦克尼（McNee R）提出了公司地理（Corporate Geography）的概念[①]，目的是使经济地理学中仅仅对物的分析转移到对人及社会组织机构的关注上来。此后，对公司特别是跨国公司的关注成为经济地理学的一个重要研究领域，至今仍兴盛不衰。过去30年，随着经济全球化程度的加深，跨国公司更是成为经济地理学研究的重点。

此外，出于对计量模型适用性的反思，还催生了行为地理学的诞生。计量革命的先锋人物彼得·古尔德（Peter Gould）将有关不确定性行为的影响引入了经济地理学（Gould，1963），认为公司决策人并非是具有完全理性的“经济动物”。之后，普莱德（Pred A.）将这些思想整理为一套完整的分析方法。他认为，处于任何具体的地理环境中的单个决策制定者，都可以从在两个相互关联的序列中所处的位置来表述：一个序列代表决策制定者可获得的信息的质量和数量的变化，另一个序列代表决策制定者对这些信息的利用能力的变化（斯科特，2005）。行为地理研究虽然对认识空间决策作出了贡献，但后来这个研究方向越来越多地转向从实验心理学角度进行研究，走入了实证主义的死胡同，逐渐淡出了经济地理学。

1.3.3 激进政治经济学派和“新区域主义”的兴起

20世纪60年代后期，北美和西欧国家结束了长达二十多年的繁荣期，出现了大量衰退区域和结构性问题，实体制造业开始向发展中国家转移。居高不下的失业率和通货膨胀成为普遍问题，之前繁荣的产业和区域开始陷入危机之中，如美国中西部传统制造业地区、英国的英格兰中部地区、德国的鲁尔地区等。主要关注企业最佳区位和居民点空间秩序的计量研究方法显然不足以解决这些结构性变化所产生的问题。善于扑捉时代性议题的经济地理学者又开辟了新的乐章。其中主要的新思维是大卫·哈维（David Harvey）开创的马克思主义政治经济学研究视角，以及由朵润·马西（Doreen Massey）带动的“新区域主义”的兴起。

哈维本人曾是计量革命的拥趸。在1969年出版的《地理学中的解释》（*Explanation in Geography*）长篇研究报告中，他曾写道：地理学家们不善于利用科学方法的神奇力量。这就是科学方法的哲学，它蕴含在计量化之中……计量革命含有一种哲学革命的意思。但是，仅四年之后，在《社会公正与城市》（*Social Justice and the City*）一书中，面对社会经济的结构性变化，哈维打开了从马克思

① 关于公司地理更多的介绍见《公司地理论》（李小建，2002）。

主义政治经济学角度对地理学问题进行全新阐释的窗口。哈维和其他政治经济学派的学者认为，之前的研究仅仅关注市场机制（特别是新古典经济理论），忽视了资本主义阶级关系在塑造地理空间中的作用。他们强调资本主义积累方式及其相应的社会结构在经济地理研究中的重要性，称之为"社会—空间辩证法"；同时，也重视国家机器在解决现实社会矛盾中的作用。

马克思主义政治经济学视角被引入经济地理学研究后，产生了重大影响，不但很快替代计量学派成为学科主流，也使经济地理学的研究与社会核心问题紧密地结合在一起，获得了声望。这个研究传统主要关注了以下议题：资本主义积累方式下城市空间变化的机制；贫困、失业、逆工业化和区域衰落等问题，以及这些问题背后的区域产业重组和劳动地域分工变化；不同尺度的不平衡发展问题；技术进步对资本主义积累方式的影响及其空间变化。此外，也衍生出了女性主义地理学，关注女性就业及其在塑造地理空间中的作用。时至今日，马克思主义政治经济学研究视角仍在经济地理学研究占有重要位置。

在哈维等关注社会经济结构性变化的同时，马西等则重新开始重视地方的作用，开启了"新区域主义"之门。在计量革命时期，出于寻求一般规律的需要，地方的特殊性被当做"不科学"而遭到摈弃。1984 年，马西在《劳动的空间分工：社会结构与生产地理》(*Spatial Division of Labor*: *Social structure and the geography of production*) 中提出，虽然阶级和性别在理解空间经济作用机理中具有重要作用，但其具体的影响和政治意义通常在不同地区之间存在很大的差异，这取决于其所处的地理和历史环境的显著差异。对地方的重新关注带动了大量关于特定地区的经济地理学研究，特别是英国的"地方研究计划"。这个计划通过大量的调查研究，展示了地方如何应对来自国家和全球经济力量所施加的压力。尽管这个计划没有在产生新的理论知识上作出大的贡献，而且很快从人们的视野中消失了，但它鼓励经济地理学者再度关注区域的独特性问题，具有划时代的意义。

如果说马西等对地方的关注仅仅是"新区域主义"的序曲的话，那么主旋律则是来自学者们对那些在普遍萧条之中取得令人瞩目的经济成就的地区研究。这些地区包括美国的"硅谷"和 128 号公路沿线、"第三意大利"、大伦敦地区、日本等。研究议题不再是描述和归纳地方发展的特点，而是从理论上探究地方发展的动力机制。20 世纪 80 年代和 90 年代，这个研究领域出现大量的学术争论和学术产出。从最初的产业区到之后的新的产业空间，再到后来的产业集群研究，推动了经济地理学的蓬勃发展。无论是意大利学派的"产业氛围"和"制度厚度"，还是加利福尼亚学派的"垂直非一体化"、"不可交易性相互依赖"和"地方劳动力市场"，以及欧洲创新环境学派的"区域创新系统"，乃至演化经济地理学派的"路径依赖"，等等，所揭示的主要是地方自身的动力机制，或者说是内生性动力。

与此同时，经济地理学出现了另一个新的研究脉络，即对经济全球化的研究。伴随20世纪80年代以来投资和贸易的自由化及其带来的大范围全球性产业转移，地理学家很快将研究视角从传统的国家和区域尺度上升到全球尺度，为理解经济全球化的空间维度做出了贡献。当然，这个研究脉络可以追溯到之前对跨国公司和对外直接投资的研究。近20年来，这个研究领域的突出进展可以用价值链和全球生产网络研究来代表。无论是跨国公司研究、还是价值链和全球生产网络研究，主要关注全球尺度的空间组织以及全球化力量对地方发展的影响。

1.3.4 “新”经济地理学的出现

在经济地理学发展过程中出现这个“新”字，是多少有点令人尴尬的事情。如果没有克鲁格曼等将自己的研究声称为“新经济地理学”，相信在地理学家中这个“新”字是不会出现的。为了捍卫自己的领域，经济地理学家将20世纪90年代以来的各种研究“转向”（特别是制度和文化转向）称为新经济地理学，而将克氏的研究称为“地理经济”。毕竟，没有人愿意被看做是“老古董”。时至今日，这种冠名之争早已烟消云散。但一些地理学家还是不愿意将克氏的研究看做“正统”的经济地理学，多少有些意气用事。实际上，《牛津经济地理学手册》已经表明了态度，经济学家所做的有关空间的研究也是经济地理学的组成部分。

如本章开篇所述，从20世纪90年代初开始，以克鲁格曼为代表的一批经济学家将地理空间概念引入经济学，开展一系列的空间经济分析工作。尽管这些研究与计量革命时期的经济地理学以及艾萨德的区域科学在本质上没有太大区别，但其对经济地理学发展的作用还是巨大的。一方面，这些工作让一些经济地理学者重拾利用抽象数学模型解决地理空间问题的信心；另一方面，克鲁格曼等毕竟比计量革命时代和艾萨德时代向前迈进了一步，特别是规模报酬递增和不完全竞争的引入。如何利用好空间经济分析手段，而不是简单地排斥，是经济地理学进一步发展所需要思考的重要问题。

在经济学家将空间概念引入经济的同时，社会科学的学者则对“经济”本身产生了质疑。这导致经济地理学研究出现了“文化和制度转向”，而这个转向的核心是对“经济”的重新理解。在上一节我们已经对“经济”概念的演化进行了简单的介绍。其中的关键点是，经济自身越来越被理解为一种语意论述的现象，是被经济学家所创造的“专门知识”塑造出来的。既然这样，“经济”不再是客观和稳定的事实，而是一种修辞现象。另外，经济与社会和文化是不可分割的。这种对经济的重新理解源自经济社会学家格兰诺威特（Granovetter，1985）提出的嵌入性，即“经济活动融于具体的社会关系之中”的观点。20 世纪 90 年代初，彼得·迪肯和奈卓·史瑞夫特（Thrift N.）把“嵌入”概念引入了经济地理学研究，使这个学科的研究对象融入文化、社会和制度背景之中，并从中获得新的研究内涵与发展方向（Dicken and Thrift，1992）。此外，后来衍生出来的“关系转向”以及最近的演化经济地理学，也可以视为“新”经济地理学的组成部分。

在这些转变的背后是广泛而深入的全球社会经济变革。随着经济活动频繁跨越国界，地方与全球之间的空间关系成了地理学家关心的核心问题。理解和解释全球化过程之中不同地区经济活动持久的差异性（即经济的多元性），需要摆脱传统的思维框架。最近的全球金融危机和全球气候变化争论，也为经济地理学提供了更新的研究议题。总体上，经过十多年的发展，“新”经济地理学已经没那么新了。或许，再也不需要这样的字眼来标榜什么了。但经济地理学仍然会保持活跃的特点，不断探索与时代紧密相关的、有意义的研究议题。

1.4 中国经济地理学发展的特点

相对西方国家而言，中国经济地理学走过了比较独特的发展道路。除了发展阶段、制度环境、文化传统、意识形态等因素外，来自欧美国家和前苏联学术思想的交替输入也影响了我国经济地理学的发展过程。总的来讲，我国经济地理学的发展可以用“以任务带学科”来概括，即学科发展的首要目标和驱动力是满足国家需求、同时以实践任务促进学科的理论发展和建设。这与当今西方国家“学院派”经济地理学产生了鲜明的对比，形成了具有中国特色的“实践派”经济地理学。“学院派”注重知识的创造，研究活动以较为微观尺度的工作居多；“实践派”更加重视知识的应用，为满足国家需求而进行的研究以宏观尺度居多。当然，这种划分是武断的。实际上，两个学派并没有清晰的分界线。西方的“学院派”也有针对重大社会需求的研究，而且近年来越来越重视问题指向性研究（美国科学院最近出版的《理解正在变化的星球——地理科学的战略方向》就是最好的例证）。而我国的“实践派”经济地理学也有大量的纯学术研究。

新中国成立之前，虽然有一些学者从事相关研究工作，但经济地理学作为一个学科并不存在。新中国成立后，大量的国民经济计划工作和生产力布局工作对经济地理学知识产生了巨大需求，而当时的经济地理学人才极为匮乏。50 年代初，国家邀请原苏联经济地理专家在中国人民大学举办了两期经济地理学培训班。这两期培训班培养的人才成为之后三十多年中国经济地理学的“脊梁”。尽管也有一些从欧美国家接受经济地理学教育归国的学者，但由于新中国成立后前三十多年我国实施的是计划经济体制，这些学者未能完全发挥他们的原有学术特长，而是向满足国家需求的方向（特别是生产力布局）努力。

新中国成立后，中国经济地理学者的第一项重要工作是编写《中华地理志》的经济地理卷。之后，为满足国民经济计划和生产力布局的需要，经济地理学者广泛参与了地区综合考察、铁路选线、工厂选址、工业基地规划、农业区划等工作。例如，新疆、蒙宁、黑龙江等地区的自然资源考察工作，酒泉钢铁厂的选址工作，华北地区工业布局研究，鲁西南煤炭工业基地，淄博石油化工基地，冀东钢铁基地规划等。在为国家经济建设作出贡献的同时，也发展和积累了不少具有重要价值的经济地理理论知识。如工业布局的技术经济论证方法、农业区划方法、工业成组布局理论等。而且，早在70年代，经济地理学者已经开始重视工业发展、城市建设和环境保护之间的关系，为后来从事城市和区域可持续发展研究奠定了基础。

改革开放之后，中国经济地理学获得了长足的发展，进入了一个多元化发展时期。一方面，在国土开发和规划、区域发展、土地利用、产业发展等领域成为研究主力，所创造的理论知识在社会上产生了广泛的影响。如“点—轴”系统等空间结构理论成为国家和地方国土规划和区域规划的理论基础。另一方面，社会经济的剧烈变革也催生了不少新的研究领域。例如，20世纪80年代和90年代的乡镇企业研究和外资研究、区域可持续发展研究，以及最近的农区地理与农户区位研究等。

将区域可持续发展作为重要研究领域，是中国经济地理学的重要特点。一方面，这是国情和社会需求的结果——可持续发展是中国的基本国策；另一方面，这与中国老一代地理学家坚持倡导“地理学是一门研究地球表层自然要素与人文要素相互作用与关系及其时空规律的科学”密切相关。在这个领域，经济地理学者提出了人口—资源—环境—发展（PRED）协调理论、区域可持续发展测度指标体系等，在国家和地方的可持续发展决策中占有了重要一席。此外，经济地理学者还联合其他学科的学者开展了区域发展地学基础的综合研究，参与了土地覆被和土地利用变化、全球气候变化等综合研究。

当然，改革开放后，中国经济地理学的发展受到欧美国家学术思想越来越大的影响。引进的理论和方法主要有区位理论、计量方法和企业地理学等，出版了一系列相关理论著作。如《区位论及区域研究方法》（陆大道，1988）、《高等经济地理学》（杨吾杨和梁进社，1997）、《现代工业地理学》（王缉慈，1994）等。近10年来，中国经济地理学者还翻译了一批具有重要影响力的国外著作，如《牛津经济地理学手册》、《经济地理学指南》、《当代经济地理学导论》、《全球性转变》等。这些输入的学术思想对我国经济地理学的发展起到了重要的推动作用。近年来，一批经济地理学者开始直接参与国际经济地理学前沿议题的研究，包括产业区、企业集群、高新技术产业、区域创新系统、信息技术的空间影响、外资区位、经济全球化等①。

对 2006～2010 年《地理学报》、《地理研究》、《地理科学》和《地理科学进展》4 种最具影响力的地理刊物发表的 282 篇经济地理学论文进行分析，可以发现目前中国经济地理学研究有 10 个重要方向：①区域发展与区域差异（占 22.0%，含城镇化和区域可持续发展）；②交通地理（17.7%）；③空间结构与空间组织（14.2%）；④产业集群与产业集聚（8.9%）；⑤企业区位与产业布局（8.5%）；⑥功能区划分（6.7%）；⑦能源与碳排放（6.7%）；⑧全球化与外资外贸（6.0%）；⑨生产性服务业（5.7%，以金融研究为主）；⑩信息技术与互联网（3.6%）。前 5 个研究方向是经济地理学传统研究领域，后 5 个则是伴随近年来经济活动与空间管治新特点而产生的新的研究领域。功能区划分研究是与主体功能区划编制密切相关的；能源与碳排放研究是经济地理学者参与全球环境变化研究的重要“抓手”；全球化、金融和信息技术则是影响我国区域发展的新的重要因素。

总体上，近年来中国经济地理学的发展具有几个突出的特点：

第一，“综合”导向，即重视与自然科学分支的交叉（如自然地理、环境科学、生态科学等）。这与西方经济地理学的“文化和制度转向”形成了鲜明的对比。近年来，中国经济地理学者在资源环境承载力评价、城镇化的资源环境效应、产业转型与碳排放等研究领域开展了大量工作。特别是，在资源环境承载力评价方面，形成了一套比较成熟的工作程序和集成方法，为汶川和玉树震后规划以及舟曲灾后重建规划提供了重要的技术支撑。在碳排放研究领域，经济地理学者从国际劳动地域分工和地区间相互作用的独特视角分析了发展模式转变与碳排放之间的关系，提出了中国低碳经济发展的基本框架。应该说，依托重大问题指向性研究，经济地理学的交叉研究和集成研究取得了重要进展。这为未来的综合集成研究指出了方向，即只有围绕重大问题才有可能组织起综合集成研究。

第二，“规划”导向，即各种尺度的空间规划成为经济地理学研究工作的重要内容。以经济地理学的学科特点而言，参与空间规划几乎是“天经地义”的工作。事实上，西方经济地理学者也曾较多地参与过各自国家的不同尺度的空间

① 参见《地理科学进展》上发表的“中国经济地理学研究进展”（刘卫东等），以及《地理科学学科发展报告（2006—2007）》（中国地理学会，2007）。

规划（特别是在有空间规划传统的德国）。在中国，由于经济体制的特点，经济地理学者曾广泛参与了各种空间规划工作。特别是，20 世纪 70 年代的工业区规划和城市规划，80 年代开始的国土规划以及 90 年代以来的土地利用规划。2000 年以来，随着经济体制改革的深入，传统计划手段基本上退出了中国的经济管制舞台，而空间规划越来越成为经济管制的主要手段之一。在此背景下，基于学科的综合性特点以及参与规划工作的传统，近几年来中国经济地理学者承担了大量各种尺度的空间规划研究任务和具体的空间规划任务，成为国家和重点地区（地域）空间规划的主力军。在本章的第一部分我们已经列举了一些突出的工作。可以毫不夸张地说，中国经济地理学的发展被深深地烙上了“规划”的痕迹。

第三，明显的“区域主义”，即将区域发展与区域差异作为经济地理学的主要研究领域。事实上，现阶段在中国地理学界将两者等同的倾向比较明显。当然，这并不等同于欧美经济地理学 20 世纪 80 年代以来出现的“新区域主义”。在中国，虽然“区域”一直是经济地理学研究的重要对象（特别是区域地理），但直到 90 年代以后区域发展及其差异研究才真正成为经济地理学的主要研究领域。这与中国区域差异问题越来越突出是密切相关的。由于经济增长迅速、国土面积辽阔、地区间收入水平差距迅速扩大等因素，自 90 年代以来区域发展差异逐渐成为中国重大的社会经济问题之一，为相关学科提出了很多具有挑战性的议题。经济地理学者广泛地参与了区域发展和区域差异的研究，在区域发展新因素与新格局、区域差异与区域政策、区域发展战略等方面发表了大量的论著，为国家区域政策的制定作出了很多咨询性贡献。例如，已经连续出版了八期《中国区域发展报告》。

第四，模拟分析和可视化表达倾向。近年来，经济地理学者越来越重视新的技术手段的应用和模拟分析，特别是基于地理信息系统（GIS）技术的空间分析及可视化表达、投入—产出技术等。同时，也加强了区域发展数据库建设，积极开展了人文过程的模拟研究。这些技术手段的使用，一方面提高了经济地理学的研究水平，另一方面也增强了经济地理学者在服务国家战略决策上的竞争力。

1.5 经济地理学的研究工具

任何一个学科要进行研究工作，都必然会用到一些基本概念、数据获得方法、分析方法、表述方法等。我们把这些称为“研究工具”，是用来剖析问题和解决问题的手段。例如，物理学有引力、质量、能量等基本概念，依靠实验或测量获得数据，通过数学模型进行分析；经济学有价格、供给、需求等概念，使用统计数据和调研数据，利用数学模型进行分析。但是，这些研究工具并非区分学科的依据。很多学科都使用数学工具，但他们不是数学；很多学科都借鉴其他学科的概念，如经济学从物理学借鉴了很多概念，但这些学科仍旧是独特的。约翰斯顿（Johnston R. J.）在《哲学与人文地理学》中开篇第一句话便写到，"在科学群体中，各学科都几乎无一例外地由其主题来界定，由它们研究什么而不是怎么研究来界定。"这澄清了一些人对经济地理学的疑惑——这个学科使用了相当多的别的学科的概念，尤其是"制度和文化转向"以来。当然，经济地理学也有自己的基本概念，就如经济学一样。这些概念并非局限于经济地理学的某个细小领域，而是贯穿整个学科的知识体系。这里我们简要地介绍一下经济地理学的一些基本概念，以及对研究方法和数据获取的一些争论。对于具体的分析方法，特别是数量方法，已经有很多介绍读物，这里就不着笔墨了。

1.5.1 基本概念

我们要提到的第一个概念是"地方"（place）。这是经济地理学经常使用的一个概念，也是最复杂的地理概念之一。Place 在英文中有很多含义，如地点、地区、地位、住所等意思。在"地点"这个含义上，与 location、site、position 等同义；在"地区"这个含义上，与 area、region、district、locale、neighborhood 同义。因此可见，"地方"这个词所指空间范围可大可小，小到一个街区或商店，大到一个国家（实际上这里包含了下面要讨论的尺度概念）。目前，地理学家在使用"地方"这个概念时通常包含三重含义（Castree，2003）：地点或区位，即地球表面的一个点；地方意识，即人们对某个地点的主观感受；场所，即人们日常交往和活动的场所。理解这个概念，两点非常重要。首先，"地方"虽有弹性，但主要是指观察者日常所熟悉的空间范围。既可以相对另一个地方来谈论，也可以在更大背景（如全球和国家）下来谈论。其次，"地方"表达了经济地理学最根本的"假设"，即现实世界不是均一的，每个地方都有其独特性。这是将经济地理学与经济学（包括区域科学）区分开来的主要标志。在这层意思上，"地方"就是哈特向的"马赛克"世界观的另一种修辞，与"区域"要表达的潜在意思没有什么区别。或许，我们可以将"地方"类比为物理和化学中的"分子"，是经济地理学家眼中世界的基本单元。

过去 30 年，经济全球化程度的不断加深给"地方"带来了巨大冲击。经济活动的流动性加大，使得企业和人们与地方的关系淡化，地方不再像以前那样稳定了。一些工厂可能不到一二十年就迁移到另一个地方了；人们不再像父辈那样在一个工厂工作一生；很多人可能不在一个地方生活一辈子。这说明，构成"地方"的要素变化加快了。因此，一些学者认为流动性取代了地方的稳定性（如卡斯特，2001）。于是，“地方”被赋予了一层新的含义，即流动的节点或“切换点”。也就是说，地方是全球化导致的相互依赖网络的组成部分，既是流动产生的原因，也是流动产生的结果。

第二个基本概念出现历史不长，但对理解经济地理现象非常重要，这就是“流”（flow）。这个概念产生的背景是，经济全球化和信息化正在重新塑造世界的组织结构——卡斯特称之为“网络社会的崛起”（卡斯特，2001）。这个新的组织结构的突出特点是各种“流”占据着主导位置，如信息流、资金流、技术流、产品流以及人的流动等。卡斯特（2001）认为，“流”是社会行动者所处的物理位置之间的一系列有目的、可重复、程式化的交换与互动，它支配着我们的经济、政治和生活过程。事实上，“流”与“地方”是难以彻底分割的概念，“流”必然发生在地方之间。在“流”的网络中，“地方”作为节点是地域发展的中心。“流”这个概念的出现并不意味着此前地方之间没有流动，而是此前流动强度和速率没有那么高，使人们感觉到地方的稳定性高于变化性。在卡斯特看来，地点构成的空间正在演化为“流”的空间。因此，“流”的概念背后所表达的是，地方之间的相互联系和相互依赖程度正在不断加深。

第三个基本概念是“空间”（space）。如同“地方”一样，“空间”也是令人头疼和争论不休的概念。不但如此，地理学家在使用“空间”这个词上，面临着与天体物理学、航天科学等学科的竞争。很多公众或许认为“空间”是航天器运行的范围，或者干脆是外太空。《牛津英语词典》中对空间的定义有两重含义：一个连续的范围，既可以考虑其中存在的事物，也可以不考虑；地点或事物之间的距离。对于经济地理学者而言，“空间”就是眼中世界的存在形式。若干“地方”组合在一起就构成了“空间”（即所谓的“地点的空间”）。在现代社会，这些“地方”并非“一盘散沙”，相互之间毫不相干，而是存在着联系和相互作用。也就是说，“空间”既是事物的容器，也是事物相互作用后的结果。理解“空间”的关键是事物之间的“距离”和相互联系。传统上，距离仅仅被理解为几何距离。最近的研究则对距离的理解日趋多元化，如文化距离、制度距离、关系距离等（文献中一般使用距离的反义词“临近性”）。当然，如前所述，随着信息化作用的显现，“流”也出现在对空间的理解之中。因此，“地方”、“流”和“空间”是三个密切关联的基本概念，是经济地理学透视世界的基本工具。“空间”可以通过各种各样的地图来再现，也可以通过点、线、面以及疏密程度等空间结构术语来阐释。

第四个基本概念是“尺度”（scale）。这是地理学理解世界或者进行研究的一种方式，是地理学家把握研究单元精细程度的手段。“尺度”从根本上是观察“视界”的大小。坐在飞机上，我们可以俯瞰广阔的田野，但只能看到地块；站在田间，我们只能看到一个地块，却可以观察每一颗麦苗。前面我们提到，"地方"的空间范围具有弹性，从街区到国家都可以称为"地方"，这实际上就是尺度问题。对于经济地理学者而言，尺度包含全球、大区域（跨国的，如东盟、北美）、国家、区域、本地、场所等。一个经济现象可以在不同尺度上进行分析和解读，不同尺度上开展的经济活动可以相互影响。过去 30 年，由于经济全球化带来的深远影响，经济地理学关注最多的是全球性和地方性两个尺度。这两个尺度往往依靠研究对象的活动范围或者权力所及的范围来区分。例如，跨国公司的活动场所是全球范围，于是被认为是全球尺度的。世界银行、国际货币基金组织、世界贸易组织等也是全球尺度的。在自然地理学研究中，尺度转换是经常遇到的问题。在经济地理学研究中，则是尺度关联问题。特别是，全球和地方尺度的相互关联和相互依赖是最近经济地理学关注的热点。

最后我们要提到的基本概念是"差异"（difference）。"差异"是经济地理学基本世界观的直接表达，是地方或区域独特性的结果。理解城市或区域之间的差异一直是经济地理学研究的主要驱动力量。源于综合的传统，经济地理学所研究的差异是多样性的。一些其他学科（如区域经济学）或许也研究城市或区域差异，但他们只关注以少数指标衡量的差异，如收入或 GDP。对于经济地理学者而言，差异不仅仅指就业、失业、收入等经济表现差异和劳动力、资本等要素市场差异，也指与经济活动相关的社会和文化差异以及资源环境差异。与新古典经济学趋同论不同，经济地理学认为差异是持久性的，不平衡发展是资本主义积累方式的必然结果。

1.5.2 研究方法之争

研究方法是进行研究不可回避的东西；任何研究都需要选择一种方法。狭义的研究方法一般指如何获取数据以及如何对数据进行分析，这些是具体的技术方法。广义的研究方法包含三个层次：首先是一个学科的世界观，或者说是一个学科的"哲学"。例如，上述五个基本概念就代表了经济地理学观察世界的基本视角。其次是方法论，也就是生产知识的一系列规范和程序。方法论受到本体论（如何认识世界）和认识论（什么可以被认识）的影响。最后才是技术方法。区分不同的学科或者说一个学科的特色主要取决于第一个层次（即学科的哲学），而不是方法论和技术方法。一个学科的世界观既是这个学科研究的出发点，也是被这个学科已有研究所产生的知识积累不断塑造的结果。

很多学科都很重视具体研究方法，但很少公开谈论学科的"哲学"和方法论。"只做不说"似乎成为了传统；学生们只能跟着"师傅"得到潜移默化的熏陶。这通常发生在学术团体非常“宽容”的学科；经济地理学就是这样一个学术团体。尽管有计量革命时期严格的实证主义自我要求，但大多数时间里经济地理学对于方法论的多样性往往是不介意的，学者们也很少对自己所采用的研究方法进行明白的阐述。除了计量革命外，在经济地理学的历史上仅出现过两本学者们对研究方法进行自反性讨论的文集，即《政治与方法》(*Politics and Methods*)(Massey and Meegan，1985) 和《经济地理学中的政治与实践》(*Politics and Practice in Economic Geography*)(Tickell et al.，2007)。这两本文集是作者们对自我的一种剖析，展示了研究方法的选择所具有的强烈政治性、个体性和偶然性。

或许我们所熟悉的方法论只是实证主义和经验主义，而且认为实证主义是科学研究的基础。但是，经过计量革命之后三十多年的发展，地理学已经接受或发展出多种多样的研究方法。基钦 (Kitchin R.) 和泰特 (Tate N. J.) 在《人文地理学研究方法》(中译本) 中介绍了十余种地理学的方法论，除了经验主义和实证主义外，还有行为主义、现象学、存在主义、理想主义、实用主义、马克思主义、唯实论、后现代主义、后结构主义、女性主义等。其中在经济地理学研究中使用较多的是经验主义、实证主义、马克思主义、行为主义和女性主义。但是，对于大部分中国经济地理学者而言，主要还是在实证主义和经验主义之间的挣扎。受库恩科学范式的影响，实证主义方法已经不知不觉地被当做科学研究的唯一标志了——学者们经常处于是不是“科学”的焦虑之中。

实证主义只研究客观的世界并追求其真实面目，排斥诸如人类的价值和意图、文化、宗教等不能被规范的问题。实证主义起源于孔德 (Auguste Comte) 的《实证哲学导论》，是针对神学和形而上学提出来的。孔德认为，人类社会的发展可能会受制于类似自然规律的规律，通过详细和客观地收集有关数据我们可以发现这些规律并用来解释和预测人类活动 (皮特，2007)。实证主义研究的核心是提出命题并去证实它。在实证主义的多个版本中，对地理学影响最大的是来自维也纳学派的逻辑实证主义。逻辑实证主义崇尚逻辑和数学符号，使用正式的逻辑 (特别是数学逻辑) 来证实命题。为了获得科学地位，谢弗 (Shaeffer) 在“地理学中的例外论”一文中倡导应用逻辑实证主义，促使地理学发生了计量革命，追求利用数学模型寻找普遍规律和建立预测功能。这使人们产生一种错觉，认为计量方法等同于逻辑实证主义，而实际上计量方法不仅仅是逻辑实证主义的工具。

受到实证主义的影响，哈维在《地理学中的解释》长篇报告中对地理学的科学方法做了系统的归纳。哈维认为，科学知识 (或者是他所说的“解释”) 要获得认可就需要一套行为准则，作为判断其合法性的标准。遵循这些准则，可以对地理现象进行恰当的和一贯的解释。在此，哈维崇尚演绎方法。他认为，科学对现实世界的再现 (即科学知识) 具有等级，从低到高分别为：事实性陈述、概括、经验规律和理论规律。经验规律通过个别事例的归纳得以建立，而理论规律的建立则需要对先验的假设命题进行演绎证实。他争论到，“没有合乎逻辑的理由表明地理学中不能发展出理论，或者科学解释所使用的一整套方法不能用来研究地理问题。”（皮特，2007）尽管哈维后来转向马克思主义研究方法，但他对地理学科学方法的阐述在某些研究领域仍然具有重要价值。从提出先验命题到获取相关数据资料，再到分析实证和确定理论或规律，这套研究秩序仍旧有效。当然，其中的分析实证部分不再局限于数学模型。

对实证主义的批评主要来自三个方面：其一，命题的形成是先验的，必须将相互关联的现象区分开来，而现实中这是非常困难的（人类的活动难以与其价值观、文化等分离开来）；其二，数学逻辑关系未必适用于社会现象；其三，实证主义要求科学必须中立，观察者必须保持没有任何价值取向，而事实上难以做到。因此，20 世纪 70 年代之后，地理学的方法论日趋多元化，让人有眼花缭乱之感。辨识这些方法出现背后的原因和适用范围，是非常困难的工作，也是本书力所不能及的。总体上，对于经济活动仍处于以实体产业发展为主的阶段的中国，宽泛的实证主义研究方法仍是值得推荐的“科学化”和规范化方法。

对于中国经济地理学者而言，在研究方法上还有一个需要特别留神的地方。那就是学术研究方法与实践工作方法（特别是规划方法）之间的区别。大量的实践性工作使一些学者混淆了两者的区别。做一项发展战略研究或者规划研究，需要全面考虑各种因素，需要面面俱到。以产出理论知识为目的的学术研究，则需要工作的专门性和“深度”，需要科学化的研究方法，最好是使用宽泛的实证主义（尽管这样会担负保守的风险）。此外，也要清楚地区分实证主义（positivism）与经验研究（empirical study）的区别。经常可以在一些论文（特别是学生的毕业论文）中看到“实证研究”这样的词，其实是 empirical study 的意思。

1.5.3 数据之争

数据（data）是完成研究的关键。我们或许都有这样的经历：一个很有意思的研究题目，由于数据无法获得或者不够系统，我们不得不放弃它。获得数据，是每个研究者的“必修课”。当然，数据不仅仅指数字①，而且还包括其他有价值的文字记录、图片、声音、地图等。经济地理学研究常用的数据包括：各类统

① 将英文 data 翻译为数据有误导之嫌。Data 是资料的意思，包括数字（如统计数据）、文字、音像、图片、实物等各种信息。

计数据、机构调查数据（如人口普查和经济普查数据）、加工的数据、问卷调查数据、调研访谈数据、实地观测数据等。其中前三个是二手数据，后三个为一手数据。在数据使用上，争论最多的是二手数据的价值，特别是统计数据。一般认为，一手数据是你自己获得的，由于你知道它是如何产生的、具体代表什么、局限性在哪里，因而使用起来更得心应手。而且，一手数据是你为了进行研究而专门获取的，能够更精确地支撑你的研究。更重要的是，一手数据不那么容易获得，要花费时间、精力和金钱，甚至需要关系，所以它更加珍贵。绝大多数学术期刊对于数据“新鲜”程度都格外关心，就说明了这一点。正因如此，经济地理学者普遍重视通过田野调查获取数据。

二手数据真的那么糟糕、不值一用吗？如果统计数据真的不能相信，那么多数经济学家所做的研究就只能是“垃圾”了，我们的政府决策也是“空中楼阁”了。事实上，尽管统计数据有其自身的局限性，但问题主要不在数据本身，而是使用者的误用或滥用。正确使用二手数据，一样可以生产出有价值的知识。例如，彼得·迪肯撰写的《全球性转变》（*Global Shift*）在经济全球化研究领域和地理学界产生了广泛的影响，而他所使用的主要是二手数据。使用好二手数据关键在于三点：其一是深刻理解数据的含义。数据是事实的映像，看到数据要知道它所反映的事实。对于统计数据而言，要清楚统计指标的精确含义。其二是尽可能知道数据的生产过程。对于官方统计或普查机构而言，数据产生过程是公开的。其三是学会交叉检验。很多统计指标之间存在相关性。当我们对一些数据产生怀疑的时候，可以通过分析相关数据进行交叉检验。另外，也可以通过实地观测数据或调研数据对统计数据进行检验。这三点做好了，可以帮助我们把二手数据“一手化”。

在中国，人们对统计数据的疑虑不仅仅由于它是二手数据，更重要的是对其准确性的关注——地方政府对统计数据出炉的干预。不可否认，的确在一定程度上存在这种干预现象。但是，我们需要客观看待统计数据，而不是将其“一棍子打死”。首先，就目前中国的统计体制而言，国家统计局不再直接简单地汇总地方上报数据，而是进行校正汇总。其中的重要手段是利用垂直领导的城调队和农调队获得的一手数据。其次，容易被“干预”的指标都是与政绩密切相关的统计指标，特别是 GDP 和收入水平。这些数据可以用一些准确性相对较高数据来校验，如海关数据、电力数据、税收数据等。此外，学者们也可以使用自己可观测的客观数据（如住房、道路等），建立观测数据与统计数据的关联。这或许是经济地理学进行区域发展研究的一个重要方向。

因此，经济地理学不能抛弃二手数据，特别是统计数据的使用。二手数据由于其大样本的特性，适于进行大尺度的宏观研究和系统性研究。例如，进行区域发展差异研究，学者们难以进行自己的问卷调查或大规模的调研，目前还只能主要依靠统计数据。就再现面状事实的准确程度而言，经过校验的统计数据的准确性是能够满足经济地理学研究的需要的。至少比自然科学家惯用的插值方法得到的面状数据要准确得多！当然，如果能够建立可观测客观数据网络，或许经济地理学的数据获得途径会有新的突破。

进行较为微观的研究时，统计数据的局限性更大一些，经济地理学者一般会转向使用实地调研或问卷调查等一手数据。实地调研包括现场考察、政府访谈、民众访谈、企业访谈、案例追踪等，获得的主要是质性数据，即以文字或声像表达的数据。访谈可以有很多形式，如填写调查表、无确定答案的访谈、引导性访谈、非正式访谈（聊天）等。无论哪种访谈，成功的关键在于三点：其一是保持中立性和客观性；其二是与被访谈者保持和睦的关系，这涉及谈话技巧；其三是清楚地意识到访谈是为了获得“佐证”材料，而不是研究问题的直接答案。这些往往是通过“实战”才能获得的能力。

问卷调查也是经济地理学经常使用的一手数据获取方法，其关键是样本抽取方法（常用随机抽样法）以及样本可靠性分析。问卷调查往往是人力和物力投入很大的一项工作——样本量很小的调查没有代表性。对于经济地理学者而言，进行企业问卷调查工作的难度更大，而调查结果也最有价值。我们可以很容易地到农村地区进行农户调查，但是进入企业做问卷调查就困难多了。一方面，调查可能会涉及企业的商业秘密，从而使企业家有所顾虑；另一方面，按照统计法规的要求，个人不能进行统计调查。在中国，企业问卷调查往往依靠个人关系或政府部门的介入。因此，很多情况下，学者们更愿意使用经济普查或工业普查数据。

有些情况下经济地理学者也会使用加工的数据，如栅格化数据、地区间投入产出数据等。这些数据并非直接统计或调研获得，而是通过数学方法加工得到的。加工这些数据的原因是无法通过其他渠道获得它们，而它们对研究工作又十分重要。这类数据对于特定的研究是有意义的，如分析空间格局、反映区域间联系或者进行区划。但是，在使用过程中要清醒地认识到，与一手数据甚至统计数据相比，这类数据对事实再现的精细程度有较大差距。也不能用这些数据去反推数据加工过程中已经建立的关联关系。

1.6 本书的主要目的

本书不是一本系统的教科书，也不是关于经济地理学应该做什么的宣言，更不是对经济地理学的系统阐述。它只是试图回答，经济地理学思维有什么特点，或者说经济地理学存在哪些有别于其他学科的研究视角。通过对这些视角的介绍和阐述，我们期望能建立起一个针对现实世界的“立体”思维能力的框架。这里的“立体”不仅仅表现为空间的“上下左右”，而且还体现在跨越经济、社会、文化和资源环境的“综合”。我们不求读者通过阅读本书就能具有这样的思维能力，这需要长期的训练和积累，而是希望读者至少能够知道经济地理学有这些观察世界的视角。感兴趣的读者，特别是对这个学科感兴趣的学生，可以通过其他更为详细的教材和读物，在这个框架基础上进一步训练和培育自己的“立体”思维能力。我们也期望其他学科的学者以及社会各界人士阅读本书后，不再认为经济地理学是“地方志”或者“大杂烩”，而是能够提供相对独特知识的一门学问。我们还期望人们不再将经济地理学看作只会做规划或其他实践性任务的学术团体，而是有着自身科学命题的地理学分支。或许我们的期望值太高而能力有限，但本书的目标就是这些。

本书的动力来自近年来年轻学生们的不断质疑以及“局外人”的误解。经济地理学有什么独特的东西？经济地理学，谁不会做呀。这些质问并非罕见。原因之一可能是，经济地理学是一个学者们兴趣点广泛的学术团体。而且，过去30年欧美经济地理学发展演化非常快，几乎每10年就会出现一个“转向”，各种“主义”令人眼花缭乱。有人将其形容为“游牧”状态，即学者们不愿意在一个领域停留太久，更喜欢独辟蹊径。这固然与研究对象“经济”发展变化快有关，也与这个学术团体里的“游牧”文化有关。“游牧”固然畅快淋漓，但在广阔的“草场”上再来看这个并不庞大的学术团体时，难免会感到有些“散”。更何况有些人已经彻底“游牧”到其他领地去了。可能有些人对此感到游刃有余，但更多的学生或初入门者感到困惑。在这个背景下，多回头看看自己的“毡房”不是一件坏事。

在中国，如我们开篇所述，近年来经济地理学者从事了大量满足政府需求的实践性工作，获得了相关政府部门的认可。这导致两个结果。一方面，人们误认为经济地理学就是做规划的；另一方面，由于这些实践性任务并不需要表述研究视角和方法，而且要吸收大量其他学科的知识或人才，因而有些人认为经济地理学这些实践工作谁都能做，门槛很低。这些看法极大地伤害着这个学科。虽然不排除在这个领域的耕作者之中有鱼目混珠之人，但总体上没有经过长期训练获得的独特思维能力，经济地理学者是无法在区域规划、区域政策、发展战略等实践性工作中发挥主要的技术支撑作用的。因此，清楚地阐述这个学科的“立体”思维框架，在一定程度上具有澄清的作用。

本章我们对经济地理学做了一个简单的概述，而且主要讨论的是这个学科让人困惑之处。后面几章将分别讨论区位、差异、空间结构、地方综合、地区间相互作用、尺度相互依赖等六个基本研究视角，以及经济地理学的空间管理思想。最后一章，我们将讨论经济地理学在“学以致知”和“经世致用”上的关系，指出这个学科实际上是或者力图成为“知行合一”的一门学问。

我们承认经济地理学有些令人困惑，但我们更认为它具有诱惑力。真正掌握它，在观察和研究世界时让我们有如登临泰山之巅。

第2章　区位法则："距离"衰减律[①]

2.1　引　　言

1975年，比尔·盖茨从哈佛大学三年级退学，与童年伙伴保罗·艾伦一起创办微软，公司地点选在新墨西哥州阿尔伯克奇市（Albuquerque）。1977年微软总部迁至比尔·盖茨的老家华盛顿州西雅图都市区的雷德蒙市（Redmond）。20年后的1997年，微软总销售额达到113亿美元，成为世界500强的第400强；2005年微软销售收入368亿美元，在世界500强中排名第46位；2011年销售收入624亿美元，仍然是财富500强的第120强。微软从1977年一次性整体搬迁到西雅图以来，美国信息技术产业向加州硅谷、波士顿128公路以及北卡三角地带高度集中，微软却坐镇华盛顿州的西雅图发展成为信息技术产业领域最顶尖的企业。

仍然在西雅图，2001年5月10日，世界著名飞机制造商波音公司宣布，公司准备实行战略转移，决定将设在西雅图已有85年历史的总部迁往芝加哥市中心。就在波音宣布搬迁总部之后，微软立即发表声明说："我们将继续留在西雅图"。波音公司首席执行官菲尔·康迪特说："由于公司规模日益壮大，我们决定将总部迁到公司整个运作网络、顾客群体和金融体系中心位置。"菲尔·康迪特此前曾明确表示，公司有必要将总部"迁移至一个靠近运营部门、客户和金融机构、与现行运作机构分开的地方"。波音公司于1916年由威廉·波音成立于西雅图，以建造木制水上飞机起家。西雅图也因是其总部所在地而扬名世界，波音已成为当地社区的支柱和文化与经济的灵魂。

让我们把镜头拉回到中国。1978年，党的十一届三中全会确定改革开放作为中国新时期的基本国策。1979年7月15日，中央政府批准在深圳、珠海、汕头以及厦门四个城市各划出一定区域试办出口特区。1980年8月26日，第五届全国人民代表大会常务委员会第十五次会议审议批准建立深圳、珠海、汕头以及厦门四个经济特区（图2-1）。凭借国家赋予的优惠政策和经济活动自主权，经济特区率先实现了经济快速增长，成为引进外资、先进技术和管理经验的重要基

① 本章作者：贺灿飞。

地，并率先建立起市场经济体制，成为我国体制改革的试验田。在 30 多年的发展历程中，深圳和珠海分别由边陲小镇发展成为现代化的大都市和海滨城市，创造了世界工业化、现代化和城市化发展史的奇迹。汕头和厦门也在短时间内实现了飞跃发展。

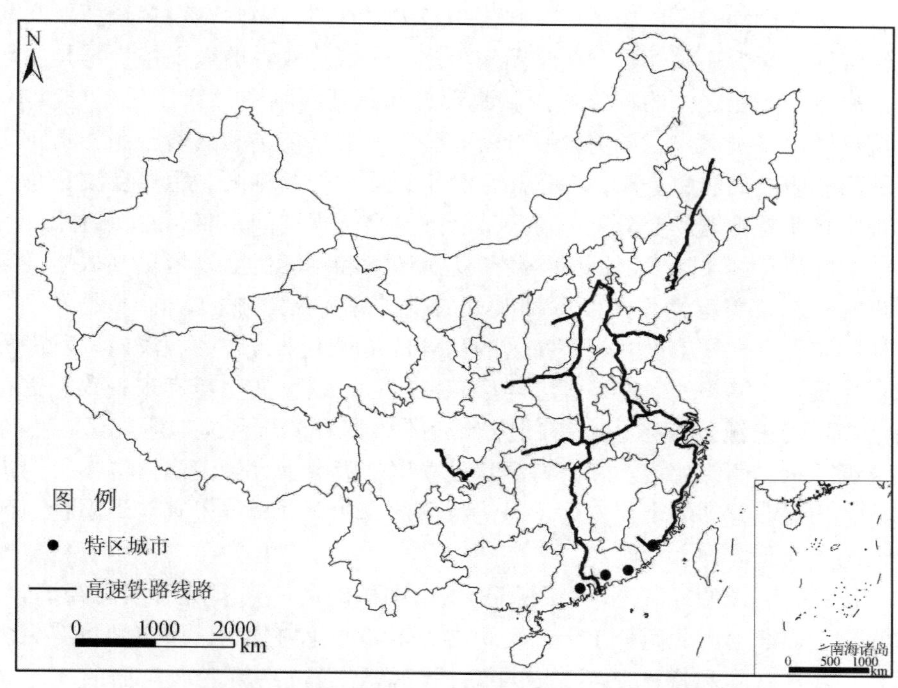

图 2-1 中国经济特区地理位置与已通车高速铁路

2011 年 6 月 30 日，随着铁道部部长一声令下，从北京南站到上海虹桥的 G1 次国产"和谐号"新一代高速动车组列车如一道闪电快速驶出北京南站，标志着京沪高铁正式开通运营。京沪高速铁路全长 1318km，是世界上一次建成线路最长、标准最高的高速铁路，途经北京、天津、河北、山东、安徽、江苏和上海 7 省市，跨越海河、黄河、淮河和长江四大水系，舞动在"环渤海"和"长三角"两大经济区，设计时速 350km，将北京和上海的距离拉近到 5 小时以内，中国进入了"千里京沪一日还"的区际交通阶段。2004 年 1 月，国务院通过了《中长期铁路网规划》，制定了超过 1.2 万 km 的"四纵四横"快速铁路网，开启了中国高速铁路发展的序幕。2007 年 4 月 18 日，中国铁路首次推出时速 200 ~ 250km 动车组。2008 年 8 月 1 日，第一条时速 350km 的高速铁路京津城际铁路开通。2009 年 12 月 26 日，武广高铁开通。2010 年 2 月 6 日，郑西高铁开通。

2010 年 7 月 1 日，沪宁高铁开通。2010 年 10 月 26 日，沪杭高铁开通。2011 年 6 月 30 日，京沪高铁开通运营（图 2-1）。

以上三个发生在不同时间、不同空间的事件看似没有关系，但经济地理学者从区位视角找到了共同点。微软和波音作为两个不同领域的世界知名企业在特定阶段做出了差异性的区位选择。微软公司坐定西雅图，固然有很多经济因素起作用，经济地理学者还额外看到西雅图作为比尔·盖茨故乡的重要性，这是文化—心理距离对于企业区位的特殊作用。波音总部离开西雅图，迁往芝加哥市中心，则是接近民用飞机客户，如美国联合航空公司等战略市场和战略资源，真正实现业务部门和职能部门的分离，并远离工会组织强大的西雅图。距离在波音总部迁移决策中是非常重要的变量。区位决策者通常会考虑空间距离和时间距离。

中国经济特区飞速发展固然得益于优惠政策和制度优势，但是其战略性区位选择也确实起了关键性作用。深圳毗邻香港，珠海接壤澳门，汕头是著名的侨乡。在广东省三个城市设立经济特区的初衷也是吸引来自香港、澳门以及海外华侨的直接投资。港澳地区在地理上与广东省接近，语言文化与广东一致，更有大量的港澳居民来源于广东省。厦门与台湾隔海相对，与台湾地缘相近、血缘相亲、文缘相承、商缘相连。经济特区自设立以来吸引了大量港澳台资本，促进了经济特区的工业化和城市化发展。经济特区的成功无疑得益于其与港澳台地区非常接近的空间距离与文化距离。

高速铁路建设的经济逻辑就是缩短城市间的时间距离。随着中国经济转型，城市间分工逐渐由产业间分工走向公司内分工和产业内分工，城市间将有更多决策联系、服务联系和资本联系，这些联系都需要通过决策者面对面的交流来完成。因此，决策者能够在城市间快速安全地通勤成为经济发展的关键。高速铁路大幅度地提升速度，缩减城市之间的时间距离，强化城市间的经济联系，无疑将重塑中国经济地理格局。

三个事件表明，无论是企业还是城市的经济成功，一定程度上都要取决于其区位，即相对于其他经济体的距离。当然，这个距离不仅仅指物理距离（如公里），还包括时间距离、关系距离、文化距离等其他类型。距离之所以重要，因为距离意味着时间、信息、成本以及各种差异性，理性或者有限理性的区位决策者通过缩小距离来降低成本，提高竞争力。

2.2 区位与距离衰减律

“区位”一词源于德文“standort”，英文译为“location”，中文译作“区位”。在经济地理学中，“区位”指经济活动发生的特定位置，这个位置不是绝对地理位置，而是相对于其他事物的相对位置。比如微软公司总部在西雅图，深圳与香港接壤，北京大学在北京的中关村地区等。任何经济活动都要占据一定空间，都有一个特定区位，这是区位主体空间选择的结果。研究经济活动区位及其空间关系的理论体系称为区位论。区位法则是经济地理学解释经济活动空间分布的基本原则。

作为相对位置，经济活动区位通常可用距离来刻画。这种距离可以是空间距离，也可以是时间距离，还可以是文化、制度、信息、心理、动机等方面的差异。在区位研究中，距离是一个意义丰富的词汇，克服含义不同的距离也意味着支付不同形式的成本。全长 1318km 的京沪高速铁路实现了"千里京沪一日还"，指的既是空间距离，也是时间距离。改革开放以来，大量港商到珠江三角洲投资，两地相同语言文化降低了文化—心理距离。当然，两地在地理上也接近，这种距离优势降低了交通成本、交易成本、信息成本以及时间成本。回顾区位论发展史，从古典新古典区位论到现代区位论，距离及其相关成本是经济地理学者解释经济活动空间分布、空间变化以及空间相互作用的核心变量。

早在 1970 年，托布勒（Tobler，1970）就概括了地理学第一大定律：每个现象之间都相互联系，但是邻近现象之间的联系会更强（Everything is related to everything else，but near things are more related than distant things）。这一定律形象地表述了距离对于空间相互作用的摩擦性影响。地理学第一大定律同样可以描述经济活动的空间关系。从距离视角来看待经济活动的空间关系是经济地理学中的基本区位法则，其表现形式就是距离衰减律（图 2-2）。经济活动主体在空间上是分离的，因此它们的联系需要克服距离，需要付出努力，支付成本，花费时间。距离越远，需要支付成本越高，付出努力越多，花费时间越长，从而导致了

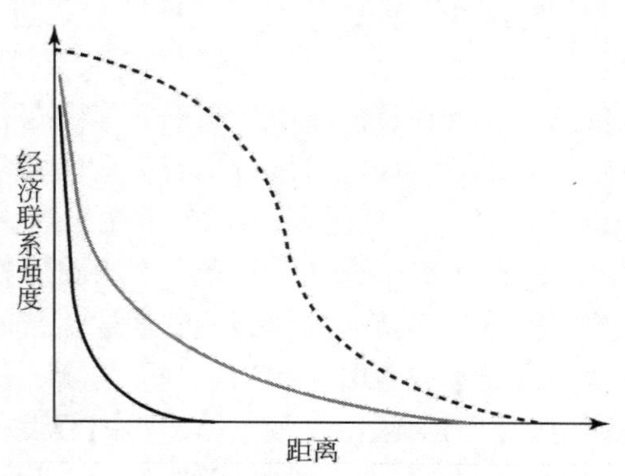

图 2-2　经济活动空间关系的距离衰减律

经济活动空间联系存在距离衰减律，即相隔较远的区位间经济联系较弱，而较近区位间经济联系较强，原因是较近区位之间的经济联系成本较低。企业在某个区位从事经济增值活动，需要联系原材料和中间产品，更需要联系市场。接近原材料或者中间投入产品意味着降低生产成本和交通成本，接近市场意味着降低交易成本，提升竞争力。

鉴于距离含义的差异性，成本也可以有不同的形式。克服实体空间距离需要支付通勤成本或交通成本；克服文化—心理距离需要收集信息、积累知识与经验，因此需要时间，并支付信息成本等。无论是企业、城市还是国家都追求克服较短距离来提高竞争力。2009 年世界银行发行的《世界发展报告：重塑经济地理》中提出了包含“密度（density），距离（distance），分割（division）”的经济地理分析框架，强调地区要通过减少与高经济密度区位的距离，降低与世界主要市场的距离来提升竞争力，其科学逻辑就是经济活动空间关系距离衰减律。

距离衰减律制约经济活动空间相互作用，乃至经济活动的空间分布及其变化。经济活动发生需要生产要素的投入，也需要供给与需求相互作用，不同要素的空间分离以及供给与需求的空间分离需要企业权衡获取生产要素的距离与成本以及市场可达性。然而，距离可以是实体空间的距离，也可是抽象空间的距离。当企业面对实体空间距离，需要支付交通成本时，企业需要接近关键生产要素或者战略市场或者供给与需求的均衡点。当企业面对抽象距离，如文化—心理距离、信息短缺、目标差异、制度差异等，为了降低信息成本、交易成本等，企业将优先布局在文化相似、目标接近及制度相似的区位。无论在实体空间，还是抽象空间，经济活动的空间关系总是一定程度上受制于距离衰减律。

2.3 古典区位论：实体空间与交通成本

一百多年前，区位论学者就注意到城市外围的农作物存在规律性分布，工业企业布局倾向于成本较低的区域，而城市区位也有背后的科学逻辑。德国古典经济学家冯·杜能是经济区位分析的开创者，1826 年他发表《孤立国同农业和国民经济的关系》，基于农地到城市市场的距离解释不同农作物的空间分布。随着工业化和城市化的发展，生产技术范式的转型，交通通信技术的突破，以及市场结构的演变，区位论从关注成本或者需求到追求一般均衡，从解释农业和工业区位到服务业和城市的区位。根据对区位决策主体的不同假设，区位论可以区分为古典（新古典）区位论、行为区位论、战略区位论，以及组织结构区位论。克鲁格曼的新经济地理可视为区位论最新发展。不同流派的区位论以不同方式阐述了距离对区位决策的重要性，显示了经济地理思维的一个重要法则，即距离衰减律。

古典区位论假设区位决策者拥有充分信息，是完全理性人，追求成本最低化或利润最大化或收益最大化。古典区位论有四大传统，包括以杜能为代表的农业区位论、以韦伯为代表的工业区位论、以霍特林为代表的区位相互依赖学派以及中心地理论。杜能的农业区位论和韦伯的工业区位论是最小费用流派的代表，克里斯塔勒和廖什的中心地理论是最大利润区位论的代表，而区位相互依赖学派强调企业进行市场竞争的重要性。无论哪个传统，古典区位论都关注实体空间，通过分析交通成本探讨距离对于经济活动区位的影响。

2.3.1 距离与农作物布局

观察到城市外围不同农作物的规律性空间分布，杜能基于农场到城市的距离演绎出了一个理想的农作物空间分布图。他假设在均质平原上有一个城市，作为农作物的消费市场，研究到城市的距离对农作物空间布局的影响。地租是决定均质平原上农作物空间分布的主要因素。在假设生产成本一定的情况下，地租取决于将农业产品运输到城市的费用，运输费用又决定于到达城市的距离。换句话说，到产品市场的距离不同，则地租不同，从而农作物类型不同。距离农产品市场越远，农户需要支付的运费越高，从而降低地租支付能力；反之，距离农产品市场越近，农户需要支付的运费越低，从而提高地租支付能力，因此距离市场较近的区位是特定农作物的最佳区位。对于同一种作物而言，在距离市场近的区位需要集约化经营，在距离市场远的区位可以粗放经营；对于不同农作物而言，距离市场近的区位要种植地租支付能力高的作物，而在距离市场远的区位可以种植地租支付能力相对弱的农作物（图 2-3）。相对于市场的距离成为城市外围农作物空间分布的决定性因素。

在一些大城市周边，我们经常能够观察到农业经营模式的同心圆式变化。如中国学者华熙成（1982）对 20 世纪 80 年代上海市郊农业的研究，发现有四个圈层：第一圈为距市中心 10km 之内，以蔬菜、奶牛、花卉为主；第二圈距市中心 10～20km，以棉花、蔬菜、奶牛为主；第三圈距市中心 20～35km，以商品粮、棉花、季节性蔬菜为主；第四圈距市中心 35km 以外，以商品粮、棉花、渔业、奶牛为主。北京郊区农业的分布也有类似圈层结构。

总之，在杜能的农业区位论中，离城市距离通过交通成本支配着不同农作物在实体空间上的分布，距离衰减律体现为同一农作物随着离点状市场越远，种植的可能性越低。

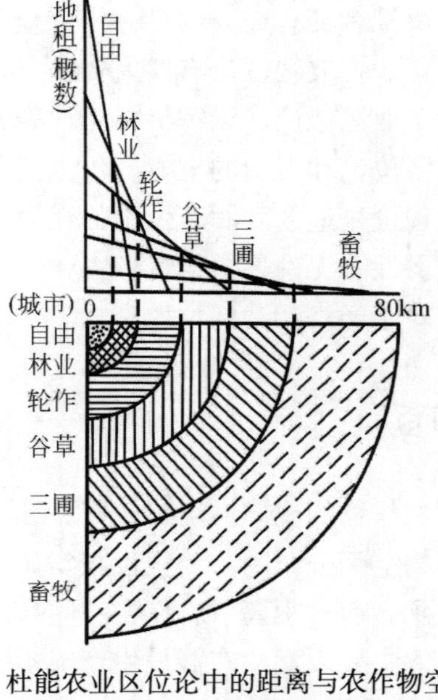

图 2-3　杜能农业区位论中的距离与农作物空间分布

资料来源：基于杜能（1826）修订而成

2.3.2　距离与工厂区位选择

随着工业革命的发生，工业逐渐取代农业成为主导产业。工厂如何选择区位成为区位论学者需要解决的现实问题。为什么工厂只是布局在特定地方？工厂的区位选择到底考虑什么因素？在阿尔弗雷德·韦伯（A. Webber）之前，龙哈德（W. Launhardt）已经注意到距离对于工厂区位的影响。他在 1885 年发表的《国民经济的数学基础》中就提到，假定运费与产品和原料的运输顿公里成比例，运费最小点就在消费地和原料供给地产生的牵引力的均衡点（Launhardt，1993）。韦伯在 1909 年出版了《工业区位纯理论》，系统性地阐述了单厂企业的区位决策，认为工业企业成本最低的区位是企业最佳区位（Webber，1909）。

假定在一个均质平原上，工业企业在已知原料地和市场区位的前提下选择区位。韦伯首先确定七项一般区位因子，包括土地费用、固定资产费用、原材料和燃料费用、劳动费用、运输费用、资本利息以及固定资产折旧，但与区位有关的只有原材料和燃料费用、劳动费用以及运输费用。他通过假设运费取决于产品重量和运输距离，从而创造性地将原料和燃料费用化解到运输费用中，将价格高的原料看做是远距离运输来的。

韦伯主要分析运费、劳动费用以及集聚三个因子对企业区位的影响。为了方便分析，他假定企业面对一个点状市场，区分企业采用不同种和不同类型原材料的情况。原料包含遍在性（任何地方都可以获取的原料）和限地性原料（特定区位存在的原料）、粗原料（生产过程中减少重量的原料）和纯原料（生产过程中不减少重量的原料），这种区分便于他将原材料与距离及运费联系起来。遍在性原料不需要运费，限地性原料可能需要支付运费。由于运费与重量有关，粗原料运费显然高于纯原料。

运费是企业区位形成的初始最重要的因素。它使得企业倾向于布局在运费最低点，而劳动费用和集聚因子可能驱使原始区位发生变化。在工业区位论中，距离意味着交通成本，而交通成本是将原料运输到企业区位的成本和将产品运输到市场上的成本之和，因此距离衰减律体现在企业区位需要尽量地接近原料地或者市场或者两者均衡点（图 2-4）。

当企业只采用遍在性原料，运费只剩将产品运输到市场的费用，因此将企业布局在市场上运费最低；而远离市场布局，企业将要支付额外的产品运费。例如，如果将水看成遍在性原料的话，那么啤酒生产可以看成主要是采用遍在性原料的产业，啤酒制造业基本上需要接近市场布局。

当企业采用限地性粗原料时，运输原料的费用将大于运输产品的费用，将企业布局在原料地总运费最低。如炼铜业在提炼过程中损失重量达到99%，炼铜业企业一般需要接近铜矿所在地以降低交通成本。钢铁企业既需要铁矿石，也需要煤炭和石灰石等原料，早期的钢铁企业最好区位是在煤铁组合较好的区域，如辽宁省本溪地区。现在的钢铁企业逐渐转向沿海地区，因为铁矿石主要从国外进口而来，位于沿海，接近港口，实际上是接近铁矿石。当企业采用多种限地性纯原料的时候，市场也是企业总运费最低的区位。当企业采用多种限地性粗原料时，则需要寻求原料运费和产品运费的均衡点，使得总运费最低，远离均衡点，企业将要支付额外的运费。如化学制品业需要采用几种原料，很可能在原料地和市场之间的某个区位进行布局。

此外，瑞典经济学家帕兰德（Palander，1935）和美国区域经济学家胡佛（Hoover，1948）和艾萨德（Isard，1956）显著地发展了工业区位论，更为系统地分析了交通成本对于企业区位及其市场区的影响。总之，在工业区位论中，距离被化解成交通成本，距离衰减律体现在企业追求交通成本低的区位，尽量接近原料地或消费地或者两者均衡点。

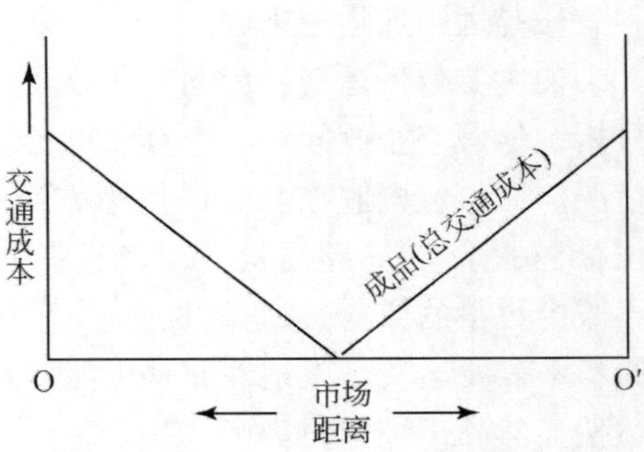

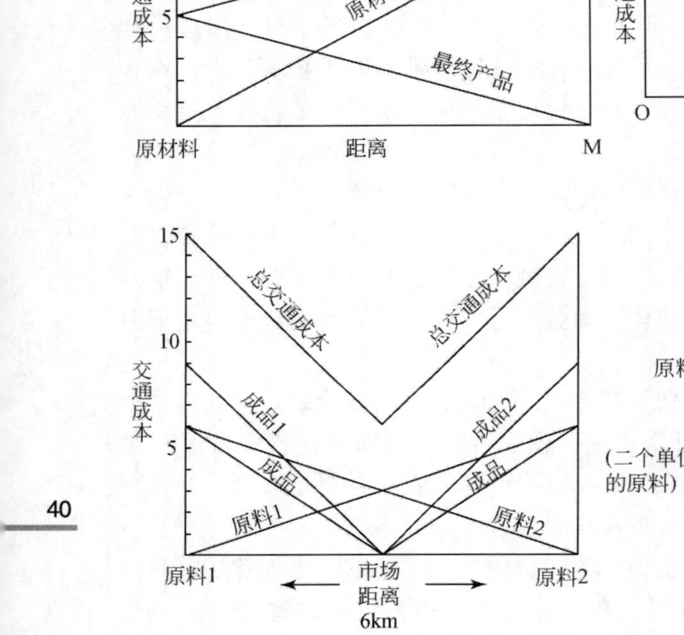

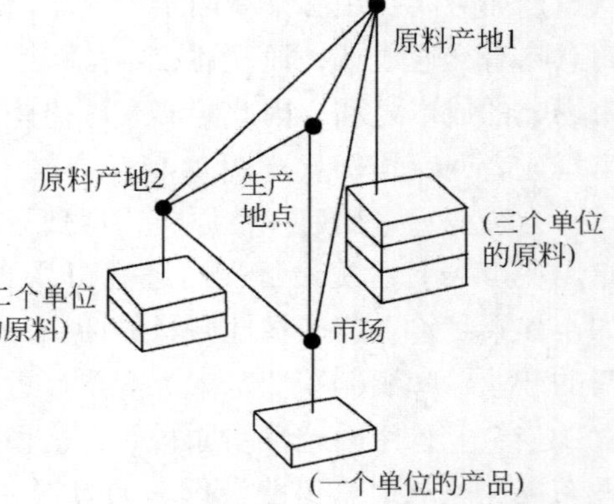

图 2-4 工业区位论中的距离与成本

资料来源：基于韦伯（Weber，1909）修订而成

2.3.3 距离与竞争者区位

企业不总是选择成本最低的区位。在市场竞争激烈时，企业更可能选择市场最大的区位，从而赚取最大利润。以霍特林（Hotelling，1929）为代表的区位相互依赖学派假定企业生产成本一定，在一个线性市场上展开竞争。为了占据最大的市场，企业尽力以低于竞争者的价格销售产品，而产品销售价格与克服企业到消费者之间的距离所支付的运费相关。因此，企业市场区域及其规模受到竞争者区位决策和消费者行为的影响。竞争者区位同样受制于到消费者的距离，而消费者行为与需求是否有价格弹性有关。

霍特林从理论上探讨了两个相互竞争的冰激凌销售者在一个直线市场上布局的问题，从而展示了距离对于竞争者区位的影响（图 2-5）。他假定需求无限大，且不随价格变化，冰激凌销售者到消费者的交通费用由消费者支付，产品运费率在所有区位都相同。在这种情况下，如果只有一个冰激凌销售者 A，它可以在任何区位布局就能够占领整个市场，但通常情况这个企业会选择在市场中间，从而降低消费者交通费用。当另外一个冰激凌销售者 B 进入市场时，为了与 A 竞争，争取最大市场份额，B 也会选择在市场中间，尽量靠近 A，从而 A 和 B 同时为整个市场提供产品。A 或者 B 远离对方都会造成市场区域减小，因为消费者需要支付更高的运费，从而提高了产品实际销售价格，一部分市场必然被竞争者占据。如果有其他冰激凌销售者进入市场，其区位也应该是靠近 A 和 B。因此在区位相互依赖学派中，企业为了争取最大化市场份额，其最佳区位就是相互靠近，这个区位决定于消费者需要支付的交通费用和竞争者的区位选择。

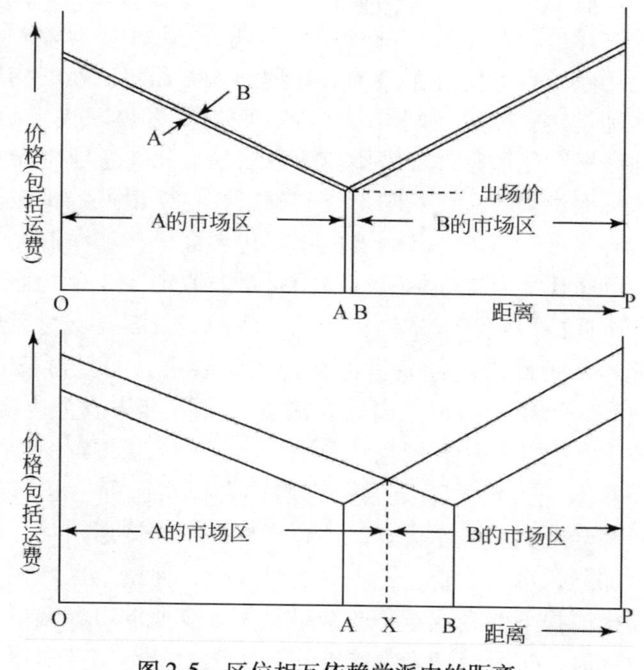

图 2-5　区位相互依赖学派中的距离

资料来源：参考张文忠（2000）

实际上，在大都市中，我们经常观察到一些销售类似产品的零售商集聚在一起，如汽车、家具、电子产品等销售商会在一定空间聚集，部分原因是空间竞争导致的地理集聚。由于这些产品价值较高，消费者需要支付的交通成本相对价格来说可以忽略，消费者需求不随他所支付的交通成本变化。在霍特林的模型中，距离主要通过消费者达到市场需要支付的交通成本来体现，消费者的交通成本进入产品价格。企业需要与竞争者的空间接近，确保产品销售价格不会高于竞争者，最终平分市场。距离衰减律体现在企业需要靠近竞争者，从而尽量接近消费者，获取最大市场区域，而远离消费者和竞争者将降低其市场份额。

2.3.4 距离与城市区位

现实表明城市的区位也存在一定的规律，而位于不同区位的城市，其竞争力也各异。与企业一样，城市的区位在很大程度上也取决于距离因素。古典区位论中，中心地理论基于距离解释城市区位。与农业区位论、工业区位论以及区位相互依赖学派不同，中心地理论假设一个面状市场，消费者在面状市场均匀分布。在中心地理论中，以地理学家克里斯塔勒和经济学家廖什的理论影响最为深远。廖什中心地理论演绎过程对于距离的作用更为明了。廖什在1939年出版的《区位经济学》一书中系统性地阐述了其中心地理论。受瓦尔拉斯的均衡经济思想的影响，廖什的目标是建立一般空间均衡区位。而均衡区位取决于两大基本因素：单个企业追求利润最大化和整体经济中企业数量最大化。企业将布局在能够获取最大利润的区位，而消费者会将其消费空间确定在价格最低的区位。对于整体经济而言，通常会有很多竞争者，各企业的市场边界会是其利润消失的空间。

图2-6展示了廖什演绎推导均衡区位的思路。假定在一个均质平原上，企业提供某种服务，企业按照生产成本销售产品，但消费者需要支付克服到企业区位的距离的交通成本。因此随着消费者离企业越远，消费者实际支付的价格就越高，导致需求减小。当超过一定距离后，消费者将不再从该企业购买服务产品。在这个均质平原上，企业市场区域是一个圆形，但需求量逐渐减小，形成一个圆锥。由于单个企业不能为均质平原上全部消费者提供服务，必然会有新企业进入。每一个企业都受距离和交通成本的约束形成一个圆锥形市场。随着更多企业进入，市场竞争加剧，每一个企业追求利润最大化，而整个区域内企业数量也需要最大化。在这样前提下，企业竞争的结果是每个企业的市场区域将逐渐演变成六边形。在均质平原上每个消费者都能够在支付能力范围内获取服务产品，从而形成了均衡区位体系。在这个分析基础上，廖什根据不同的条件对均衡区位体系进行了修订使得其更符合现实。

在克里斯塔勒的中心地理论中，他根据市场原则、交通原则以及行政管理原则演绎出六边形布局的城市布局体系。大城市中超市的空间布局可以根据中心地理论来理解。超市既销售一些日常用品，又销售耐用品，但由于在一定区域范围内会有几个超市，消费者一般也在意到某个超市花费的时间成本和金钱成本。超市为了扩大市场区域，增加市场份额，会采用一些手段来降低交通成本，如提供免费购物小汽车接送消费者等。因此每一个超市都有一个市场辐射范围，众多超市最终为整个城市提供服务，达到市场均衡。在廖什的中心地理论中，距离与交通成本依然是关键变量，企业实现利润最大化的市场区域，市场内企业的最大数量，很大程度上取决于消费者到企业的距离及克服距离需要支付的交通成本。距离衰减律体现为企业需要尽量接近消费者构成的市场。

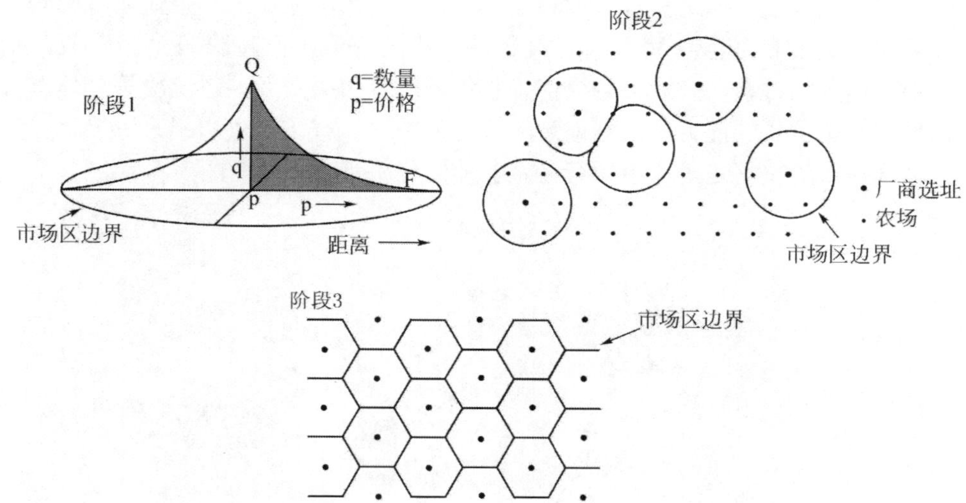

图 2-6 距离与廖什中心地体系的形成

资料来源：参考 Dicken and Lloyd（1990）和杨吾扬（1989）

总而言之，在古典区位论中，无论是最小费用学派，区位相互依赖学派，还是利润最大化学派，距离是解释区位形成的关键变量，而距离反映在交通成本上。杜能的农业区位论中，区位主体考虑将产品运输到点状市场的距离，距离衰减律体现为，农作物最佳区位是距离市场最近的区位。韦伯的工业区位论则同时考虑企业到原材料地和点状市场的距离，距离衰减律体现在工厂最佳区位是靠近原料地或点状市场或者两者均衡点。在区位相互依赖学派中，消费者与企业的距离以及企业与竞争者之间的距离是企业区位决策的关键，距离衰减律体现在企业要尽量接近消费者，从而与竞争者共聚。中心地理论中企业区位以及整个区域中的最大企业数，与市场需求相对于距离的衰减程度有关，企业需要尽量接近消费者，从而降低服务价格，实现利润最大化。在古典区位论中，企业在实体空间上进行区位选择，克服实体距离需要支付交通成本。

2.4 行为区位论：决策空间与信息成本

古典区位论假设区位主体是理性人，拥有完全区位决策信息，追求成本最小化或者利润最大化等目标，古典区位论没有看到决策者个体差异性对区位选择的影响。在对古典区位论进行有限批判基础上，行为区位论提出，企业是有限理性的满意人，基于有限信息和不确定信息进行区位决策。区位决策是一个收集信息、处理信息的过程，企业被看成信息收集处理者和决策者。区位决策个体差异性体现在收集信息的能力和处理信息的能力的差异。普雷德（Pred，1967）设计了一个区位行为决策矩阵来展示行为企业的区位决策（图2-7）。

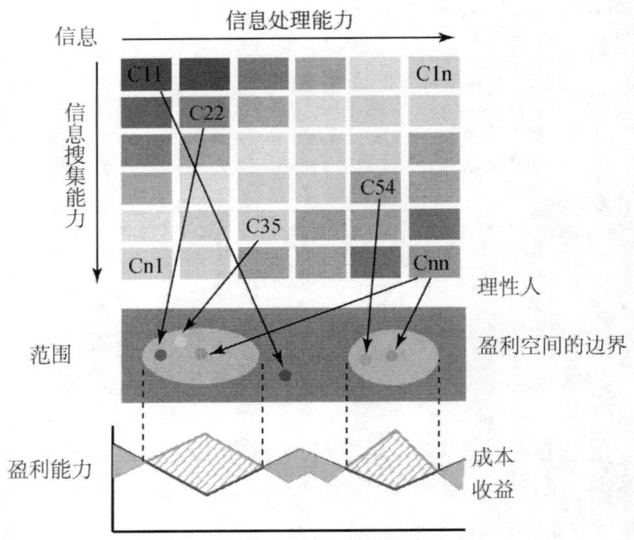

图2-7　信息与行为区位决策矩阵

资料来源：参考 Pred（1967）绘制

行为区位决策过程一般如下：第一阶段，企业提出区位选择要求，比如企业需要进行空间扩张或者搬迁到其他地方或者新成立一个企业。第二阶段，开始区位决策过程，寻找可能的区位，先在较大尺度上寻找，然后落实到具体地点。寻找可能的区位就是收集区位信息的过程，这些信息既包含古典区位论中考虑的成本因素和市场可达性等因素，也包括硬件和软件环境的因素。企业能够收集的备选区位的信息数量与质量，取决于收集信息难度和企业愿意为收集信息支付的货币成本和时间成本，即信息成本。第三阶段，评估备选区位，评估过程是区位信息处理过程。这个区位评估过程不仅受区位决策者个人条件如年龄、受教育水平、经营经验等影响，还受到决策者社会文化特性的影响，也受到决策者主观性因素如对待风险和不确定性的态度的制约。第四阶段是确定区位，进行投资评估决策。

行为区位论认为区位选择是一个决策过程，虽然企业需要关注实体空间，但企业进行区位决策时关注的是决策空间。决策空间的两个维度可用艾伦·普雷德提出的信息处理能力与信息收集能力来表示。实体空间通过区位信息反应到决策空间上。在决策空间上，企业的区位决策需要克服文化—心理距离以及信息距离，而距离反映在收集信息需要支付的货币成本和时间成本上。作为有限理性决策者，企业在通常情况下会选择文化—心理距离较近，收集信息较容易的区位。其决策逻辑是，在文化—心理距离或者信息距离较近的区位比较容易收集有价值的信息，也比较容易通过短时间的学习获取区位决策信息，从而能够在较短时间内，支付较低的信息成本完成区位信息收集过程。

外国投资者通常会面临巨大的信息差距，行为区位论在揭示跨国公司国际扩张和外资企业区位选择上尤为有效。鉴于信息不足，本地知识积累不够，跨国公司在早期扩张时，会选择在离其母国地理距离较近的国家或者文化相似或者心理距离较小的地区进行投资。如港澳企业在 20 世纪 80 年代跨越边界大量集聚在珠江三角洲地区（Leung，1990），瑞典公司早期向北欧和西欧国家扩张（Johanson and Wiedersheim-Paul，1975）。在美国的外资地理分布模式上也能清楚地观察到文化—心理距离的影响，欧洲公司投资主要集中在美国的东北区域，拉丁美洲投资集中在佛罗里达州，加拿大的投资集中在美加边界区域等（O'hUallachain and Reid，1992）。由于早期进入的外国投资者是重要的区位信息来源，后来的投资者经常会直接或间接地向先行者学习，这种学习需要地理接近性。为了节约信息成本，外国投资者会模仿先行者，选择与他们在空间上靠近。信息溢出效应和学习效应导致了外资企业的地理集聚。另外，市场开放的政策区域以及大中型城市会面向投资者公开较多信息，外国投资者在这些区域收集信息相对容易。因此，跨国公司投资通常会高度集聚在大中城市，部分原因是降低信息成本。

行为区位论修订古典区位论的完全信息和理性人假设，强调企业区位选择是基于有限信息，甚至不确定性信息的决策过程，决策者的差异性反应在信息收集能力和处理能力上。企业在决策空间上，考虑文化—心理距离和信息距离，选择这些距离较近的区位，从而降低信息成本。远离这些区位，企业需要支付更高信息成本，面对更多不确定性，企业布局的概率会降低，这就是行为区位论中的距离衰减律。

2.5 战略区位论：战略空间与谈判成本

企业区位选择并非一个简单的决策过程，也不仅仅是企业自身对备选区位的评估和选择过程。在企业区位决策的过程中，还涉及企业与不同利益主体讨价还价的过程。与企业相关的利益主体，可能是竞争者，更可能是政府、劳工组织或者环保组织等。企业区位选择必然受到这些利益主体的影响。古典区位论中的区位相互依赖学派实际上可以归入战略区位论体系，因为区位相互依赖学派认为企业区位受到其竞争者的影响。在战略区位论中，企业是战略决策者，企业区位选择被看做是企业与利益主体之间讨价还价的战略。讨价还价的基础是不同利益主体的目标和动机的差异性。企业与利益主体的目标和动机差异越大，谈判所需要花的时间会越长，谈判成本越高，企业面临的不确定性也越高，降低企业区位选择的可能性。目标和动机越接近，谈判所需时间会越短，谈判成本越低，从而企业进行区位决策的可能性越大。可见，战略区位论强调企业与利益攸关者的目标和动机的距离，其区位将偏好目标动机接近的利益攸关者，这也是距离衰减律。

跨国公司直接投资的区位选择经常被认为是与东道国政府的谈判和讨价还价的过程（Kobrin，1987；Skulason and Hayter，1998）。跨国公司是否在某个东道国进行直接投资取决于两者的目标和动机的差异性（图 2-8）。当跨国公司与东道国的目标和动机高度一致时，跨国公司不需要与东道国政府进行太多谈判和协调，不需要支付很高谈判成本，花费很多时间，跨国公司很容易实现利润最大化。如在中国改革开放初期，中国缺少资本，但有大量劳动力，大量劳动密集型产业转移到中国沿海地区。中国需要发展，解决就业，获取经济增长，而跨国公司需要雇佣大量廉价的劳动力，降低生产成本，从而外国投资者和中国各级政府的目标互补，直接投资比较容易发生。当两者目标和动机的差别不可调和的时候，谈判成本太高，投资不会发生。比如说在发达国家，环保组织影响力很大，环境污染严重的企业通常会遇到严重挑战，很多时候难以协调，污染严重的企业很难在发达国家布局。

但很多情况下，跨国公司和东道国的动机和目标存在一定差异性，这种差异性可以通过谈判来找到双赢之道。跨国公司目标是扩张市场，获取利润，或者获取关键资源，而东道国目标则是获得资本、先进技术以及管理经验等，实现经济增长和就业增长等。在这种情况下，跨国公司和东道国会进行多轮谈判，将目标和动机的差异缩小到相互可以接受的范围。谈判过程越复杂，时间越长，谈判成本越高，对于希望尽快进入东道国市场的跨国公司而言，其机会成本也越高，跨国公司投资的概率会降低。比如说，国际汽车制造业企业进入中国市场时，其目

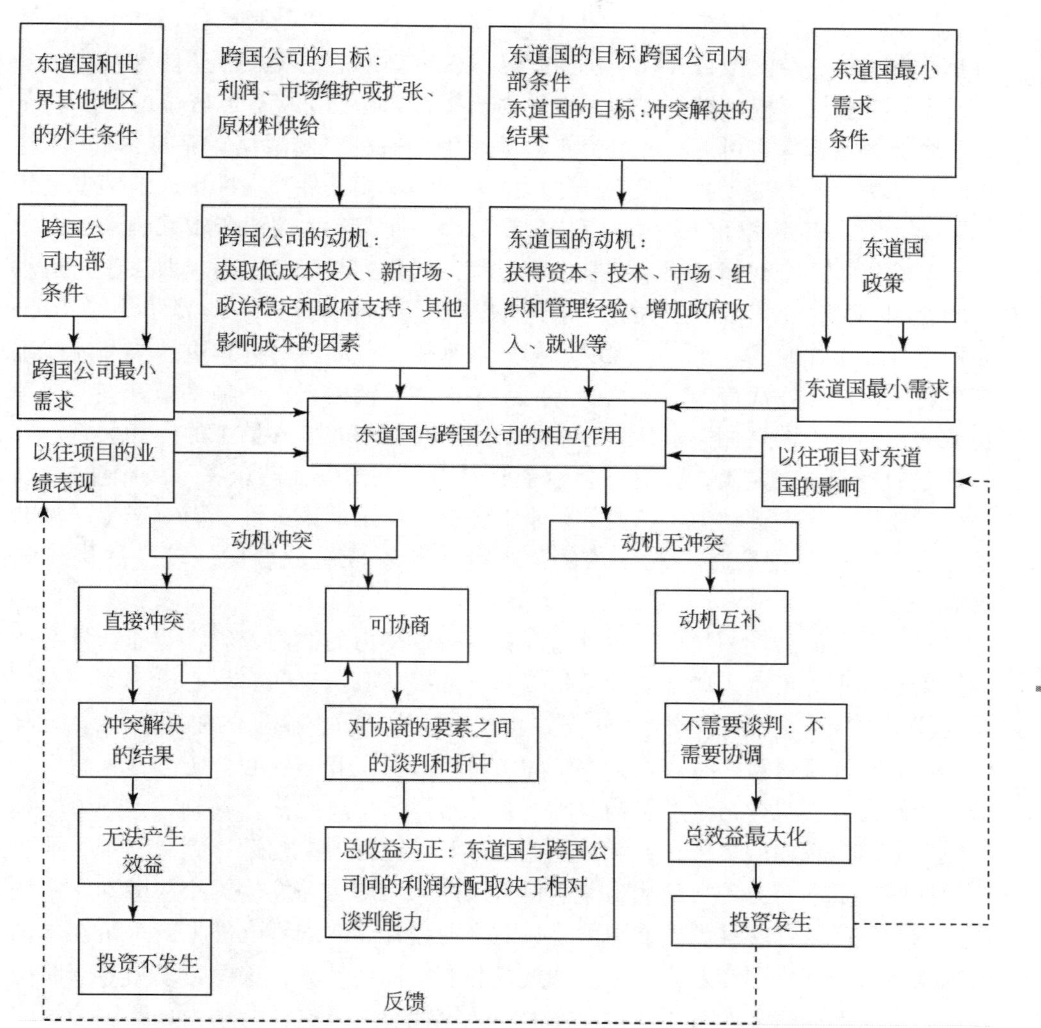

图 2-8 目标动机差异和跨国公司与东道国的讨价还价过程

资料来源：Skulason and Hayter，1998；Hayter，1997

标与中国政府的目标存在一定的差异。跨国公司的目标是进入中国巨大的市场，而中国政府希望通过跨国公司的直接投资引进技术和资本。经过跨国公司与中国政府多次接触与谈判，中国政府最终采取了“以市场换技术”的战略。20 世纪 90 年代以来，全球主要汽车制造商大规模地进入中国市场。以市场换技术的战略形成了双赢局面，降低了目标和动机的差异，从而直接投资才得以发生。

战略区位论认为，跨国公司将会远离目标动机差异较大的区位，而偏好目标和动机接近的区位。在跨国公司的战略区位选择中，距离是跨国公司和东道国两者相互作用战略空间上目标和动机的差异。区位决策的距离衰减律体现在跨国公司为了降低投资风险和谈判成本，将尽力选择目标和动机接近的区位。

企业区位选择也可以看成是资本对劳动力的一种空间战略。克拉克（Clark，1981）认为资本和劳动力对于生产过程的控制和雇佣条件存在冲突，但两者又相互依赖。资本需要雇佣劳动力来完成生产过程，而劳动力需要资本来赚取工资收入。虽然资本拥有法律权威来控制生产过程，但是控制程度实际上取决于与劳动力的谈判，如生产进度、工人分工等问题需要资本和劳动双方的妥协才能实现。雇佣条件如工作时间、工资、保险、福利等都需要劳动力与资本进行协商才能确定。对于生产企业而言，一般至少有两种不同的雇佣关系：一种是与管理、研发功能的核心员工的雇佣关系；另一种是与生产功能的非核心员工的雇佣关系。核心员工的培养成本较高，其流失会给企业带来严重损失，甚至关系到企业成败，企业一般会将核心劳动力市场内部化来保证核心员工的稳定性。而对于生产性非核心员工，企业则会将劳动力市场外部化，给予较短的合同，较少的岗位培训等。

针对不同的劳动力性质，为了增强资本对劳动力的谈判筹码，企业会针对核心员工和非核心员工采取不同的区位战略。如果核心员工和非核心员工集中在一个区位，员工将会以一个产业的工会组织来讨价还价，企业的筹码将会显著降低。作为一种应对策略，企业会在空间上将核心员工和非核心员工分开，将管理机构和研究开发机构与生产机构分离。企业可以将生产机构迁移到其他地方，如产业工会组织较弱的地区，或者将企业总部和研究开发机构迁移到更利于企业决策的地区。资本对劳动力的战略关系也可以用来理解当前发达国家将劳动密集型产业或者生产过程转移到发展中国家，而工业设计、高端零配件生产等留在母国的现象。劳动密集型产业需要的是低技能和非技能劳动力，这些劳动力对于跨国公司而言缺乏战略上的重要性，而发展中国家拥有大量这种劳动力。跨国公司将劳动密集型产业或过程转移到发展中国家虽然具有成本上的考虑，显然也有战略上的考虑。在资本与劳动力的相互依赖中，资本从战略需求考虑，选择接近对企业战略而言更重要的劳动力，而远离对企业相对不重要的劳动力进行布局。

在战略区位论中，企业是战略决策者，其区位选择是投资战略，与企业投资战略相关的系列因素决定企业的区位选择，利益攸关者的目标和动机影响企业的区位决策。一方面，企业权衡各因素对企业成功和投资战略的重要性，区位决策将是尽量接近对于企业具有战略重要性的要素。另一方面，企业在与利益攸关者的相互作用中，为了降低谈判成本，节约时间，企业将远离目标动机差异较大的利益攸关者，如地方政府、劳工组织或环保组织等。因此战略重要性和目标动机差异性是企业区位决策的关键变量，区位选择中的距离衰减律体现为企业将尽量接近战略上重要的投入要素，尽量接近目标和动机相近的利益攸关者。

2.6 组织结构区位论：交易空间与交易成本

随着经济全球化发展，市场不确定性增加；同时生产技术和交通通信技术的飞速发展，促成了企业组织由垂直一体化向功能分散化转型。生产技术范式上由福特主义转向后福特主义，从而出现柔性专业化趋势（flexible specialization）。功能分散化的结果是企业价值链上不同功能可以由不同机构来承担，出现功能专业化机构，如总部、区域性总部、研究开发中心、加工厂、制造厂、组装厂、销售机构以及售后服务机构。执行不同功能的机构可能属于同一个公司，更可能是通过合同关系或者市场关系连接起来的企业。属于同一公司执行不同功能的机构或者属于同一价值链的不同机构相互之间联系很密切。这种联系可能是物质联系和技术联系，如中间产品或者零部件的供给，也有可能是决策联系和信息联系。物质联系和技术联系需要支付交易成本，信息联系则引致协作成本。每一个企业都是地方生产网络中的一个主体，这个网络也构成了企业的交易空间。在这个交易空间上，上游或者下游的企业经济联系非常密切，进行物质交换或者信息的传递，从而产生与距离相关的交易成本。为了降低交易成本或者协作成本，相关联的企业有激励在交易空间内相互接近。因此在组织结构区位论中，企业在交易空间上通过降低交易成本或者协作成本获取最佳区位。区位选择中的距离衰减律体现为企业在交易空间上尽量接近与之存在经济联系和技术知识联系的其他企业。

20 世纪 80 年代以来，随着生产技术范式的转型，组织结构区位论发展很快。新产业区、产业集群、新型国际劳动地域分工理论等可以纳入组织结构区位论体系。阿兰·斯科特（A. Scott）在 20 世纪 80 年代探讨了产业组织与产业区位的理论关系。在此基础上，他提出了新产业区理论来揭示美国南加州地区的生产组织体系。观察到南加州电路板产业和女性服装产业中大量中小企业的地理集聚，斯哥特没有重复第三意大利学派的思路，而是从产业组织理论寻找答案。

企业被看成是一个经济交易系统，这种交易既可以发生在企业内部，也可以发生在企业之间。而交易需要支付交易成本，这种交易成本与距离有关。从科斯的交易成本理论入手，斯科特认为市场交易存在成本，但是企业扩大生产规模将增加管理成本或协调成本。交易成本决定企业组织形式，当市场上购买服务或产品比企业自身生产价格高的时候，企业将选择垂直一体化。当通过市场交易购买的产品或服务比企业自己生产价格低的时候，企业将选择垂直分离，将部分功能分包给其他企业，从而不同企业形成了上下游经济技术联系。当企业面对不断变化的个性化需求时，或者非标准化产品生产，企业可以将价值链的不同功能分包给专业化的中小企业，将边际成本维持在较低水平（图 2-9）。由功能片段化形成的生产组织体系中，中小企业之间将形成非常强的企业联系，当企业间交易成本比较高的时候，企业将会在空间上靠近与之存在经济技术联系的企业，降低交易成本，从而形成许多相互关联的中小企业的地理集聚。

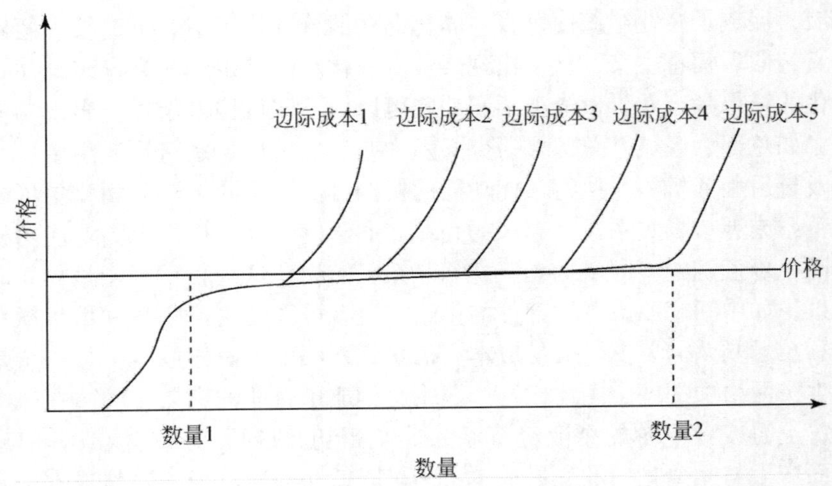

图 2-9　企业分包与边际成本

资料来源：Scott，1983

自改革开放以来，中国的外向型经济建设取得了突出的成绩，大量产品出口到国际市场。中国产品的国际竞争力不仅来源于充裕的廉价劳动力的供给，更来源于沿海省区的大量劳动力密集型产业集群。中国广东和浙江许多专业镇都集中了大量位于同一价值链上的执行不同功能的中小企业，上下游企业由于技术、知识、信息以及人员联系和零配件的供给需求联系非常密切。每一个企业在产业集群这个交易空间上，既是供应者，也是需求者。作为供应者，企业有激励接近需求者。作为需求者，企业有激励接近供给者，目的是节约交易成本，从而整体上提升产品竞争力（王缉慈，2010）。在斯科特的组织结构区位理论分析中，作为一个经济交易系统，每一个企业都有自身的交易空间，企业交易空间大小决定于劳动过程、技术复杂性以及企业的内部规模经济特性。企业在交易空间内尽量接近存在经济技术联系的企业，这是距离衰减律的体现。

2.7 新经济地理：抽象空间与贸易成本

在区域经济一体化的大背景下，以克鲁格曼（Krugman，1991）为代表的主流经济学者在20世纪90年代初转向了对于空间经济问题的关注，提出新经济地理理论来揭示经济活动的空间集聚、城市发展以及区域差异形成机制。新经济地理可以看做是区位论的最新发展。假设一个垄断竞争的市场结构，有两个区域，两个产业，即农业与制造业，农业规模效益不变，而制造业具有规模效益递增特性。农产品没有运输成本，而制造业产业的运输需要支付交通成本。劳动力在两个区域之间自由流动，劳动力既是消费者，也是生产者。基于这些假设条件，克鲁格曼建立供给和需求方程，通过短期均衡和长期均衡分析，探讨贸易成本、市场规模以及内部规模效应对制造业均衡区位的影响。

新经济地理模型的基本逻辑是，制造业具有规模经济效应，企业家要充分挖掘规模经济效应，就是将企业规模做大，但集中生产的同时提升了贸易成本。既要充分利用企业规模经济效应，又要降低贸易成本的途径就是将生产活动接近市场潜力大的区域。然而一个区域的市场需求取决于劳动力及其工资水平，而劳动力的区域分布和工资水平又取决于制造业的区域分布，从而因此形成了一种自我累积循环效应。区位形成的自我累积循环效应将形成产业分布的中心—边缘模式。

在克鲁格曼的中心—边缘模型中，距离在模型中体现为两个区域的贸易成本，贸易成本变化既可能是交通基础设施的改善，也可能是区域经济一体化的结果，如形成关税同盟，取消贸易关税等。贸易成本既包括了产品运输成本，也包含区域之间贸易的制度性成本。在给定其他条件的情况下，贸易成本与区域制造业分布存在非线性关系（图2-10）。当两区域的贸易成本较高的时候，产业地理集中的程度较低；随着贸易成本降低，产品趋于地理集中，达到均衡状态；随着贸易成本进一步降低，产业开始趋于分散布局。

类似地，维纳布尔斯（Venables，1996）建立了具有上下游联系的产业的均衡区位模型。通过模型演绎发现，当贸易成本较高和较低时，两个产业可能分散布局在两个区域，而当贸易成本处于中等水平时，具有经济联系的产业会趋于地理集中。新经济地理模型解释大尺度上的产业集聚或者区域差异问题，可以在一定程度上解释中国产业集中在沿海地区的现象，尤其是出口导向型产业集中在沿海地区的现象。随着国际市场的开放，中国产品贸易成本逐步降低，沿海地区是最为接近国际市场的区位，因此出口导向型产业集中在沿海地区实际上接近市场潜力大的地区。

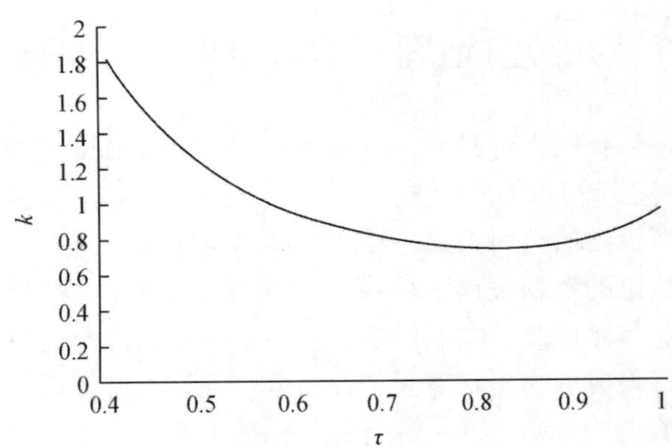

图 2-10　新经济地理贸易成本与产业区位的关系

注：k 的含义：只有当 $k<1$ 时，才能维持中心—外围均衡；$k\geqslant 1$ 时，制造业趋于分散。

τ 的含义：对于 1 单位运输的产品，只有 τ 的部分到达了目的地

资料来源：Krugman，1991

相对于国际上主要经济体，中国省区之间的产业相对分散，主要原因是中国的交通基础设施不够发达，物流成本较高以及地方保护主义盛行等显著地提升了省际产品贸易成本。产业在省区层面的集中，企业将要支付更高的物流成本、制度成本等贸易成本，从而会降低产品竞争力。在新经济地理模型中，距离导致了贸易成本，但贸易成本变动与距离缺乏直接的关系，而决定于交通设施的改善和贸易制度的变化。贸易成本的存在驱使产业倾向于集中在市场潜力较大的区域。产业区域分布的中心—边缘模式体现了距离衰减律对于产业区位的影响。

2.8　小　结

经济地理学关注经济活动的空间分布与空间组织，研究经济活动的空间差异、空间过程以及空间相互作用，其核心是经济活动的区位选择。经济活动区位是相对位置，因此距离是理解经济活动空间格局的关键变量。距离可以是实体空间上的距离，也可是抽象空间上的距离，如决策空间、交易空间以及战略空间等。区位主体克服实体空间距离或者抽象空间距离都需要付出努力，花费时间，支付成本。距离越远，区位主体支付成本越高，区位发生概率越低，经济活动区位呈现显著的距离衰减律。

在古典区位论中，企业是理性人，追求费用最小化或者利润最大化目标，距离化解成交通成本，距离衰减律表现在企业需要尽量接近市场或者投入要素或者

竞争者。在行为区位论中，企业是信息处理者，距离通过信息成本体现，企业区位决策需要克服文化—心理距离和信息差距，距离衰减律表现在企业偏好文化—心理距离较近，信息成本较低的区位。在战略区位论中，企业是战略决策者，距离体现为企业与利益攸关者的目标和动机的差距，距离衰减律表现在企业倾向于接近目标和动机接近的利益攸关者，接近对企业具有战略重要性的投入要素。在组织结构区位论中，企业是交易者和协调者，企业区位决策需要支付交易成本和协调成本，距离衰减律表现为企业倾向于接近具有技术经济联系或者属于同一价值链的功能以降低交易成本和协作成本。新经济地理中，企业是垄断竞争者，抽象区域间的距离引致了贸易成本，企业需要集中在市场潜力大的区位，以充分挖掘规模经济，并节约贸易成本。各经典区位论距离含义以及距离衰减律的表现总结如表 2-1。

表 2-1　各流派区位论中的距离视角

流　派	距　离	成　本	距离衰减律	代表性人物
古典区位论	实体空间的距离	交通成本	接近市场，接近原料地或者市场与原料地的均衡点	杜能；韦伯；霍特林；克里斯塔勒；廖什
行为区位论	决策空间上的信息差距，文化—心理距离	信息成本	接近文化—心理距离较近的区位或者信息源地	普雷德等
战略区位论	战略空间上目标和动机的差异性，投入要素的战略重要性差异	谈判成本	接近目标和动机差异较小的利益攸关者；接近对于决策者具有战略重要性的要素或者市场	克拉克等
组织结构区位论	交易空间上的距离	交易成本	接近与区位主体具有经济技术联系或者知识信息联系的企业	斯科特等
新经济地理	抽象空间上两个点状区域的距离	贸易成本	接近市场潜力较大的区域	克鲁格曼等

经济地理学者采用距离来透视经济活动的空间关系。作为实体空间上的距离将随着技术进步而缩短，呈现时空压缩趋势。随着交通成本和贸易成本的降低，企业运行空间将显著扩大。实体空间上，距离衰减效应对企业区位的影响可能变弱。然而，相对传统生产活动，知识和信息成为更重要投入要素，节约学习成本和信息成本对于企业提升竞争力越来越重要，企业更倾向于学习成本和信息成本较低的区位。企业间联系也更趋个性化和多元化，既有非标准化产品的贸易联系，更有知识和信息的传递，如创意产业内企业之间的联系比传统制造业的企业

间联系要复杂得多，从而引致更高的交易成本，企业在交易空间内可能更为集聚。随着区域经济发展，各区位将从追求经济绩效的目标转向多元化的发展目标，如绿色发展、幸福指数、文化提升等，与企业投资目标和动机的差异性可能会趋于扩大，在一些区位企业将面临较高的谈判和协商成本。因此，随着技术进步和社会经济发展，在抽象空间上的距离衰减律对于企业区位的影响将可能提升，经济活动在空间上可能会更为集聚。

第3章 空间分异①

3.1 引言

最近出现的两本书，就科技和经济全球化尤其是通信发展是否带来了当代世界经济格局的重大变化，提出了看似针锋相对的观点。一本是美国新闻记者、专栏作家托马斯·弗里德曼（Thomas L. Friedman）的《世界是平的：21 世纪简史》（Friedman，2005），一本是世界银行组织一批经济学家撰写的《2009 年世界发展报告：重塑世界经济地理》（世界银行，2009）。在第一本书中，弗里德曼根据自己对世界各地的考察指出，由于信息和通信技术的发展，“世界正在被抹平”，即资本、技术和信息正在打破一切疆界，整个世界已变成一个地球村。而世界银行的报告则认为经济全球化并未给每个地方带来繁荣，生产活动分散也不会必然地实现繁荣，也就是说经济增长的不平衡现象依然存在。第一本书在普通公众和经济学界、管理学界产生很大影响，而第二本书则更受地理学家和政府的青睐。

这两本书一出版就引起了地理学家高度的关注。《剑桥区域、经济与社会期刊》（*Cambridge Journal of Regions, Economy and Society*）2008 年第 3 期专题讨论世界是否正如弗里德曼所说是平的。他们承认，现代科技的发展似乎使得世界呈现一体化或无差异化趋势，但在当今全球化时代，区位和空间位置依然非常重要，财富生产、创新和贸易地带依然是十分“崎岖不平”，而不是“平坦的”（Christopherson et al.，2008）。同时，他们指出，弗里德曼基于个人经历（微观尺度）观察到的结论难以应用到大的尺度。欧美著名地理学家，如斯科特（Scott，2009）与哈维（Harvey，2009）纷纷参与了这一讨论。

随着信息网络技术的发展和交通、通信技术的提高，空间距离对产业生产要素空间配置的影响逐步减弱，由此引发了在经济全球化时代区位和空间位置是否依然重要的大讨论。众多术语，如“地理的终结”（end of geography）（O'Brien and Affairs，1992）、“距离的终结”（end of distance）（Cairncross，1997）、“无边界世界”（borderless world）（Ohmae，1995）等，表达了不同学者对全球化影响

① 本章作者：刘志高。

的理解。毫无疑问，弗里德曼的“世界是平的”观点最为“挑衅”，他认为在信息网络连接的地球村里不再有任何“摩擦的距离”。但是一些学者，包括经济管理学家，尤其是地理学家，强烈反对这些观点，坚信尽管在当代经济全球化、贸易自由化和现代信息网络技术综合作用下，世界将连接成一张由跨国公司主导、不同等级的市场主体共同参与的全球性网络（Dicken，1992；Ernst and Kim，2002），但是世界财富和创新资源依然被黏附在少数区域（Markusen，1996；Porter，2000），区域差异和不平衡依然存在。

为什么会存在两种截然不同的观点？如何科学、理性地看待这两种貌似冲突的观点？世界是否真的如弗里德曼所说的那样变得越来越平了？空间差异是永恒的吗？如果是，那些主张世界变平、全球已经一体化的学者的观点是否有道理？如何去理解空间差异？本章将试着去回答这些问题。

3.2　经济学家与地理学家关于区域差异之争

3.2.1　问题由来

无论我们在欧洲旅游，在北美出差，还是在非洲投资，都可以在大型购物中心货架上发现大量来自中国的产品，有来自中国常熟或宁波的各式服装，还有深圳或东莞生产的电子和通信产品；在世界大城市，不仅可以买到联想笔记本电脑，还可以挑选到华为的智能手机；而不知名的中国厂商生产的生活用品更是在货架上堆积如山。这些商品的品质在全球几乎一样，因为他们都是严格的标准化生产方式生产出来的。同样，当你漫步在伦敦的邦德街（Bond Street）、米兰的史皮卡大道（Via Della Spiga）、巴黎的蒙田大道（Avenue Montaigne）、法兰克福的采尔大街（Zeil），或徜徉在纽约的第五大道（Saks Fifth Avenue）、东京的银座（The Ginza）、北京的金宝街、开普敦的阿尔佛雷德商店街（Alfred Mall），都可以在橱窗欣赏到来自法国的香奈儿（Chanel）香水、迪奥（Christian Dior）化妆品、路易威登（Louis Vuitton）包，抑或意大利的芬迪（Fendi）皮具。当我们购物或旅游累了，晚上可以入住像洲际酒店集团旗下的皇冠假日那样的五星级酒店，尽情享受 $48m^2$ 宽敞的豪华单人房，躺在 2m×2m 的大床上观看来自好莱坞的大片，甚至连羊角面包也和法国当地的没什么差别，更不要说标准的多功能商务中心了。即便你囊中羞涩，只能入住格林豪泰经济型酒店，也同样享受世界统一标准的服务，无论是酒店大堂的色调，还是房间的布置，乃至餐厅的气味都几乎一样。而这一切的消费，我们都可以使用信用卡结算，甚至不需要知道当地人使用的究竟是欧元还是克朗。这一切让我们不禁感叹：我们生活的世界俨然变成了一个越来越同质化的地球村，只要抬抬脚，很快就能到达世界很多地方，并能便捷地享受来自世界各地品质一样的产品和服务！这就是为什么在全球旅行但有点走马观花之嫌的弗里德曼认为“世界是平的”的原因，这也是为什么弗里德曼拥有这么多信徒的原因。

但我们似乎忽视了另外一些现象。当我们在享受标准化酒店的同时会发现，有些旅游者热衷于当地的一些民族或地方特色酒店或家庭旅馆。在这些具有浓郁地方特色的旅店，不仅可以品味到当地的美食，还可以体验当地不同的文化。当我们坐在世界很多角落，享受着星巴克（Starbucks）和洌宝（Tchibo）提供的来自拉丁美洲或者非洲的咖啡，同时也可以发现不远的地方还有一些不同风格的酒吧。而有些城市的角落，如中国的成都，即使全球连锁的咖啡厅和酒吧越来越受到年轻人的追捧，传统的茶馆依然生意火爆，并且可以欣赏在其他城市无法欣赏到的地方戏曲。不同城市的酒吧风格就更加不同了，例如，北京的酒吧往往文化是主题，而上海的酒吧则以酒为焦点，从陈设到气氛与美国的酒吧相差甚远。这些地域文化上的差异不仅承载了地方记忆，还让旅行者流连忘返，记忆深刻。

文化和地方特色的差异并没有随欧美文化的全球蔓延而消失，反而在标准化的世界里突显出特色。同样，我们也会发现经济发展水平的不平衡在绝大部分国家和地区还依然存在。尽管世界各国的大城市的共同点越来越多：林立的高楼、拥挤的交通、来自世界各地的商品和跨国公司，共同形成了全球和地区财富的高地。但当我们乘坐飞机俯瞰大地的时候，或许会发现在距离高度人口聚集的大都市不远处还存在着交通网络不发达、人烟稀少的地方。这一问题即使在发达的欧美国家也存在，如实现东西统一二十多年的德国，其东部由于缺少有力的“造血功能”，城市设施老化、失业率上升、青年劳动力流失等问题依然严峻。

从上面的论述可以知道，在经济、文化全球化的今天，地方特色的产品和服务并没有因标准化产品和服务的出现而消失，反而显得更加突出。同样，地方经济发展的差异也并没有如部分经济学家预期的那样随经济全球化而不断缩小。这就导致了一个问题，为什么很多学科，尤其是经济学能够忽视空间差异的存在，而其他学科，如地理学家能够“发现”空间差异？这无疑需要从学科的思维差异说起。下面我们将主要讨论经济学与地理学的思维差异以回答上述问题。

3.2.2 经济学与地理学的思维差异

经济学家，包括与地理学家有着密切学术联系的、共同研究对象的空间经济学家和区域经济学家，更多地习惯抽象思维，追求观点和理论的普适性，他们认为：随着经济全球化的推动，全球经济发展差异将不断缩小。而坚持“用脚做研究”的（经济）地理学家更多地关注和研究这些具有区域差异的现象。尽管经济地理学家尤其是以德国学者为首的空间学派，如农业区位论提出者杜能、中心地理论的创造者克里斯塔勒，也关注地表事物空间关系上的共性，即探求事物空间关系上的一般法则和规律，研究事物在空间上的距离和位置关系，但是经济地理学家同时也秉承了赫特纳和哈特向所开创的区域学派思想。本质上，经济地理学的思维方式是地理思维，着眼点是区域个性。而空间经济学、区域经济学，定式思维方式是经济思维，更多地关注理论的普适性。

无论是空间经济学，还是区域经济学，总体上更多地传承了经济学的衣钵，严格按照传统新古典经济学的“经济人假设”和抽象思维的方法，通过均衡分析手段，从中提取和归纳出区域经济发展的一般理论。传统的经济学坚持“经济人假设”，将“有血有肉的”经济主体从其空间和社会关系中抽象出来，并认为人在从事经济活动中是追求利润最大化的“动物”，并且具有精密的计算能力。“经济人假设”揭示了人的“自利性”，但是忽略了人类的其他非经济需要。同时，“经济人假设”固执地坚持：无论处于什么时空环境的人都具有同质性，也就是说东方的商人和欧美的商人具有同样的区位决策习惯和商业交易行为。事实上，深受儒家文化影响的东方商人在区位选择和商业交易上更习惯动用自己的私人关系，而西方商人更具有契约精神，更偏爱白纸黑字的合约。同时，尊崇经济学思维的学者在分析经济活动的空间关系和空间联系时，更愿意坚持无距离摩擦、交易成本为零、完全竞争、报酬递减等主张。

尽管上述假设有利于从复杂的经济现象抽象出一些所谓的“规律”，但是规律到底能在多大程度上真实地揭示现实经济活动，一直备受争议。部分主流经济学家也纷纷反对上述假设，认为它们严重脱离了真实的世界，严厉地批评这些假设下的经济学研究仅仅是“数字游戏”、经济学家自娱自乐的游戏。事实上，地理学也曾经热衷于“数字游戏”。第二次世界大战后，随着计算机技术的推广和应用，美国青年一代学者引进和发展了欧洲地理学者的数量化研究方法，形成了以芝加哥大学为中心，应用数学方法分析地理学问题及建立理论模型和检验方法的地理学定量化研究高潮。20 世纪 60 年代初，这一运动迅速推向欧洲和全球，掀起了“计量革命”。他们假设地理现象是客观存在的、不以研究者本人的主观意志为转移的规律，试图通过数量化建立具有普遍性的客观法则和模型，让现代地理学走物理学的道路。但 70 年代后，地理学研究中片面追求定量化，滥用数学公式，将计量革命带入了“死胡同”。从计量革命阴影走出来的经济地理学认为，那些基于理性预期和均衡模型的经济学模型不能解释经济地理多样化的现象，因为它们将这些丰富多彩的地理学现象从其政治、经济和制度背景中抽离出来了。此后，试图建立统一的数学模型分析复杂经济空间规律的思想被地理学家抛弃。自“激进革命”以来，经济地理学试图回到真实的世界去认识经济地理，试图脱离实证主义盛行以来冷冰冰的模型和计量研究，回归从真实的人、真实的世界出发去研究经济活动的空间规律，从特定的社会与制度关系的情景中理解经济空间结构、过程及创造这些结果和过程的行动者，这就是所谓的“经济地理学情景化”。当前，在理解和解释全球化过程中不同地区经济活动持久的差异性（即经济的多元性）时，经济地理学家坚持地域空间上报酬递增规律。因此，地理学家对真实的经济领域更加感兴趣，包括所有复杂的历史和当地的环境与特性，却很少涉及假设的空间经济学的抽象模型。经济地理学在研究区域问题时，往往针对具体区域，从具体条件出发，坚持“有限理性”假设和报酬递增假设，认为存在着距离摩擦成本，并综合分析众多的区域经济发展影响因子以及相互作用。经济地理学家不仅赞同自然地理学的观点，认为每个区域具有不同的自然禀赋差异，而且扩展了传统的区位论，认为由于区域内经济主体之间形成了不同的物质和非物质联系，以及制度和文化基础（见第1章），不同的自然条件和社会经济差异决定了不同的区域有着不同的发展能力，而这些能力具有很强的累积效应，这就导致了空间差异的存在。

3.2.3 经济增长差异与收敛

经济增长差异与收敛是国内外地理学、经济学等相关学科关注的热点问题。自从索罗突破了哈罗德·多马模型的资本产出不变假设，发展出基于储蓄率的新古典经济增长模型之后，经济学家就开始普遍关注经济增长收敛性问题。新古典经济增长理论模型的核心是关于总量生产函数性质的三个假设，即规模收益不变、生产要素的边际收益递减和生产要素之间的可替代性。根据新古典经济增长理论，经济增长率由人均资本增长率和人口增长率决定，因此通过调节储蓄率可以实现人均最优消费和最优资本存量的“黄金律”增长，从而实现平衡增长。新古典理论坚持认为，经济增长的长期稳态均衡依赖经济系统的基本结构特征（包括技术条件、效用偏好、人口增长速度、政府政策和市场结构等），而否认了技术是经济增长的内生动力，并主张资本与劳动是不可替代的，从而也就否认了技术的规模报酬递增规律的存在。这样对于一个国家或者地区，新古典理论认为只要维持市场经济的正常运转，就可以在市场的力量下通过资本边际报酬递减实现收敛机制，消除国内地区间的经济增长差异，即区域经济增长存在着收敛性。但事实远非如此。1988年德隆对全球范围广泛的样本进行收敛性分析，发现并不存在收敛性特征（De Long，1988）。由此可见，虽然新古典增长理论有助于解释经济增长，但是稳态增长率的外生化缺陷使其无法对劳动力增长率和技术进步率做出解释。同时，新古典增长理论坚持增长趋同，认为随着时间的推移，各国工资率和资本产出比会趋同。这一观点也与现实情况相悖。

以罗默、卢卡斯、贝克尔、杨小凯等为代表的内生增长理论为解释区域经济趋异提供了新的思路。内生经济增长理论（又称新增长理论）兴起于1986年罗默的论文《收益递增经济增长模型》（Romer，1986）和卢卡斯1988年的论文《论经济发展机制》（Lucas，1988）的发表，后来由贝克尔、杨小凯、博兰德等不断完善。内生增长理论的最大贡献在于将技术内生化于经济增长模型，认为技术进步是经济实现持续增长的决定因素，并特别强调智力投资，强调知识外溢、专业化的人力资本、有意识的劳动分工以及研究和开发对经济增长的贡献。其中比较有代表性的模型是研究与开发模型、人力资本模型、AK模型、知识的外部效应与知识溢出模型和边干边学模型。这些模型部分地修改了新古典增长模型假定，并得出了区域趋异的预测。总之，内生经济增长理论部分地克服了新古典增长理论的缺陷，将技术进步作为经济增长的决定因素，不仅在逻辑上更趋严密，并且更符合实际，可以更好地解释各国之间经济增长率存在差异等客观事实。同时，内生增长理论具有更为丰富的政策内涵，如主张政府应该加强人力资本投资、向知识生产提供补贴以促进技术进步和经济增长等。

但是内生增长理论存在着两大缺陷。一是内生经济增长理论将内生增长中的两个重要要素——资本积累与技术创新——割裂开来；尽管承认技术进步在经济增长中的重要性，但是缺乏对技术进步演变微观机制的研究，技术进步依然是未揭开的“黑箱”。二是内生增长理论仍然将经济过程当做不断趋向均衡状态的平稳过程。而后来的研究表明，区域经济增长实际上是一个历史的过程，具有明显的路径依赖特征（Arthur，1994；Setterfield，1997）。因此，如何去理解区域经济增长的路径依赖现象成为当前国内外研究的热点和难点问题。而20世纪80年代后复兴的演化经济学，为回答这一问题提供了新的理论视角。演化理论认为区域经济发展不是由外生要素决定的，反对新古典经济学理性人假设和均衡分析方法，主张以有限理性假设为研究起点，坚持“历史重要性”，强调时间不可逆、空间异质性，以揭示具体时空背景下的经济变迁规律为基本任务（Boschma and Martin，2010）。强调历史的重要性，就突出了时间对社会经济系统最基本的建设性作用（Martin and Sunley，2006）。历史的过程产生制度及维持制度的组织，这些组织会动用资源来阻止那些威胁它们生存的变革，因此路径依赖是过去历史经验对现在的选择具有一定约束作用（诺思，2008）。这种约束导致了区域经济的趋异，但是对于由计划经济向市场经济转型的国家中区域经济是否存在收敛，多大程度上收敛，转型国家是否能够实现区域经济发展路径的收敛，由哪些要素导致收敛与分叉等问题，依然少有研究。

那些鼓吹经济会随着全球化而收敛的经济学家们似乎忘记了列宁早已揭示过资本主义经济发展的不平衡规律。这一规律不仅适用于列宁生活的年代（资本主义走向垄断资本），同时也适用于当代的资本主义（新自由主义和金融霸权为特性）和其他世界经济发展阶段。事实上，地理学家如哈维，早从马克思历史唯物主义出发考察了资本主义发展的不平衡本质，认为资本主义正是不断通过时间延迟和地理扩张来克服资本主义危机，同时在空间修复过程中又不断地制造区域发展的不平衡（Harvey，1982）。后来，哈维进一步比较了英国为代表的旧帝国主义和美国为代表的新帝国主义的区别，并指出以英国和德国为代表的老牌帝国主要依赖领土扩张，是生产力霸权；而第二次世界大战后，民族解放运动的高涨和帝国主义内部的竞争（主要是日本和欧洲经济的重新崛起改变了世界格局），以美国为首的新帝国主义则通过金融领域来维持（Harvey，2005）。正是这种“剥夺性积累”成就了西方国家社会的高福利、高收入运作，而同时直接、间接地造成了20世纪80年代拉丁美洲的金融风暴、20世纪80年代末90年代初期苏联和东欧国家经济体系的崩溃以及1997年的东南亚金融危机。

3.3 空间差异是常态

需要指出的是，空间差异性体现在很多方面，如资源禀赋的差异、文化习俗的差异等，但经济增长差异最引人注目。经济增长水平的差异可以用很多指标来衡量，但是毫无疑问人均GDP是最为直接和简单的指标，因此下面我们主要利用人均GDP来理解经济增长的空间差异性。

3.3.1 科技进步并未带来全球区域差异减小

那些主张“世界是平的”学者的一个基本观点是，由于以信息技术为代表的现代科技将不断推动世界各地的经济发展，最终全球经济将逐步实现同步增长。我们这里将利用不可辩驳的经济发展史说明，科技进步并未带来全球区域差异缩小。众所周知，人类大规模创造科学技术、高效利用科技成果是从英国工业革命开始的。在漫长的农业文明时代，科学技术发展非常缓慢，生产力水平普遍比较低下。自从18世纪中叶开始工业革命后，人类文明进入加速发展阶段。根据经济史学家Angus Maddison的估算，在19世纪以前，人类花了1870年才实现世界人均 GDP 翻一番，即由公元元年的 445 国际元①上升到 1870 年的 875 国际元；但 1870～2001 年 131 年间，世界人均 GDP 却增加了近 6 倍，从 875 国际元上升到 6049 国际元。中国和印度的经历也类似，从公元元年到 1870 年，人均 GDP 从 450 国际元上升到 530 国际元左右，但是到 2001 年却分别增加到 3583 国际元和 1957 国际元（表 3-1）。

表 3-1　1–2001 年主要地区人均 GDP　　（单位：1990 年国际元）

地区	1	1000	1500	1600	1700	1820	1870	1913	1950	1973	2001
世　界	445	436	566	595	615	667	875	1 525	2 111	4 091	6 049
西欧 12 国平均			798	908	1 033	1 245	2 088	3 688	5 018	12 156	20 024
西欧平均	450	400	771	890	998	1 204	1 960	3 458	4 579	11 416	19 256
东　欧	400	400	496	548	606	683	937	1 695	2 111	4 988	6 027
原苏联	400	400	499	552	610	688	943	1 488	2 841	6 059	4 626
美　国			400	400	527	1 257	2 445	5 301	9 561	16 689	27 948
西方国家平均	400	400	400	400	476	1 202	2 419	5 233	9268	16 179	26 943
拉丁美洲平均	400	400	416	438	527	692	681	1 481	2 506	4 504	5 811
日　本	400	425	500	520	570	669	737	1 387	1 921	11 434	20 683
中　国	450	450	600	600	600	600	530	552	439	839	3 583
印　度	450	450	550	550	550	533	533	673	619	853	1 957
亚洲平均（不包括日本）	450	450	572	575	571	577	550	658	634	1 226	3 256
非　洲	430	425	414	422	421	420	500	637	894	1 410	1 489

注：西欧 12 国合计包括奥地利、比利时、丹麦、芬兰、法国、德国、意大利、荷兰、挪威、瑞典、瑞士、英国。西欧合计中除了西欧 12 国外，还包括安道尔、海峡群岛、法罗群岛、直布罗陀、希腊、格陵兰、冰岛、爱尔兰、马恩岛、列支敦士登、卢森堡、摩纳哥、葡萄牙、圣马力诺、西班牙。西方国家合计中西欧国家外，还包括澳大利亚、新西兰、加拿大和美国。东欧不包括原苏联，但包括阿尔巴尼亚、保加利亚、捷克斯洛伐克、匈牙利、波兰、罗马尼亚和南斯拉夫

资料来源：根据（Maddison，2003）整理

无论是从全球尺度还是从地区层面看，在人类的第一个 1000 年，人均收入

① 为了尽量减少汇率和通货膨胀等因素对经济规模统计真实性的影响，英国经济学家 Angus Maddison 采取了购买力评价的计算方式，并创造出“1990 年国际元”（1990 International Geary-Khamis dollars）作为衡量经济总量和人均收入的单位，即以 1990 年价格为标准，将不同国家货币转换后形成的一种统一计算单位。本章引用的数据，除了特别注明的，都是他的研究成果。

的增长是缓慢的，并且全世界的收入差距并不大。但是进入16世纪后，先是西欧，然后是北美，再是日本，人均收入明显加快，与其他国家的差距越来越大。18世纪中叶，英国人瓦特改良的蒸汽机首先发动了纺织产业发展的引擎，实现了人类由手工劳动向动力机器生产转变的大飞跃。如果说第一次工业革命是由像詹姆斯·瓦特和詹姆斯·哈格里夫斯等为代表的技工完成，那么1870年开始的第二次工业革命，自然科学家开始发挥更加重要的作用。自然科学的新发展与工业生产紧密地结合起来，极大地推动了生产力的发展。科学和技术上的重大突破，引发了纺织、钢铁、采煤、化学、机械、食品等一系列产业顺次出现，一个推动一个。随着世界资本主义体系的建立和科学技术的全球扩散，工业革命也在全世界范围内由英国向西欧、北美扩散，进而向东欧、加拿大、新西兰等国家和地区扩散，这些地区现在被称为发达的工业化国家。

曾经在农业社会辉煌一时的亚洲文明，包括中国、日本和印度等国，在早期工业化大潮中错失良机。在西欧国家和美国轰轰烈烈开始工业革命，大肆鼓励创造发明时，中国的清王朝正做着“天朝大国”的美梦，大清的官员还在宣讲“三纲五常”，鄙视着西方的“奇巧淫技”。英国等国是不会放过这块能掠取财富的土地，而正是这些被天朝大国鄙视的“小伎俩”让一直以天朝自居的大清丧权辱国。同样，19世纪上半叶的日本，处于德川幕府时代，对内实行苛政，对外则实行“锁国政策”，最终于1853年被美国人用大炮打开了国门。但与中国不同的是，内外交困的日本，在19世纪60年代以流血方式结束了幕府统治，开始了明治维新，最终成为亚洲第一个进入现代化之列的国家，而中国的封建势力一直苟延残喘到1911年。第二次世界大战后，不断高涨的民族解放运动为亚非拉（半）殖民国家脱离旧的世界经济体系开创了新的环境，发展中国家迎来了难得的发展机遇。经过过去半个世纪的努力，以中国和印度为代表的亚洲新经济体开始复兴，在一定程度上缩小了发展中国家与西方发达资本国家的差距，但是非洲却依然贫困。到20世纪末，最贫困的非洲国家与西方发达国家的收入水平差距已经扩大到20倍，而在1820年的差距才为7倍（Maddison，2001）。

从上面的论述可以知道，英国工业革命以来的科技发展，包括当下的信息技术革命，并未使全球区域人均收入差距缩小，反而有不断拉大的趋势。需要说明的是，影响世界经济格局的因素很多，有内部的因素，如自然资源禀赋的差异和政治经济制度的差异，还有外部的影响，如海洋贸易的形成更加有利于资本主义对落后地区的“盘剥”。下面我们讨论“地理大发现”以来的经济全球化对全球经济格局的影响。

3.3.2 经济全球化并没有缩小全球区域差距

经济发展不平衡性不仅表现在空间维度上，同时也表现在时间维度上，也就是说，经济发展的区域差异一直存在（表 3-2）。从世界文明历史看，从罗马帝国（公元前 27 年 ~ 公元 395 年）衰落开始一直到 15 世纪的文艺复兴，以中国为核心的东方文明和以南方印度次大陆为首的印度核心区一直处于世界的绝对领先地位，而当今高工资、高福利、经济发达的西欧当时还处于蛮荒时代，而今天科技发达、称霸世界的美国更是不存在。当秦灭六国而统一全国，开始大一统的封建集权王朝时代（公元前 221 年），古印度的孔雀王朝（约公元前 324 年至公元前 187 年）却走向衰落，开始近千年的四分五裂[①]，经济地位不断下降；而欧洲也开始经历被日耳曼人、匈奴人、阿拉伯人、突厥人轮番蹂躏长达 1000 年的黑暗历史。在随后 1800 多年里，中国一直是世界经济强国。在第一个千年之际，西欧收入处于最低点，仅占世界 GDP 的 8.7%，而印度和中国分别占 22.7% 和 28.9%（Maddison，2001）。

11 世纪是欧洲走向经济上升的重要转折点，经过漫长的复兴后，到 1500 年时，西欧收入水平和生产率水平就追赶上了当时的东方强国——中国和印度（Maddison，2003，2004）。当时虽然西欧国家 GDP 仅占世界总量的 17.8%，低于中国（24.9%）和印度（24.4%），但是经济发展速度已经开始追赶上中国（年均复合增长率为 0.41%）[②]，并远远高于印度（年均复合增长率为 0.19%），按 1990 年国际元不变价格计算，当时的西欧国家人均 GDP 高达 771 国际元，而同期的中国只有 600 国际元，印度更低，仅为 550 国际元（Maddison，2003，2004）。到 1820 年，虽然西欧 GDP 占世界总量的份额（23.0%）低于中国（32.9%），已经超过了印度（16%），但是人均收入已经是中国和印度的 2 倍。根据 Maddison 的测算，当时西欧人均收入达到 1204 国际元（1990 年美国）（Maddison，2001，2004）。

世界经济发展不平衡性是永恒的，并没有因为经济全球化呈现一些学者鼓吹的收敛迹象。14、15 世纪，西欧的技术进步巨大，首先在意大利北部地中海沿岸的城市地区（如佛罗伦萨、米兰、威尼斯）出现了资本主义生产的萌芽。由

① 阿育王在位时国势强盛（公元前 3 世纪中叶），除印度半岛南端外统一印度全境，其中包括印度河平原，恒河平原，孟加拉湾，德干高原以及远达阿拉伯海的广大领域。

② 年均复合增长率（compound average growth rate）是指一项投资在特定时期内的年度增长率，反映的是投资平均回报。计算公式为年均复合增长率 =（现有价值/基础价值）×(1/N) - 1。

于15~17世纪的“地理大发现”，西欧国家，首先葡萄牙和西班牙，然后是英国开始海外殖民扩张，东西方之间和各大陆之间闭塞状态被打破，过去世界各国、各地区间相对隔绝状态不复存在，整个世界逐步形成为密切联系的、互相依存又互相矛盾的整体，世界市场开始形成（Wallerstein，1974）。

表3-2　1~2001年主要地区GDP占世界的份额（%）

地区	1	1000	1500	1600	1700	1820	1870	1913	1950	1973	2001
西欧12国合计			15.5	17.2	19.1	20.5	30.5	30.8	24.1	22.8	17.5
西欧合计	10.8	8.7	17.8	19.8	21.9	23.0	33.0	33.0	26.2	25.6	20.3
东　欧	1.9	2.2	2.7	2.8	3.1	3.6	4.5	4.9	3.5	3.4	2.0
原苏联	1.5	2.4	3.4	3.5	4.4	5.4	7.5	8.5	9.6	9.4	3.6
美　国			0.3	0.2	0.1	1.8	8.8	18.9	27.3	22.1	21.4
西方国家合计	0.5	0.7	0.5	0.3	0.2	1.9	10.0	21.3	30.7	25.3	24.6
拉丁美洲	2.2	3.9	2.9	1.1	1.7	2.2	2.5	4.4	7.8	8.7	8.3
日　本	1.2	2.7	3.1	2.9	4.1	3.0	2.3	2.6	3.0	7.8	7.1
中　国	26.1	22.7	24.9	29.0	22.3	32.9	17.1	8.8	4.5	4.6	12.3
印　度	32.9	28.9	24.4	22.4	24.4	16.0	12.1	7.5	4.2	3.1	5.4
亚洲合计（不包括日本）	75.1	67.6	61.9	62.5	57.7	56.4	36.1	22.3	15.4	16.4	30.9
非　洲	6.9	11.7	7.8	7.1	6.9	4.5	4.1	2.9	3.8	3.4	3.3
世　界	100.0	100.0	100.0	100.0	100.0	100.0	100.0	100.0	100.0	100.0	100.0

资料来源：根据（Maddison，2003）整理

14世纪中叶开始的文艺复兴运动将西欧从中世纪以来的蒙昧世界中解放出来，开始提倡个性解放和自由平等，推崇人的经验和理性，鼓励认识自然和造福人类。自新大陆发现后，尤其是工业革命以来，西欧国家凭借对新世界的征服或殖民、贸易渠道的控制和技术与制度上的不断创新，进入史无前例的经济快速增长时期。1500~1820年，西欧在世界GDP的比重由17.8%上升到23.0%，人均收入从771美元上升到1204美元。与此同时，尽管中国经济一直保持增长，在世界GDP的份额从24.9%上升到32.9%，但人均收入却一直保持在600美元。印度则情况更加糟糕，其世界GDP比重从24.4%下降到16%，人均收入不升反降，从1500年的550美元下降到533美元。

19世纪后，西方国家加快对亚洲、非洲和拉丁美洲的殖民掠夺，欧美诸工业化国家无论是发展速度、人均收入，还是其在世界GDP中所在的比重，都开

始远远超过亚洲、非洲和拉丁美洲国家。第二次世界大战后，尽管亚洲（日本除外）、非洲和拉丁美洲国家经济发展速度开始加快，但是人均收入仍远远落后于西方国家。从资本主义国家内部看，经济发展也存在不平衡。19 世纪中期，英国率先完成工业革命（从 18 世纪 80 年代开始，到 19 世纪中期基本结束），处于世界工厂的地位，成为 19 世纪的“日不落帝国”。但到 19 世纪末，美、德经济迅速发展，并超过了英、法。日本经过明治维新后，也加入经济强国之列，成为亚洲第一个现代化国家。

3.3.3 大区域和大国内部经济差距一直存在

由于地理、气候和自然条件等差异，以及技术和制度文化的不同，即使同一区域内部也存在着差异。如世界最为发达的地区之一欧洲，西欧经济发展水平最高，其次是南部欧洲国家，而偏远的欧洲东部大陆国家则相对落后，并且差距非常大（图 3-1）。最富裕的卢森堡地区人均 GDP 是东欧最贫困的保加利亚的 6 倍多。克罗地亚、立陶宛、拉脱维亚、罗马尼亚和保加利亚仅仅达到欧盟平均水平

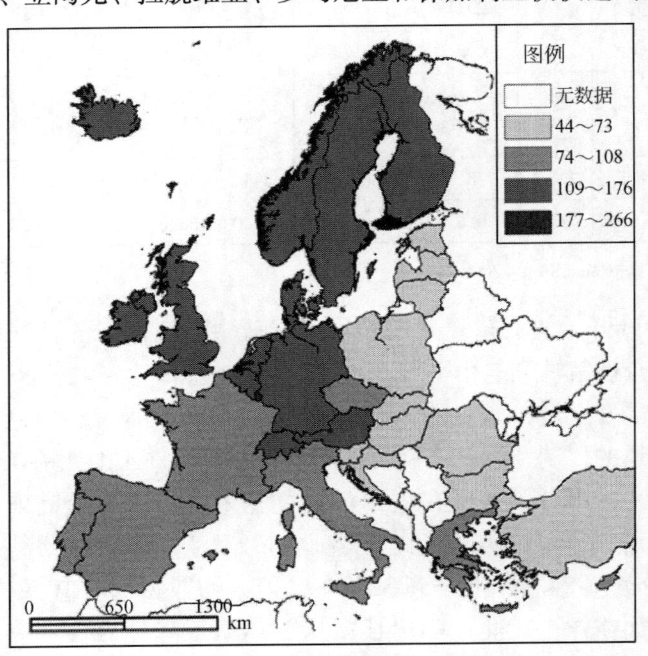

图 3-1 2009 年欧盟成员国人均 GDP 差异

注：根据欧盟统计局数据计算，欧盟成员国人均 GDP 按照购买力标准计算，欧盟 27 国人均 GDP 平均值为 100.

的一半。这些国家一直是近代欧洲最贫困的地区。卢森堡是欧洲人均收入最高的国家，部分原因是大量高素质劳动力从比利时、法国和德国流入该国从事金融等高端服务业，而这部分人口有些并未列入统计范围内。尽管由于欧洲近20年来实施一系列干预政策，这些国家之间差距的扩大得到了控制，但是并没明显的改善（李莉，2011）。

不仅区域内部之间存在差距，在大国内部也存在类似的差距。20世纪下半叶，工业化进程中的大国内部出现了区域差距扩大趋势。第二次世界大战后，世界进入相对稳定的政治局面，国家内部经济发展成为各国重要的议程，西方国家将纷纷结合本国实际情况，采取了形式和内容各异的区域协调发展政策，以期遏制和消除区域差异。这些措施的共同之处包括：成立专门的区域协调组织机构，并与其他部门通力协作；综合运用财政、税收以及特别资金；中央政府和地方政府上下联动等。与此同时，理论界各种政策工具，如“增长极”、“科技城”、“科技园区”，纷纷被提出，并在欠发达地区得到广泛地应用。但是无论是欧洲大国内部，还是美国、日本，国家内部，经济增长的区域差异依然存在。以普遍富裕的西欧国家为例，英国、意大利和西班牙都呈现出南北差异，而德国由于两德统一，不仅存在着东西差异，还存在着南北差异，比利时则为西北—东南差异（图3-2）。从国家内部来看，英国是欧盟国家内部区域差异最大的国家，其次是法国和罗马尼亚，内部差异最小的国家是斯洛文尼亚（李莉，2011）。另外，和世界其他地区一样，欧洲各国的首都城市普遍都处于本国内区域经济发展的最高水平（European Commission，2011；李莉，2011）。

3.4 经济空间分异影响要素的时空特性分析

区域不平衡存在着时间和空间特性，而导致这种不平衡的影响因素，在不同的时空条件下也扮演着不同的角色，呈现不同程度的重要性。从时间维度看，如果将人类社会划分为农业社会、工业社会、信息社会，那么不同历史时期导致经济社会空间分异的影响因素各不相同，并不断演化；从空间层面看，在不同的空间尺度上，同一影响要素其影响力大小也存在差异。

3.4.1 经济空间分异影响要素的时间特征

1. 自然资源

自然资源是指各地区的水、土、光、热和动植物、矿产等资源，具有空间分

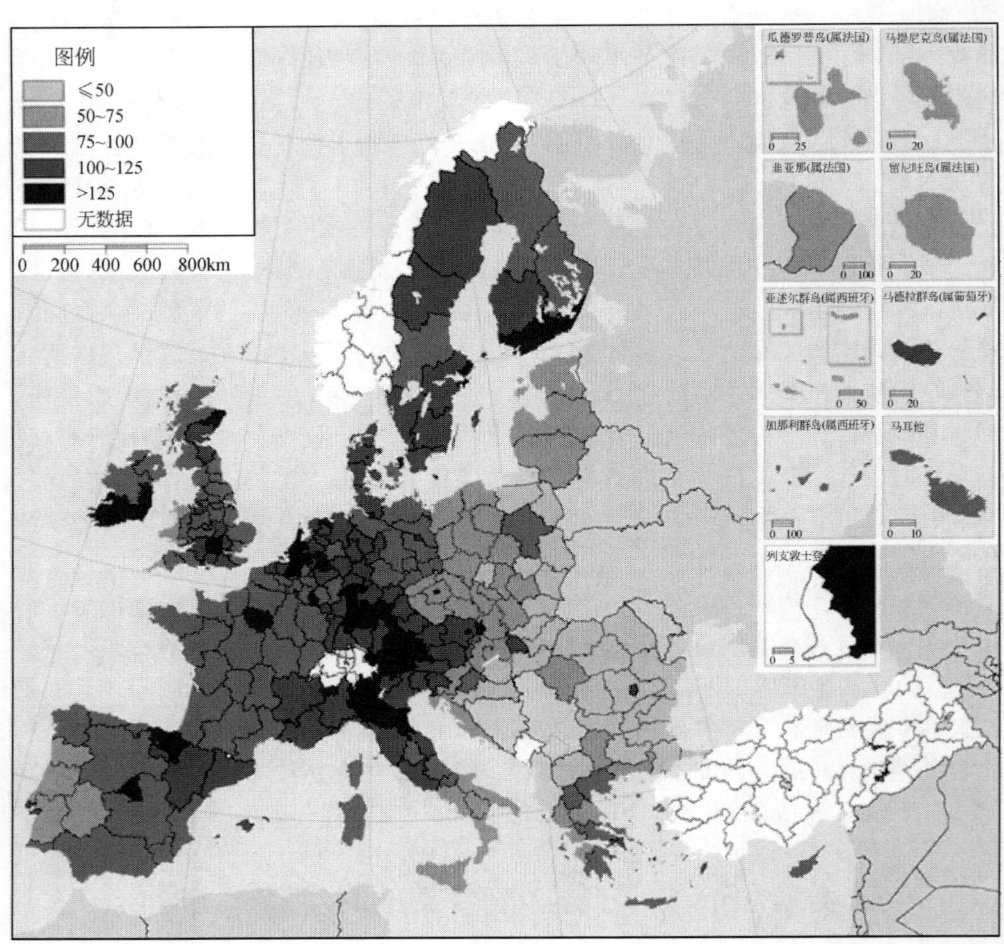

图 3-2 2009 年欧盟二级统计地区（NUTS2）人均 GDP 差异

注：根据欧盟统计局数据计算，各地区人均 GDP 按照购买力标准计算，欧盟 27 国人均 GDP 平均值为 100

布不均匀性和区域性等特点。农业社会是一段漫长的“靠天吃饭”的时期，人类的生产、生活严重地受到自然条件的制约。因此，自然条件的地理差异是传统农业生产地域分工的自然基础，区域间的差异很大程度上取决于各地区的自然环境和条件差异。古今中外在农业社会的不同历史阶段，繁荣的兴衰与更替，无不与气候、土壤、河流等自然资源紧密相关。从世界上来看，埃及的尼罗河、印度的恒河、美索不达米亚原野上的幼发拉底河和底格里斯河等河海之滨或河流交汇之地，都是人类古代文明的发源地。河水灌溉了农业，也培育了古代文明。在公元前 3500 年前，两河流域诞生了世界上第一批真正的城市。但是建立在单一的灌溉农业基础上的古代文明，一旦灌溉条件失去就随之衰败了。

在中国，农业文明的起源和发展也受着气候、河流等条件的限制。从气候上来讲，中国分为西北干旱区、青藏高寒区和东部季风区。东部季风区受到东南季风影响，适宜农作物生长，加上拥有黄河和长江两大流域，这一地区成为当时和今天经济最发达、人口最密集的地区。历史上经济社会中心的更迭和变迁，也与自然禀赋条件密切相关。形成于公元前4000年至公元前2000年之间的黄河文明，历经夏、商、周三代的发展期，到秦汉直至北宋的1000年间，达到兴盛阶段。这一时期以黄河流域为核心的北方地区一直是国家的政治、经济中心，尤其是唐代，唐天宝八年征收的“各色米粮”总数，北方地区占全国的75.9%，可见北方在全国所占的重要地位。之所以形成这样的格局，是由于东亚季风带来的温润气候，以及黄河改道形成的广袤原野，为农作物的生长创造了有利条件。到了公元1230年，中国气候发生大转变，季风退缩，北方气候条件变得恶劣，农业生产的经济中心也开始南移。北宋元丰年间，全国征收的钱粮数中，北方地区所占比重已降为54.7%。元代以后，南方成长为经济发达区。明洪武年间征收的钱粮数，北方已降为35.8%。自然条件对经济格局的影响可见一斑。

随着科学技术的进步和更大范围的交通运输网络的建设，自然资源对生产的决定作用开始减弱。工业生产不像农业那样依赖于自然条件，但仍然会受到地形、气候和水文等条件的影响，尤其是在工业化初期和科技尚不十分发达的阶段，自然因素的影响一般较大，有时是决定性的。自然条件对工业社会经济空间分异的影响，主要体现在厂址选择方面。为便于生产活动和内外联系，一些大型工厂在地形选择上会考虑较为平坦、开阔且自然灾害少发的地区。适宜的气候条件和优越的给排水条件，也是选址时所要考虑的重要因素。虽然有时候可以通过人工办法创造合适的环境，但可能会导致成本过高而影响效益，因此工厂仍然会根据自然条件选择地址。如世界大部分工业集中于北半球的中纬度，主要工业区分布在北美、欧洲、俄罗斯、乌克兰、日本等国家和地区。

由于工业企业在加工过程中需要大量原材料和能源，因此原料的数量、质量以及能源条件，是影响工业分布的重要因素。加工不同产品的企业，其分布存在差异。对于加工会使体积和重量大大减少（如钢铁）或需要新鲜原料（如蔬菜食品加工）的企业，通常会距离原料产地较近；对于加工后成品体积增大不便运输（如饮料）或要求产品新鲜（如牛奶、冰淇淋）的企业，则往往在销售地附近建厂；对于耗能较多的企业（如炼铝厂），则选择在能源供应量大的地方生产。因此，一个地区的资源禀赋差异和自然资源的组合不同，影响到该地区的工业经济结构，而工业经济结构在一定程度上决定了该地区的经济发展成效。

2. 劳动者数量与质量

传统的比较优势理论认为，一个国家和地区的生产优势主要取决于自然资源状况、资本和劳动力构成的要素比率。但事实上具有资源优势的国家不一定经济发达。在全球化和自由贸易时代，众多资源丰裕的国家和地区很多陷入“资源的魔咒”，而一些资源相对匮乏但质量高的国家和地区却越来越富裕。关于人口数量和质量对经济发展的重要性，在不同的历史发展阶段其表现形式也不尽相同。在农业社会，由于生产力不发达，粮食产量很低，因此人口密度和数量是经济发展的主导力量之一，也是导致区域差异的重要因素。人口总是分布在气候适宜、农业生产较为发达的地区，而人口的增长又反过来促进了农业繁荣。也就是说，人口的分布受到地区生存条件和经济发展状况的影响，同时也决定了地区经济社会发展的水平和区域空间格局。

从中国农业社会发展历史看，人口密度和迁移对经济空间分异具有举足轻重的影响。到汉代直至元代，中国人口分布主要集中于秦岭—淮河以北的黄河流域，东汉时期这一地区人口约4300万，而南方人口仅约1400多万，南北人口比例约为1∶3。宋代之后，由于气候条件变化、战争以及其他政治事件等原因，出现几次人口南迁。从元代开始，人口中心转移到了南方。到明代弘治时期，南北人口比例稳定在3∶2。随着人口重心的转移，经济的空间格局也发生了变化，即由以北方为中心变为以南方为中心。

除了通过影响农业生产来改变经济格局，人口迁移带来的文化和生产方式的交流和转移也会影响经济发展，从而导致经济的空间分异。主要是农业发达的内地地区人口流动到原本比较落后的边疆、山区，带动了这些地区生产率的大幅提高，经济得到较快发展。当然人口过于密集也会产生消极影响，人口增加会使人均土地占有数量减少，导致生产资料占有和产品分配关系等社会矛盾的激化，这种消极影响也会带来经济空间格局的变化。

在工业化社会里，劳动者素质对社会经济发展的影响比在农业社会中更大。但不同类型的工业企业对不同类型的劳动力供应数量、所付工资水平以及劳动力技术状况要求不一样。劳动密集型产业多选址在劳动力供应充足、生活费用较低的地方，支付较低的工资，不会对生产成本造成压力；技术密集型产业则要求企业工人具有较高专业技能和个人素质，通常选址于人力资源质量较好的地区。当然，企业也可以把生产的环节进行拆分，把某些低技术含量的工序转移到劳动力便宜的地方。

全球和国家经济格局的分异受劳动力条件的影响较为显著。西方发达国家人员受教育条件较好，素质和技能较高，因此重点发展研发、设计等创新型、高技术含量产业，而将低端制造业转移到东南亚、南美洲和非洲等相对落后地区。在中国，东部发达地区专注于高技术产业，而中西部地区接受来自东部的产业转移。由于劳动力是流动的，生存环境较优越的发达地区能够吸引优秀的人才，更有利于这些地区发展技术密集型行业，导致更加显著的地区不平衡。

3. 科技发展水平

尽管现在人们就“科技是第一生产力”达成了共识，但是在漫长的农业社会中，经济的主体是原始农牧业，动力主要来自人力、畜力，简单的手工农具是农业劳作的主要工具，人类认识和改造自然的能力比较有限，生产技术发展相对缓慢。同时，农业社会的科学技术发展更多与农业种植和耕作技术有关。也就是说，由于传统农业以粮食种植为主，因此粮食产量水平的变迁，在一定程度上反映了农业生产力水平的变化。农业社会生产技术的发展进步通常经历较长历史时期的演化。秦朝商鞅变法造就了秦汉时期中国历史上第一次农业生产的高潮，三国两晋南北朝时期人口迁徙带来了农业文化交流，传统农业有了进一步发展，耕作技术得到改进，中国北方旱作技术体系形成。因此在唐代以前，北方农业土地生产率高于南方，中国经济重心也在北方。隋唐宋元时期，南方水田农业技术得到发展，江南日益繁荣，唐代形成北方旱作和南方水作并举的格局，宋代南方农业生产水平远超过北方，元明之后，人口和经济发展的重心，均转移到了南方。

工业是在农业社会发展了几千年之后出现的，距今只有200多年的历史。它不但是一场物质生产的变革，更是带来了波及世界各个角落的社会制度、思想文化以及各地景观的根本性变化（王恩涌等，2004）。工业革命是18世纪中叶英国人瓦特改良蒸汽机之后，由一系列技术革命引发的从手工劳动向动力机器生产转变的重大飞跃，是以机器取代人力的一场生产与科技革命。因此，科技在工业社会发挥举足轻重的作用，尤其是第二次世界大战以后，交通、通信和计算机方面的科技进步，对工业生产产生了重大影响，也改变了区域经济的空间布局。交通方面，内燃机取代了蒸汽机，海上轮船运量加大且运费降低，促进了海洋贸易；通信技术的发展缩短了人与人之间的交往距离，促使商务活动更加频繁；计算机的发明与改进，从根本上改变工业的生产、管理和设计方式，甚至改变了人们的生存方式、生活状况和社会面貌。

20世纪80年代开始，人类迎来信息经济和知识经济时代，进入以计算机、微电子和通信技术为动力源泉的信息化社会。在信息社会中，信息取代物质和能源成为更为重要的资源，社会经济的主体由制造业转向以高新科技为核心的第三产业，跨国贸易和全球贸易成为主流，从而带来经济的全球化。信息化与全球化共同推动着全球产业分工的深化和经济结构的调整，重塑着世界市场和世界经济竞争格局，也使世界经济空间的非均衡发展呈现新的态势。

3.4.2 经济空间分异的空间尺度特征

导致区域发展不平衡的地理环境、资源条件、科技发展水平、人口素质等影响要素，在不同的空间尺度下呈现不同程度的重要性。这些影响要素可以划分为两大类型，即人的能动性和自然环境，通常来说，科技水平、创新能力等人的能动性因素在中观（区域、亚国家）和微观（企业）尺度下所产生的影响更为直接和易于察觉，而地理环境和资源禀赋等自然条件因素在宏观（全球或国家）尺度的影响力和影响效果更为显著。当然，各要素在各个尺度上都有影响作用，只是作用的程度和方向不同而已。同时需要注意的是，影响微观尺度的要素，其影响效果会因累积效应而在宏观层面上显现出来。

地理环境等自然因素对社会经济发展的影响，在宏观尺度上看，效果十分显著。近代西方地理学的创始人孟德斯鸠认为，地理环境决定人们的气质性格，人们的气质性格又决定他们采用何种法律和政治制度。孟德斯鸠的这种观点使他成为“地理环境决定论”的代表人物。环境决定论的另一位代表人物黑格尔就地理环境对人类社会经济活动的影响提出了更深刻、更广阔的认识，他视地理环境为“历史的地理基础”。地理环境决定论在19世纪成为社会学中的一个学派，这一学派的核心思想就是气候和区位等地理因素直接影响了人的体质和心理差异、意识和文化，进而决定了各个国家的社会组织方式经济发展历程和历史命运。马克思、恩格斯提出了基于唯物史观的地理环境学说，认为地理环境决定人的物质生产活动方式，而人的物质生产活动方式又决定社会、政治及精神生活。事实上这也是一种环境决定论的思想，与孟德斯鸠、黑格尔的“地理环境决定论”强调人的气质性格及心理状态的作用不同，它重点揭示了物质生产活动在人类社会生活中的地位。

“地理环境决定论”揭示了自然环境对人类社会的影响，这一影响在宏大的背景和尺度下越发明显。放眼世界，纵览古今，地理与自然环境在宏观层面上对人类社会产生影响的例子不胜枚举。如世界人口的分布极不平衡，80%的人口分布在北半球的中纬度地区（20°N～40°N及40°N～60°N两个纬度带），因为这里气候适宜，水源丰富，适合人类的生存和发展（表3-3）（祝卓，1991）。而在中纬度带中，土壤肥沃、交通发达的平原地区，又是人口最为富集的地区。当前世界人口分布的另一趋向为临海性，世界人口的一半以上居住在距海岸200km以内的地区（表3-4），这是由于海洋的天然条件有利于运输和近代工业发展。除了影响人口分布，地理环境还影响民族性格，具体体现在人的气质性格和体质特征。如16世纪的法国思想家J. 博丹认为：北方寒冷使人们的体格强壮而缺少才智；南方炎热使人们有才智而缺少精力。在中国，人的体貌与性格特征也随居住的环境不同而存在差异。北方人因要抵御严寒而身形高大、体态健硕，因在深山莽原狩猎和耕作，形成了彪悍、粗犷的性格；南方人则因在炎热的气候中生活而身形消瘦、短小精悍，因在农业耕作半径较小的水田或崎岖不平的山区劳作，性格上具有精明、细致的地域特征。

表3-3　不同纬度上的世界人口分布（1981年）

纬度	陆地面积（万 km^2）	人口比重（%）	人口密度（人/km^2）
60°N以北	1 714.1	0.4	0.9
60°N～40°N	3 115.2	30	39
40°N～20°N	3 066.7	49.4	65
20°N～0°	2 131.2	10.4	20
小计	10 027.8	90.2	36
0°～20°S	1 981.4	6.1	12
20°S～40°S	1 345	3.5	8
40°S以南	1 534.8	0.2	0.5
小计	4 861.2	9.8	8
合计	14 889	100	30

资料来源：祝卓，1991

表3-4　全球人口分布与距海远近的关系（1987年）

距海远近（km）	占世界（%）	占欧洲（%）	占亚洲（%）	占非洲（%）	占北美洲（%）	占南美洲（%）	占大洋洲（%）
0～50	27.5	29.1	27.1	18.1	31.5	24.4	79.1
50～200	22.7	25.8	20.2	27	19.8	38.4	15.2
200～500	23.5	30.3	21.9	18.6	20.1	27.9	
500～1000	17.7	11.9	19.9	23.5	18.5	9	
>1000	8.6	2.9	10.9	12.8	10.1	0.3	

资料来源：祝卓，1991

环境条件在大尺度上对人类社会的影响，还体现在对区域经济格局，尤其是产业的地区转移的影响方面。一是工业生产过程中产生的大量废气、废水、废渣会对环境产生极其不利的影响，工业的发展以及工业区位的选择，需要考虑这些负面影响；二是工业发达国家为减少对本国环境的污染，把重污染企业向不发达国家转移，形成新的世界分工体系。如欧美、日本等发达国家和地区保留了金融、科技、服务业、教育等高技术含量、高附加价值的环境友好型产业，而发展中国家则承接了高污染、高能耗的产业。在中国也存在环境条件影响区域经济发展空间分异的现象。资源型和污染型产业由东部沿海地区向中西部地区转移。目前中国区域经济发展呈现东中西梯度发展的格局，东部沿海发达地区发展高科技产业和高端服务业，参与国际竞争；中西部地区则发挥资源丰富、要素成本低、市场潜力大的优势，积极承接国内外产业转移。

与自然环境因素相比，科技发展水平、劳动者受教育水平等有关人的能动性因素，对社会经济的影响主要集中在中观与微观层面，即小范围内的地方发展和企业区位选择体现更为显著。也就是说，在全球层面和幅员辽阔的大国区域，如中国，美国、加拿大和俄罗斯，地理环境决定论对空间差异成因更有解释力，而在像欧洲各国和大国亚国家层面的区域差异则更加体现人的创造能力的差别。20世纪80年代以来，罗默和卢卡斯等为代表的新增长理论经济学家开启了以“内生技术变化”为核心的经济增长内生型解释的大门，提出了新经济增长理论。他们普遍强调技术进步和知识的重要性。此后，学者们重拾马歇尔关于分工和报酬递增的思想，以及新经济增长理论里有关“干中学”、“产业知识外溢”等报酬递增理论，讨论知识外溢、人力资本投资、研究和开发、收益递增、劳动分工和专业化、边干边学对国家和区域增长及区域差异变化的影响。在研究区域差异中，以往备受重视的传统要素，如资源禀赋、交通条件，被新的科技发展水平指标，如研发（R&D）经费投入、教育发展水平所取代。20世纪80年代以来，高新技术产业的兴起在中观和微观尺度上改写了工业社会的经济格局。一些高新技术产业聚集之地，包括亚国家区域、城市以及高技术产业园区，成为新的经济制高点，形成了新的区域发展不平衡格局。而之所以形成这种不平衡，是高新技术产业进行区位选择的结果。综观世界各地高新技术产业地带或园区，其空间区位选择都存在一定的相似特征：选择地理位置优越、经济发达的大城市附近，这里因交通通信条件优越而能够便利地获取各种信息。如美国西雅图科技园区地处纵贯美国西海岸的5号州际公路与横穿美国北部的90号州际公路交会处，中国台湾新竹科技园位于离台北只有一个小时车程的地方。同时，科技园区的选址还会考虑良好的经营环境和文化氛围，以便为科技工作人员提供高品位高质量的生活环境。另一个尤为重要和显著的特征，就是科技园区通常与科研院所、教育机构毗邻，来获得技术上的支持。如硅谷是由斯坦福大学创建，128公里高技术产业地带则靠近是麻省理工学院和哈佛大学，而中国台湾新竹产业园得益于台湾清华大学、台湾交通大学、台湾工业技术研究院、台湾中山科学研究院等机构的智力支持。北京中关村科技园依托北京大学、清华大学以及海淀区密集的其他高校而发展起来。

需要注意的是，尽管地理环境等自然要素对区域差异的影响在宏观尺度上更为显著，科技水平等人为因素在中观及微观层面上更易观察，但是各个要素在不同层面都发挥作用，并且其影响的效果通过累积或传导作用，在各个尺度上都有所反应。如科技发展水平对企业、园区以及城市经济绩效的作用效果，在大的空间尺度上也会反映出来；而地理环境对世界格局形成的影响，也体现在具体的区域。

3.5 空间差异存在历史依赖，但不是绝对的

一些发达的国家或地区，因为建立了收益递增机制，能够在长期的发展中获得更多的资源和优势，富者越富。这种财富生产和积累的“马太效应”，在西方很多发达城市和地区得到了印证。美国硅谷是20世纪60年代开始逐渐形成的美国重要的电子工业基地，也是世界最为知名的电子工业集中地。这个被称为“电子时代诞生地”的不足50km长的狭长地带，是一个演绎无数传奇的地方，从60年代的半导体到70年代的处理器，再到80年代的软件和90年代以来的互联网，硅谷一直作为举世瞩目的高科技中心，引领着世界科技革命和技术创新的潮流。可见，不同知识和技术积累能力对国家和地方财富增长有着深远影响，并且知识的生产、流动和使用具有强烈的本地依赖和植根性，这就解释了为什么一些区域越来越好。比硅谷更为显著的例子，是东京、纽约、伦敦、巴黎等世界上最富有的大城市。它们在一百多年前就是世界金融中心、贸易中心或交通枢纽、工业重镇，经过长期的积累和发展，财富如滚雪球一般壮大，到今天依然是社会、经济、文化或政治层面直接影响全球事务的世界城市。

正面积极的路径依赖使得一些地区越来越好，与之相对，消极的路径依赖能够导致区域封闭僵化，陷入一种消极的“锁定”。因此，富裕的国家和区域越来越富的同时，一些贫困国家和区域却陷入“贫困的恶性循环”，这体现出了地理上的报酬递增和地区发展的不平衡。世界性的各国间贫富悬殊问题，自第二次世界大战后提出“南北问题”以来，一直延续至今。非洲在殖民时代就是被掠夺的地区，至今仍是贫穷的代名词，在排行最后的18个国家中，有12个是非洲国家，这些国家依目前情况来看发展前景不容乐观。非洲的大部分国家在未来的30~50年里仍不能减轻贫困的折磨。再看其他发展中国家，尽管20世纪80年代发展中国家的重大经济变革显露成效，1980~1989年GDP年均增长率为4.3%，超过发达国家的3%，尤其是东亚进入飞速发展阶段，但发达国家和发展中国家GDP绝对值的差距越来越大。

这种地区发展的贫富差距不仅在全球尺度上存在，也体现在一国范围内，甚至一省之内。如中国的苏南地区历来是鱼米之乡，是全国最富庶的地区之一，早在汉唐时期就是中国南方经济文化中心，到宋代及明清时期更是成长为繁华地带，直至近代成为中国资本主义萌芽的发祥地。历史上的辉煌一直延续到今天，改革开放后，苏南地区通过发展乡镇企业实现非农化发展，形成了独具特色的“苏南模式”，使这一地区再次成为举国瞩目的经济重心。与苏南的阳光灿烂相比，中国西部的很多地区则长期乌云笼罩。2011 年苏南地区主要城市的人均 GDP 均超过 10 000 美元（如无锡为 16 771 美元、苏州为 15 542 美元、常州为 12 143美元），而在西部一些省份，人均 GDP 仍徘徊在 2000 ~ 3000 美元（2011 年贵州人均 GDP 不足 2000 美元，仅为 1953 美元。）即便是在江苏一省之内，苏南与苏北的差距也十分显著，淮安、盐城、宿迁等人均 GDP 仅为苏锡常的 1/3 左右。形成这种局面的根源，无非与一个地区的历史积淀、资源条件和发展基础有关，是一种“历史依赖。”

然而，无论是全球尺度还是亚国家尺度，区域差异格局并不是一成不变的。通过重大的技术变革或制度调整，可以重塑新的区域差异格局。首先我们从全球视野看，无论是 14 世纪以来欧洲本身超越东方强国（以中国和印度为代表），还是英国通过海上争霸以及科学技术进步成为 19 世纪的日不落帝国，抑或是 19 世纪德国、美国的赶超，以及 20 世纪下半叶亚洲部分国家（70 年代日本、韩国，新近的中国、印度等）复兴，历史都表明在一定程度上缩小区域差异是可行的。同时，无数国内外对欠发达地区的开发经验表明，欠发达的地区不一定永远落后，只要做出重大制度调整，选择科学合理的发展方向和提供强有力的发展保证，完全可能做到摆脱贫困、实现富裕。如 19 世纪 60 年代开始的美国西部开发，将昔日荒芜的土地变成了当今美国新的经济中心；北海道经过战后近半个世纪的发展，现在已经发展成为日本重要的经济和社会现代化的地区；意大利通过“南方发展基金”、20 世纪 50 年代的南方基础设施建设和 60 年代开始的工业发展计划以及对中小企业的扶持，也部分地解决了意大利南北差距问题。这些正印证了“三十年河东，三十年河西”、“风水轮流转”的俗语。

从区域这一中观层面来看，历史上通过技术或制度的变革突破负面消极的路径依赖，实现路径创造，从而获得新的发展的地区不胜枚举，尤其是老产业区的衰落和高技术产业集群的形成这一现象，很好地佐证了如何“解锁”路径依赖。英国中部重镇曼彻斯特，是工业革命的诞生地。19 世纪，曼彻斯特是英国重要的毛纺织生产和纺织机械制造业中心，而第二次世界大战期间又成为英国重要的军事工业基地之一。第二次世界大战后，曼彻斯特面临着环境污染、失业人数增加等严重困难，但经历随后半个世纪的经济转型之后，这座城市成为英国以金融、服务业、交通、教育和体育业著称的重要城市。德国鲁尔区是由工业社会的经济重镇“华丽转身”，成为当今信息社会中新的经济制高点的另一个典型代表，烟囱林立、灰尘漫天的景象已经尘封在历史的记忆中，取而代之的是鳞次栉比的金融区、媒体区和电信区楼群。昔日的钢铁基地和重工业摇篮，已经成为以时尚、动感和优雅为主旋律的“欧洲文化首都”。

3.6 小　　结

随着信息网络技术的发展和交通、通信设施的完善，空间距离对传统产业生产要素空间配置的影响逐步减弱，由此引发了“地理的终结”（end of geography）和“地理重要性”（geography matters）的讨论。由于经济学家和地理学家之间不同的视角、基本假设和立场，得出了截然相反的结论。习惯抽象思维的经济学家们更多地看到全球化和时空压缩技术下全球越来越同质化，而“用脚做研究的”地理学家则坚持人文要素的空间差异并没有因为时空缩减技术的进步而消失。

考虑古今中外不同时空尺度的经济史，可以发现如下规律：一是区域差异是经济发展中的常态，并没有因为经济全球化而改变，反而差距拉大，这点无论是全球经济史，还是在一国和大区域（如欧盟）内部都可以清楚地看到；二是不同的历史时期，影响空间差异的要素有所不同，如在农业社会，光热、水土等自然因素制约和决定着区域差异，而进入工业社会，尤其是信息社会和知识经济时代，人的创造性更加重要；三是空间差异具有累积效应，由于历史积累效应的存在，有些区域在很长一段时间会越来越繁荣，但是并非永恒的繁华，这就是说无论是在全球尺度还是亚国家尺度，区域差异格局并不是一成不变的，通过重大的制度调整可以重塑新的区域差异格局；四是尽管空间差异形成过程是在多维并且相互联系的地理空间尺度发生的，但不同空间尺度的经济空间分异规律不一样，地理环境决定论在大的时空尺度上更有说服力，而对于亚国家尺度和相对短的时间尺度上的空间差异，人的主观能动性和创造性更为重要。从某种角度说，空间差异这一问题本质上可以被理解为“人的能动性和自然环境对人类经济活动空间分布”在不同时空尺度上具有不同的影响力。

第4章 空间结构[①]

4.1 引 言

什么是空间结构？为何地理学家如此重视空间结构？地理学家如何应用空间结构这一独特的视角来观察世界？本章试图给关心地理学的读者回答有关空间结构的几个基本问题。

在地理学界，空间结构的定义是一个内涵十分丰富的概念，不同学者的解释存在一定的差异。《现代地理学词典（第四版）》定义的空间结构概念为“由于自然或人类的活动引致的地球表面的空间排列及组织现象”（Witherick et al.，2001）。在最新的《人文地理学词典（第五版）》中，空间结构被定义为“社会以及自然现象在空间上的组织”（Gregory et al.，2009）。中国经济地理学家陆大道指出，空间结构是指社会经济客体在空间相互作用及其所形成的空间集聚程度和集聚形态（陆大道，1998）。尽管定义不一，空间结构概念的内涵包括：空间组织形态及其集聚扩散作用机理。地理学家为什么要研究空间结构？有何现实意义？下面我们可以从地理学的一个重要理论——中心地理论的起源来找到一些答案。

20世纪初期，随着资本主义经济的快速发展，经济活动集聚过程明显。城市在整个社会经济中逐渐占据了主导地位，成为工业、交通、商业、贸易和服务业的聚集点。在此背景下，许多经济学家、社会学家和地理学家把研究焦点对准了城市。在城市的社会和经济行为研究基础上，对城市的形态、空间分布和规模等级开展了大量研究。其中，年轻的德国学者克里斯塔勒提出了著名的“中心地理论”。克里斯塔勒从小对地图具有浓厚的兴趣，德国的地理学特别是城市地理学的知识对他的影响较大。他除了从事地理学的研究外，还学习了国民经济学。他从经济学视角来研究城市地理，认为经济活动是城市形成、发展的主要因素。但从地理学的视角来观察，他不仅注意到每个具体城市的位置、形成条件，而且对一个区域的城市总体数量、区位、发展和空间结构更加关注。他不断地思索：“为什么城市有大有小？我们相信，城市一定有什么安排它的原则在支配着，仅

---

① 本章作者：王姣娥、莫辉辉。

仅是我们仍然不知道而已”。克里斯塔勒中心地理论的目标就在于探索“决定城市的数量、规模以及分布的规律是否存在，如果存在，那么又是怎样的规律”。简单来说，也即研究城市空间结构的规律及其背后的动力机制。克里斯塔勒为此跑遍了德国南部所有的城市，并系统地建立起了这一对地理学尤其是聚落地理学具有重大影响的中心地理论，研究成果发表在其著作《德国南部中心地原理》中（克里斯塔勒，1998）。中心地理论是地理学由传统的区域个性描述走向对空间规律和法则探讨的直接推动原因，是现代地理学发展的基础理论之一。此后，空间结构成为地理学研究的重要内容之一，并在实践规划中有着重要的作用。

4.2 认识点、线、面

4.2.1 引子：地球的面貌

人类生活的家园——地球拥有一副什么样的面孔呢？漫步于太空中的阿波罗宇航员告诉我们：“她是一颗美丽的蓝色星球”。这是人类第一次对地球表面空间的宏观认知，然而这个空间认知对于我们大多数人而言是神秘而模糊的。最近，美国国家航空航天局（National Aeronautics and Space Administration，NASA）利用卫星在夜间给地球拍摄了一张“照片”——“地球夜晚的卫星照片”（图4-1）。

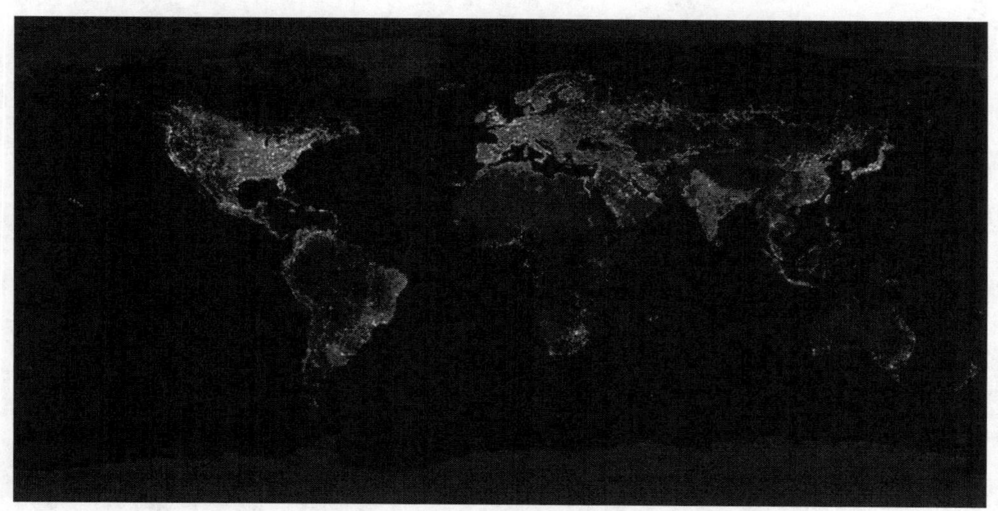

图4-1 全球夜晚灯光航拍图

资料来源：http：//geology. com/articles/satellite-photo-earth-at-night. shtml

这并非一张真正的“照片”，而是利用美国国防气象卫星计划（Defense Meteorological Satellite Program，DMSP）的数据综合编制而成的地图，但却给世人展示了一幅有关地球面貌的图景。这副地球的新“面孔”与我们的生活息息相关，它展示了地球表面人类夜晚的灯光景观。顺手找一本世界经济/城市格局的地图，再细微打量一番这张“照片”，一些令人惊叹的发现将不断涌现。

第一，灯光的强弱与地球表面人类的活动强度密切相关。灯光较强的地方大多是人类活动较强的地区，这些地方往往为城市。而灯光较弱或没有灯光的地方则对应的是人类活动较弱或没有人类活动的地区，这些地方往往为农村、山区或无人居住区。

第二，灯光的强弱分布是不均匀的，表现出“集聚”的空间格局。首先，我们不难发现一些灯光较亮但是成“点状”分布的地区，如南半球的澳大利亚以及非洲南部地区，主要地区有悉尼、墨尔本、堪培拉、德班、开普敦和约翰内斯堡等城市。其次，可以发现一些灯光较亮并且成“轴状”分布的区域，如日本和中国东部沿海地区（图4-2）。这些地方的灯光亮度较强且在空间上表现为连续的“轴状”分布。日本的夜景灯光的“轴状”分布主要与其国土面积的形

图4-2 亚洲夜晚灯光航拍图

资料来源：http：//geology. com/articles/satellite-photo-earth-at-night. shtml

状有关——其城市沿海岸线布局，形成东京—横滨—静冈—名古屋—京都—大阪—神户这一太平洋沿岸城市带。与此类似的是，中国东部沿海的长江三角洲—海峡西岸经济区—珠江三角洲构成中国沿海城市带；此外，中国台湾西部、东南亚的中南半岛、红海东部沿岸、埃及的尼罗河下游等也形成了一系列“亮光带”。最后我们可以发现西欧和北美东部灯光较强的区域已经在空间上表现成连绵成片的趋势，形成“面状结构”，表明这些地区城市分布密集，社会经济活动强。

第三，灯光的强弱分布呈现出规律性特征。首先，灯光密集的区域主要集中在北半球，并且在部分区域形成片状分布，如西欧和北美地区。其次，灯光最为密集的地区往往靠近沿海分布，而非内陆分布。

结合图4-1和图4-2，我们不难发现全球夜晚的灯光分布呈现出“点、线和面”的“集聚”格局，这一蕴含丰富表征的空间图景正是空间结构理论所要探讨的重要地理科学问题。

4.2.2 概念

在“地球夜晚卫星照片”的解读中，我们将地球表面不同区域的经济社会活动强度在一个“二维”的空间进行描绘；这个空间由“点、线、面”三个要素构成，“点、线、面”是地理学家用来描述空间结构（区位）的最基本要素，也是建立空间结构分类体系的重要基础（杨吾扬，1987；王峥等，1993；曾菊新，1996；陆玉麒，1998）。

1. 点要素

空间结构的点要素是指某些经济活动在地理空间上集聚而形成的点状分布形态。即当要素本身的大小与其存在的空间相比可不予考虑时，即可抽象为点。点要素是区位要素中的最基本形式，也是地理学家空间结构和区域规划工作中的研究重点。小尺度的区域可以在大尺度背景中看做是一个“点”，相对于更小尺度的地域，“点”又可以看做是区域。具体而言，在研究全球或全国尺度时，北京市可以抽象为一个“点”；但当研究北京市本身的城市空间结构、产业布局时，则需将其抽象为一个“面”。地理学家对区域空间结构中感兴趣的“点”，一般是空间经济活动最密集、最活跃的地方，是社会经济活动的空间“聚集点”或“制高点”。如世界性城市——北京、上海等，位于全球前列的集装箱港口——香港、深圳等。

2. 线要素

空间结构的线要素是指经济社会活动在地理空间中所呈现的线状分布形态（陆玉麒，1998）。在空间结构中，常作为线要素来分析的包括交通线路、电网、河流、边界线等。其中，交通线路对社会经济空间结构的塑造起着最为重要的作用。现代交通线路包括铁路、高速公路、公路、航道等。通常，线要素会连接或穿过一系列的点要素，也因此称为“轴”或“带”。当某一线要素通过一系列城市节点时，在空间上就会形成“城市带”的景观。如美国东海岸的城市带、中国沿海城市带。当然，在具体的城市带地区，其地域范围内不仅有相当数量的不同性质、类型和等级规模的城市，也往往以某一个或两个特大城市作为核心，构建现代化的交通运输网络或廊道，从而共同构成一个相对完整的地域空间。如以北京和上海为核心的京沪轴线。

3. 面要素

空间结构的面要素是指经济社会活动在地理空间中所呈现的面状分布形态，通常是指区域空间结构内除去节点和线网之外的所有地域空间。面是点和线要素赖以存在的空间基础，具有确定的空间范围。面要素的大小与所考虑的地理空间尺度密不可分，而面要素的质态则更是经济地理学所关注的重点。如面要素可以按区域生产力水平分为发达地区与落后地区，也可以按经济活动内容分为农业地区与工业地区、城市地区与农村地区等。对应于空间的高度综合性理念，按关联性与相似性标准可以划分为均质区域和功能区域（或枢纽区域）。均质区是以某一重要因素为标准，按照其特征的相似性来界定的一群地区，如按照技术经济水平的相似性和地理位置，将全国划分为东、中、西三大地带。功能区是一群功能关系上紧密联系的异质区域，通常由一些不同规模的异质节点（含腹地）所构成的有机整体，通常形成一个核心和一个互补的外围地区（魏后凯，2006）。

对点、线与面三要素进行“矩阵”构造分析，可以得到以下空间结构要素的组合类型（陆玉麒，1998）。①点与点要素结合成节点系统。如居民点体系、机场体系、港口体系。②点与线要素结合成交通、工业等经济枢纽系统，其要素的空间运行呈枢纽发展。③点与面要素结合成城市—区域系统，区位要素的空间运行形式呈结节性发展。④线与线要素结合成网络设施系统，如交通网络、电力网络，区位要素的空间运行形式呈网络发展。⑤线与面要素结合成产业区域系统，如产业带，区位要素的空间运行形式呈地带性发展。⑥面与面要素结合成宏观经济地域系统，如三大经济区，区位要素的空间运行形式呈区域相互作用或协调发展。⑦点、线、面三类空间要素结合而成的地理实体组合，如具体的经济区域。

4.3 结构表现：极核、轴线、网络

空间结构理论始于20世纪30～40年代，其主要发源地在德国，其后由美国、瑞典、英国等欧美国家向全球传播开来。空间结构理论与第3章的“区位论”联系紧密，如最早杜能提出的农业种植圈层结构、克里斯塔勒的居民点（中心地）空间级联体系、廖什的市场网络模型等都是一种空间结构形态；另外，在城市地域范围内发展出来的同心圈层模式、扇形模式、多中心模式等也是一种空间结构形态。总体而言，这些理论模型是静态的、局部均衡的。尽管如此，区位论尤其是中心地理论为空间结构理论的发展奠定了重要的理论基础。空间结构理论研究问题的目标及着眼点不同于区位论，它不是要求各种单个社会经济事物和现象的最佳区位，而是各种客体在空间中的相互作用及相互关系，以及反映这种关系的客体和现象的空间集聚规模和集聚程度（陆大道，1988）。它指的不是单要素的空间分布规律，而是综合了几乎所有社会经济客体。所考察的对象包括产业部门、服务部门、城镇居民点、基础设施的区位、空间关系，人员和商品、财政、信息的区间流动等方面（陆大道，1995）。

众所周知，点（城镇等）、线（交通线等）、面（农业区等）构成区域的三个基本要素。从历史经济社会的发展过程来看，无论是在传统的农业社会还是现代社会，以城镇或村庄为代表的点是消费与生产的集中地（市场），而面总体而言是作为点的腹地而存在的；尽管农业等生产虽然呈面状，但生产的管理、生产资料的分配、农产品的销售等均是依靠各级城镇或村庄。交通网等线不仅是节点与节点、节点与面之间的联系通道，而且蕴含着空间相互作用的地表过程（如扩散）与强度（如公路等级）。地理学家 Haggett 等（1977）在研究人文地理学的区位分析时指出，区域系统的分析包含六大内容或步骤（图4-3）：运动（movement）或相互作用（interaction）→网络（networks）→节点（nodes）→层级（hierarchies）→表面（surfaces）→扩散（diffusion），即①微区位及其周围地域之间产生空间相互作用的各种流；②客、货及信息轨迹的强化，经渠化而形成交流网络；③在交流网络上汇聚相互连通的聚落（经济社会据点或交通节点）；④因聚落性质、规模、区位等差异形成等级序列结构；⑤流、聚落、网络及相关腹地综合形成具有连续表面的结节区；⑥随着流与聚落的涨落、新增及再组织，结节区形成时空演变新格局，其网络也随之演变。这一研究体系为空间要素的空间组织关系提供了重要分析框架。从中不难看出，对于空间结构的构建而言，点和线具有核心的地位与作用。结合点线要素的组合方式，下面讨论空间结构的区域模式按照增长极结构（点系统）、轴线结构（点—线）和网络结构（线—线）递进分述。

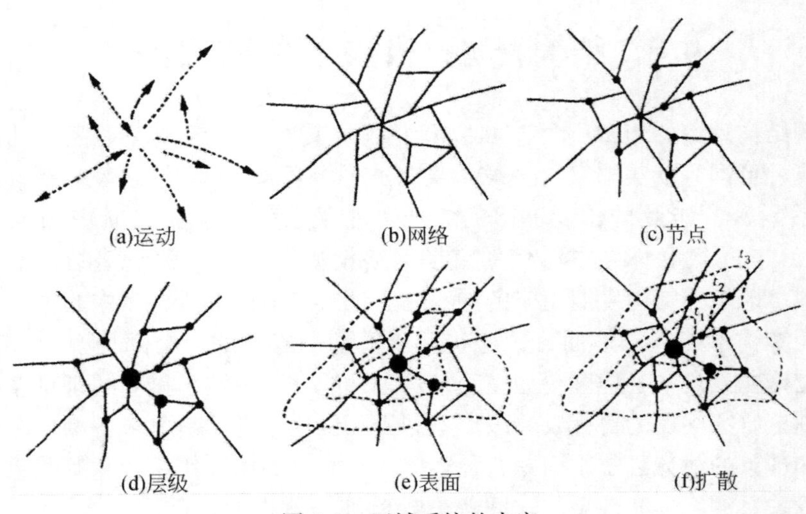

图 4-3　区域系统的内容

资料来源：Haggett et al.，1977

4.3.1　极核结构

将历史的时针拨回到20世纪初，我们可以看到一幅令人惊奇的世界城市地图。大都市伦敦人口超过800万，不仅是世界上最大的城市，其人口规模也是英国第二大城市利物浦的7倍多；伦敦在英国城镇系统中一枝独秀，遥遥领先于其他城市。在这个城市中可以找到英国当时最稀缺的商品、最伟大的天才、最精湛的技术和艺术。在美国，纽约的人口近780万，是第二大城市芝加哥的2倍多，是第三大城市的3倍多；纽约的剧院、博物馆、股票交易市场人声鼎沸，四面八方的人涌入这座大城市，寻找更多的机会及期待创造神奇的财富。在日本，东京的人口接近590万，约是第二大城市大阪的2倍，是第三大城市名古屋的5倍多。三个位于不同洲的国家，在自然、经济、文化方面具有天然的巨大差异，而他们的共性表现在城市的首位率（the law of the primate city）——在人口、经济等诸多方面，第一位城市都远胜于第二位及以下的城市，这是美国地理学家杰斐逊的重要发现（Jefferson，1939）。杰斐逊考察这一时期（1910～1931年）的50个国家，其中首位率超过2的多达31个，约占总规模的60%。对长达2000年的中国古代历史考察，秦咸阳、汉两都（长安、雒阳）、唐（长安）不仅在人口规模上，在城市建设用地上，也远远超过同时代的其他城市；近代上海的人口首位率高达1.38（1936年），即比第二位城市高38%（顾朝林，1992）。由此可见，在世界历史地理的进程中，区域中存在集聚经济社会的极核式的发展中心。

1. 增长极模式

杰斐逊从历史实证中发现了首位率高的区域中心，而从发展的视角认识到其重要性的则归功于法国经济学家弗朗索瓦·佩鲁（Francois Perroux）。佩鲁于1950年在其发表于《经济学季刊》中《经济空间：理论与运用》一文中，首次提出增长极（growth poles，又称发展极、增长点）的概念（Perroux，1950）。受地理极化思想的启发，佩鲁在研究工业发展中指出（安虎森，1997）："增长并非同时出现在所有地方，它以不同的强度首先出现在一些增长点或增长极上，然后通过不同的渠道向外扩散，并对整个经济产生不同的最终影响"。尽管佩鲁借助具有地理含义的"经济空间"一词来描述增长极理论，但本质而言其含义是"经济的空间"而非地理意义的空间，与增长极密切相关的是产业结构中的关键产业，其特征是规模巨大，有很强的推动力并且与其他产业有较强的内在联系；当关键产业开始增长时，该部门所在区域的其他产业也开始增长，从而带动区域中的其他产业和部门，最终推动整个区域的发展。其后，鲍德维尔（J. Boudeville）等学者在地理空间中引入增长极的概念，从而将增长极最初所描述的经济数量结构关系扩展为包含空间关联的经济地理结构。鲍德维尔认为厂商或行业的空间邻近性（proximity）将产生外部经济效果，诱导厂商或行业在地理位置上的集聚发展，这种正向效应的积累会促使增长中心的形成，并在厂商或行业之间形成网络关系，继而扩大外部经济效果，从而形成区域"增长极"的空间结构（陆大道，1995；陆玉麒，1997）。

增长极的形成源于区域经济社会发展中的集聚与扩散效应，这里的集聚效应也常被称之为极化效应，为发展经济学家缪尔达尔（1957年）和赫希曼（1958年）分别提出的回波效应（bachwash effect）和极化效应（polarized effect）；而扩散则分别对应这两位学者提出的渗漏效应（percolation effect）和涓流效应（trackle down effect）。缪尔达尔认为，无论什么原因导致一个中心的开始增长，该中心就通过一个积累过程持续扩大其中心性。这就是解释增长极极化作用的著名"循环累积因果"原理。这种积累过程主要源于中心对其周边地区间生产要素（人力、资金、产业等）的掠夺。扩散效应源于中心地的外部不经济（如拥挤）、对周边地区的农副产品的需求、信息与技术传播等。整体而言，以增长极为基础的空间结构模式集聚与扩散是一种局域范围的集聚与扩散，以邻近扩散、随机扩散为主导（如图4-4所示）。

1978年中国实行改革开放政策后不久，就设立了深圳、珠海、汕头、厦门四个经济特区，其后又设立了14个开放城市，其中的深圳、上海、广州等成为

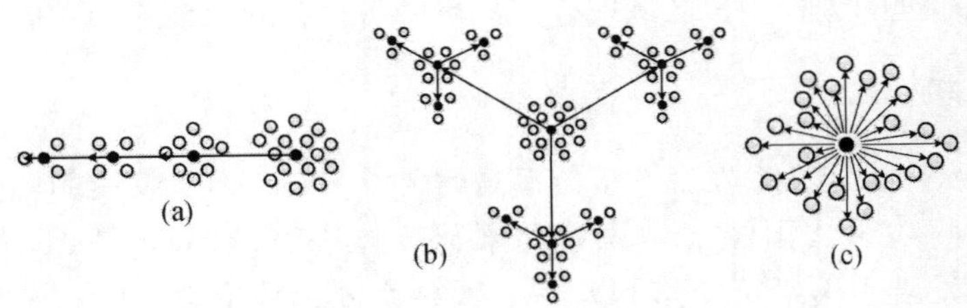

图 4-4　空间扩散的模式

资料来源：陆大道，1987

中国现代经济社会最具活力的城市。在某种意义上讲，这些率先发展的城市起到了增长极的作用。总体而言，增长极的发展模式主要是中心—腹地的发展，其集聚与扩散也是通过邻近扩散实现的，对于形成较大区域的空间格局仍有较大的局限。尽管如此，在中国的一些省区，由于历史、地理等原因，中心城市的经济发展潜力和基础远远强于其他所有城市，从而形成"一枝独大"的模式，如新疆的乌鲁木齐。从 1990 年和 1995 年的市区人口和 GDP 的空间格局看（图 4-5），乌鲁木齐在人口和 GDP 方面不仅规模远远大于其他市区，而且其增长幅度也明显高于其他地区，形成显著的区域发展增长极。

2. 核心—边缘模式

核心—边缘（core-periphery）结构又称核心—外围结构。在增长极理念的基础上，通过对南美国家委内瑞拉区域经济发展的考察，弗里德曼（Friedmann，1966）提出了"核心—边缘"模式（图 4-6）。该模式的形成包含四个发展阶段：①无级联的、独立的区中心阶段。每一个城市都位于一个小区域的中心，增长可能性迅速消失，经济趋于停滞。这是一种典型的前工业化结构。②单个强中心阶段。区域中心通过可能的企业、智力、劳动等的侵袭，导致边缘区出现；国家经济实质上被削减到只有一个有限增长能力的大都市区，边缘区发展的持续停滞导致社会与政治动荡。这是一个工业化初期的典型特征。③单个国家级中心及较强的边缘次中心发展阶段。具有战略意义的次级中心形成，从而在国家地域尺度降低外围区的尺度，并形成介于都市区之间的边缘区；国家中心的"过于肥大"被避免，同时边缘区的重要资源被纳入国家经济的生产循环领域，国际增长潜力提高，但都市区之间的边缘区的贫困、文化衰退等问题持续恶化。这是工业化成熟时期的初级阶段。④功能协调的城镇体系。国家整合、区位效率、最大化增长潜力、最小化基本区域平衡等重要空间组织目标完成；这是工业化成熟期的复杂

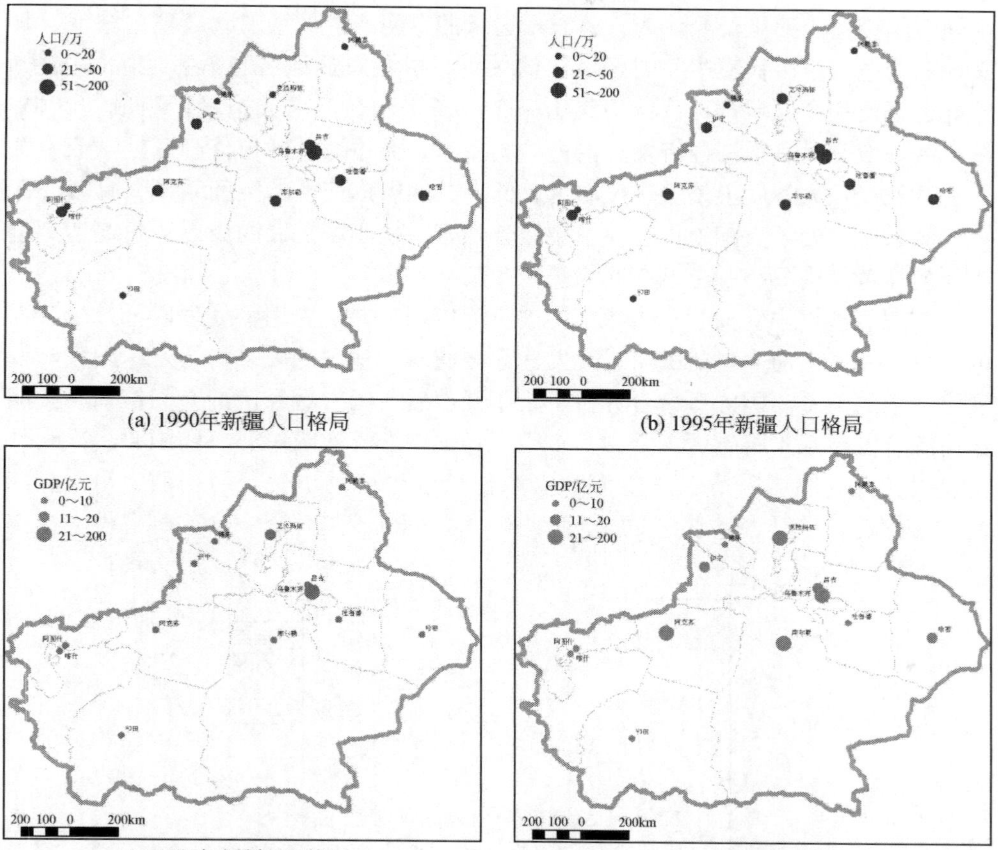

(a) 1990年新疆人口格局

(b) 1995年新疆人口格局

(c) 1990年新疆GDP格局

(d) 1995年新疆GDP格局

图 4-5　1990 年和 1995 年新疆人口与经济分布格局

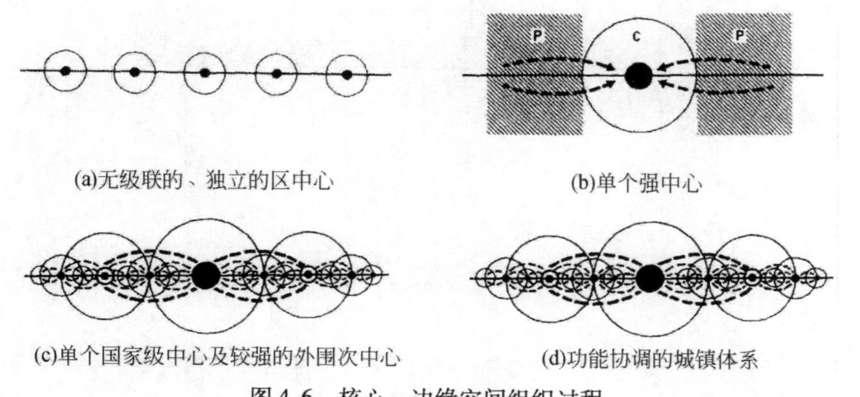

(a)无级联的、独立的区中心

(b)单个强中心

(c)单个国家级中心及较强的外围次中心

(d)功能协调的城镇体系

图 4-6　核心—边缘空间组织过程

资料来源：Friedmann，1966

空间组织结构。弗里德曼认为，核心—边缘的空间经济关系，既表现出城市与其腹地的关系，也可代表中心与经济区的关系，以及发达地区与落后地区的关系。因此，任何一个区域都可以认为是由一个或若干个核心区和边缘区组成。其中，核心区一般是具有很高经济增长潜力的大城市，而边缘区则与核心区处于依附关系，其发展很大程度上依赖于核心区，两者共同组成完整的空间系统，且核心区在空间系统中处于支配地位。弗里德曼曾预言，核心区扩展的极限可最终达到全人类居住范围内只有一个核心区为止。

在现实规划中，核心—边缘结构被广泛应用。并主要用于处理以下几个方面的关系：①城市与乡村的关系；②发达地区与落后地区的关系；③发达国家与发展中国家的关系。国内有学者分析了改革开放后我国省域经济的空间格局。按照经济综合发展水平将省区划分为5个类型：强中心、次级中心、弱中心、次级外围及强外围（图4-7），其中上海和广东位于强中心的位置，而广西、山西、江西、内蒙古、宁夏、甘肃、新疆、贵州、青海等位于强外围中，这些省份大多位

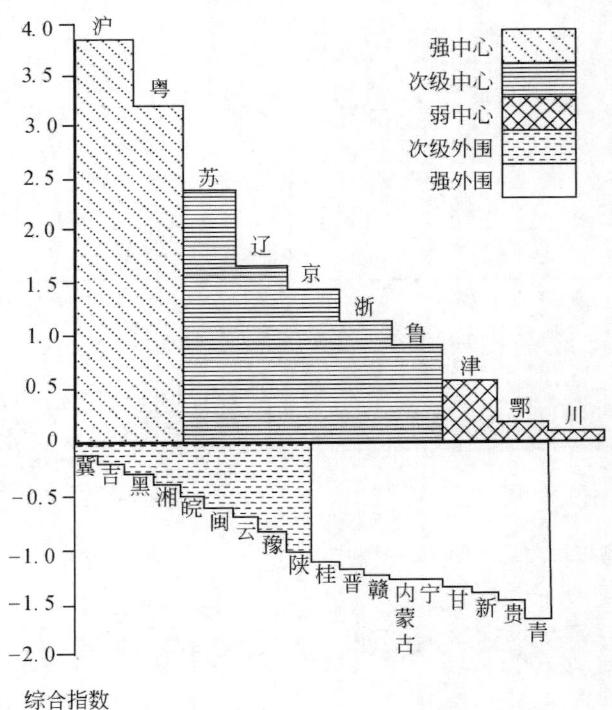

图4-7　中国省级区域的核心—外围结构模拟

资料来源：郑开昭等，1994

注：缺海南和西藏数据

于西部地区，这对中国“西部大开发”提出了重要的时代要求。进入21世纪以来，随着经济全球化、市场化、自由化进程的加速，克鲁格曼等学者建立的“新经济地理学”受到国际学术界的重视，基于价值链的国家系统的核心—外围系统研究正如火如荼。

4.3.2 轴线结构

经济社会的空间点状集聚或汇集形成等级结构，集聚的过程不仅有利于空间相互作用强度的增加，而且也促使增长极之间的联系不断强化，并在空间上表现出来，如建设连接增长极之间的铁路、公路等基础设施。20世纪70年代，德国学者松巴特（Werner Sombart）等人提出来“增长轴或生长轴”（growth axis）理论。即随着连接增长极的交通干线的建立，将形成新的有利区位，不仅有利于人口的流动，降低运输费用，从而降低运输成本；更重要的是在于为增长极的扩散提供了便捷的通道，使得邻近效应（包括极化和扩散）扩大到更为广泛的区域（陆玉麒，1998）。增长轴（尤其是交通干线）对生产要素（劳动力、资金等）具有新的吸引力，形成有利的投资区位，使得产业、人口等向轴线集聚并形成新的增长中心。因而，这种对区域开发具有促进作用的轴线被称为“增长轴”。联邦德国在国土开发规划中采用了该理论，通过改善交通条件以引导区域投资、人口流动的方向，从而推动区域经济的发展。在中国区域经济发展过程中，哈尔滨—大连、济南—青岛等运输通道形成了较为明显的经济发展轴；由于历史上这些轴线对交通干线（尤其是铁路）具有十分强的依赖性，国内学者也称之为“交通经济带（traffic economic belt）”（张文尝等，2002）。

1.“点—轴”系统

在增长极、发展轴等理论的基础上，中国地理学家陆大道于20世纪80年代初提出了空间结构的合理集聚与最佳规模——“点—轴”（pole-axis）系统（陆大道，1995），其形成过程如图4-8所示。考察经济社会的历史地理过程，陆大道指出经济社会的空间组织过程经历四个过程：①在生产力水平低下、社会经济发展极端缓慢的阶段，生产力是均匀分布的。②到工业化初期阶段，随着矿产资源的开发和商品经济的发展，首先在增长极（如A和B点）出现工矿业或城镇，并适应经济社会联系的需要，经济点之间建立交通线路。③由于集聚效应的作用，资源和经济设施继续在增长极上集中（或集聚），建立若干大型的企业；交通线继而发展成为交通线、能源供给线、通信的线状基础设施束。在沿线及周边基础条件适宜的地区出现新的集聚节点（如C、D、E、F、G），交通线等基础设施得到相应的延伸。④这种模式再进一步发展，发展条件好、效益水平高、人口和经济技术集中的地带形成发展轴，其中的经济社会节点形成明显的空间级联体系；与此同时，依附于先发的发展轴将形成一系列的发展轴线，如二级发展、三级发展轴。依此循环发展下去，地理空间组织进一步完善，形成以“点—轴”为标志的空间结构系统。

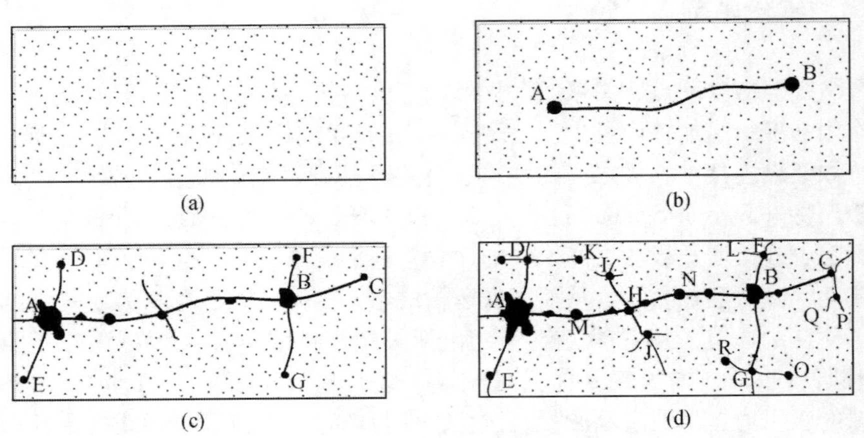

图 4-8 “点—轴”空间系统的形成过程模式
资料来源：陆大道，1995

“点—轴”系统中的“点”是各级中心地，也即各级中心城（镇），是各级区域的集聚点，也是带动各级区域发展的中心城镇①。“点—轴”系统中的“轴”是在一定的方向上连接若干不同级别的中心城镇而形成的相对密集的人口或产业带；由于轴线及其附近地区已经具有较强的经济实力并且还有较大的潜力，又可以称做“开发轴线”或“发展轴线”。轴线不是单纯的几个中心城镇之间的联络线，而是一个经济社会密集带（图 4-9 所示）。按照主导发展轴的线状基础设施的类型划分，发展轴可以分为沿海岸型（包括大型湖泊沿岸，如美国的五大湖区）、大河沿岸型（如长江、密莱茵河）、沿陆上交通干线（如京广铁路）以及复合型（如哈大运输通道）。如早期经济社会发展具有依靠“水轴”（海岸型和大河沿岸型）的特点，随着技术的进步，铁路、高速公路等干线突破“水轴”局限。尽管“水轴”作为早期的运输优势在不断下降，但其作为重要的生产和生活资料具有其他轴线不可替代的功能。从自然本底条件来看，地球上约 70%

① 指明空间结构中的“点”即城（镇），将为空间规划、国土规划、区域规划、城镇体系规划等区域空间结构的统一奠定基础。

的表面由水覆盖；海洋等水面不仅是各国社会发展的缓冲地带，也为经济社会发展提供了最为便捷的运输条件。有学者测算，世界人口的一半集聚在离海岸线不到200km的范围内，这一点从“地球夜晚的卫星照片”也可见一斑（图4-1）。

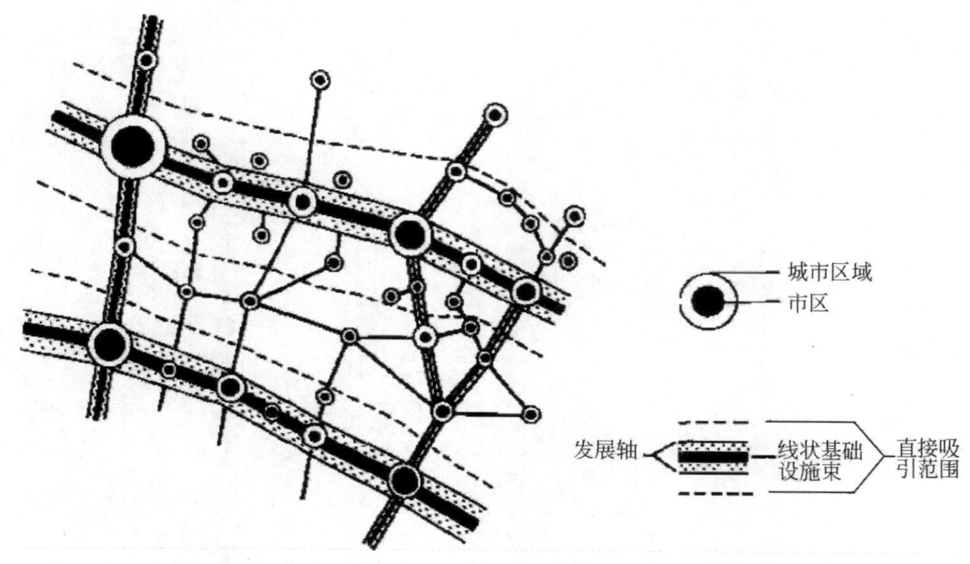

图4-9 发展轴平面结构（图中仅表明两个一级发展轴）
资料来源：陆大道，1995

点轴系统通过区域经济社会的集聚与扩散来组织其结构，其关键在于渐进式扩散（如图4-9所示）。即扩散发自扩散源，沿着若干扩散通道渐次扩散经济社会各种“流”（含客货流、资金流、信息流等），在离中心不同距离的位置形成强度不同的新集聚。受距离衰减规律的作用，扩散力具有随距离增加而逐渐衰减的特征，新集聚的规模也随距离的增加而变小，相邻地区扩散源扩散的结果是扩散通道相互连接，成为发展轴线。随着经济社会的进一步发展，发展轴线进一步延伸，新的规模相对较小的集聚点和发展轴又不断形成。随着不断的扩散，最终形成这样的空间格局：在最早出现并获得快速增长的中心城市之间的轴线规模（包括线状基础设施的种类、等级、能力、组成完善程度）较大，在其后出现的经济社会总量不大的城镇之间的轴线规模相应较小，这样就形成了点轴等级体系。因而，在一个国家内，最高等级（或一级）的发展轴线只有少数几条，随着级别的降低，轴线的数量不断增长，每一条轴线的能力规模则不断下降。

根据“点—轴”系统理论，结合中国国情，陆大道于20世纪80年代提出了国土开发与经济布局的“T”型战略。即此后20～30年内应将海岸沿线和长江沿岸作为全国一级开发轴线，组成国土开发和区域发展的“T”字形结构（图4-10）。将有发展潜力的铁路干线作为二级发展轴线，并确定若干中心城市，组成不同层次重点建设的“点轴”系统。上述观点被1990年编制的《全国国土总

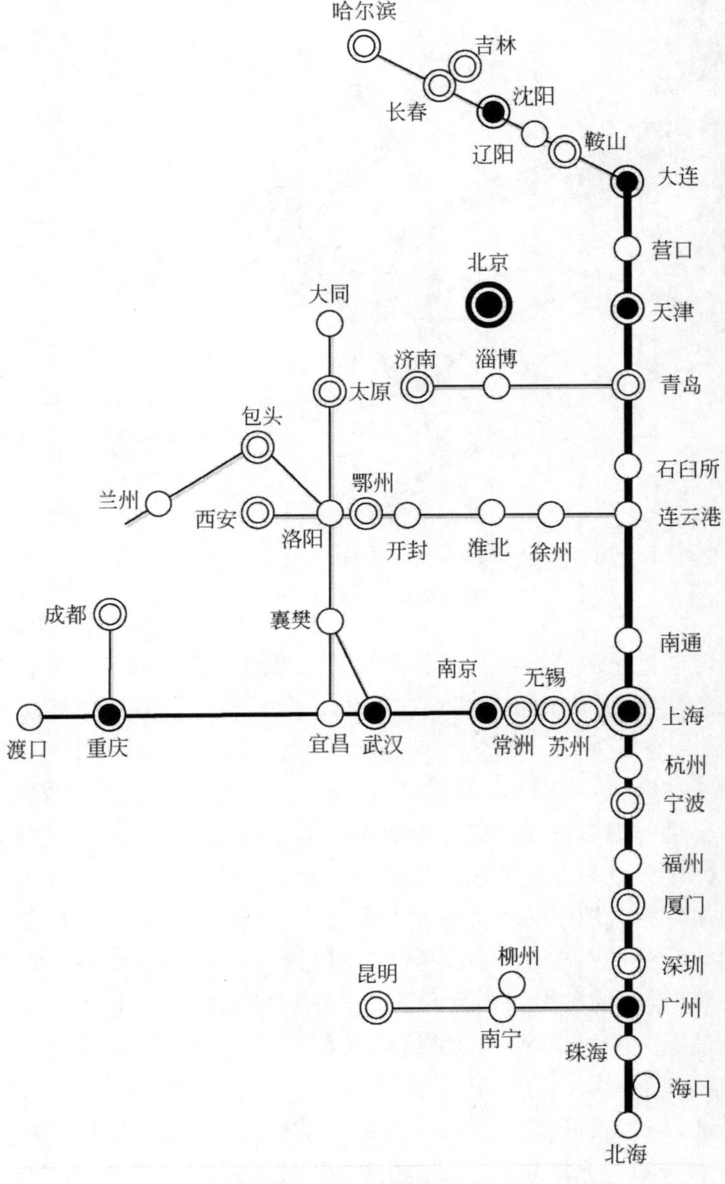

图4-10　中国国土开发和建设布局的“T”形结构

资料来源：陆大道，1987

体规划纲要》所采纳："2000 年前后，我国生产力布局以沿海、沿长江、沿黄河为主要发展轴线，结合陇海、京广、浙赣-湘黔、太焦-焦枝、哈大、南昆铁路沿线等二级发展轴线，构建我国国土开发和建设总体布局的基本框架。""点—轴"系统理论催生了各种各样的带有发展轴线思想的区域空间开发模式，如"π"型、"菱"型，形成了"以线串点，以点带面"的规划理念，并在省区等不同的区域上得到了大量的实践应用（陆大道，1995；陆大道，2003）。

2. 双核模式

双核（dual-nuclei）结构是双核型空间结构的简称。20 世纪末，基于对皖赣沿江地区的实证分析，中国地理学者陆玉麒总结并论证的双核空间结构的理论模式。双核结构的定义是：在某一区域中，由区域中心城市和港口城市及其连线所组成的一种空间结构现象。它广泛地存在于中国的沿海和沿江地区（图 4-11）。该模式的原生形态是指区域中心城市与港口城市的组合，后来逐渐拓展至区域中心城市与边缘城市的组合（陆玉麒，1998）。

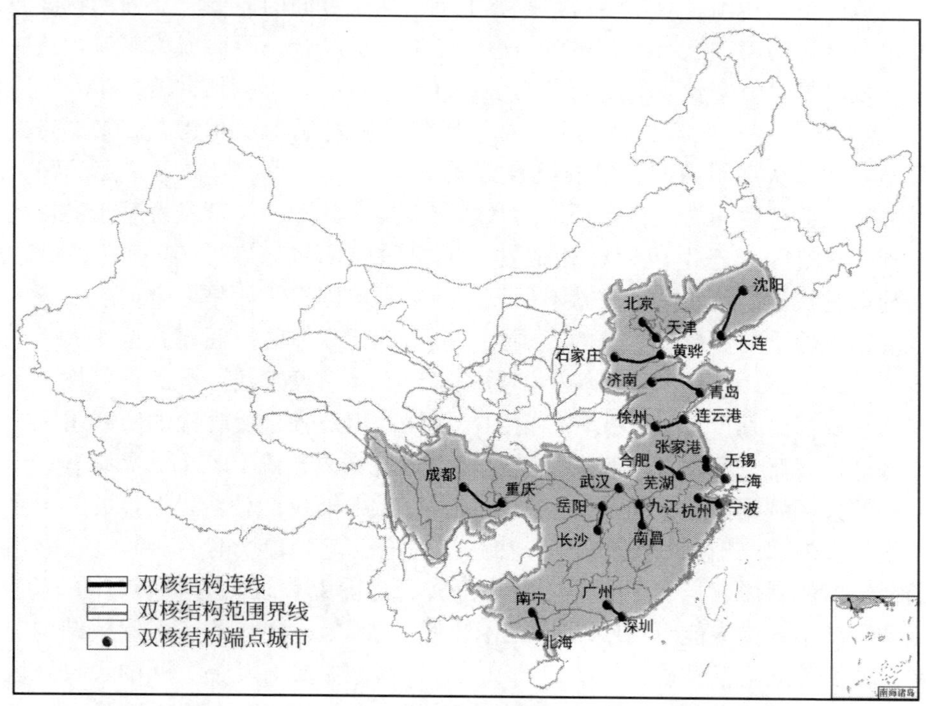

图 4-11　中国沿江和沿海地区的双核结构

资料来源：陆玉麒，2002

在双核结构模式中，一方面是政治、经济、文化三位一体的中心城市，主要是省会城市；另一方面则是重要的港口城市，一般是区域中心城市的门户港口。双核结构能否形成，一方面取决于港口城市所在区域是否具有足够实力的区域经济基础；另一方面取决于港口城市区位优势的强度和等级。双核空间结构国内外大量存在，并大多位于沿海地区。如美国的双子星城市明尼苏达—圣保罗、芝加哥—纽约、法国的巴黎—勒阿弗尔、里昂—马赛，巴西的巴西利亚—里约热内卢，中国的北京—天津、沈阳—大连、广州—深圳、济南—青岛。从形成机理上分析，双核结构所揭示的是某个区域中两种不同功能的城市之间的空间契合关系。具体而言，在同一区域中，港口城市与区域中心城市之所以能够形成一种固定的空间结构，就在于这种空间组合可以实现区位上和功能上的互补。原因在于，中心城市要对所在的区域充分发挥作用，在其他条件相同的前提下，其对区位的最基本要求是趋中性，即应当尽可能位于所在区域要素的几何中心。然而，与区外交往的需要则拉动中心城市的区位向区域边界方向推移，以至于有不少区域中心城市位于区域边界上。显然，这虽然有利于与区外的交往，但并不利于对所在区域的带动作用。双核结构则兼顾了上述两个方面的需要。双核结构实现了区域中心城市的趋中性与港口城市的边缘型的有机结合，因而成为区域发展中的一种比较常见且效率较高的空间结构形式（陆玉麒，1998；陆大道，2003）。

"点—轴"系统和双核结构都是基于增长极和发展轴线而建立起来的空间结构理论模式。从空间结构要素的组合方式来看，二者可以归属于"点—轴"结构的范畴，但二者的内涵存在一定的联系与差异。其一，尽管二者基于共同的理论基础，在空间形态上也存在相似性，但侧重点不同。在"点—轴"系统中，点与轴都是核心，线状基础设施不仅仅是一个影响因素，而是一个内生变量。也就是说，线的重要性要高于点的重要性；因而确定具体的空间模式运用时，先确定线，后确定点。而在双核结构中，是先确定点、后确定线，点的重要性要远高于线的重要性。其二，对开发轴确定的模糊性。点—轴系统理论的实践事实上就是点轴开发战略，所谓点轴开发"就是在全国范围内，确定若干个具有有利于发展条件的大区域间、省区间及地市间线状基础设施轴线，对轴线地带的若干个点予以重点发展。"依据该论述，点—轴系统理论没有对轴线的始点和终点做出明确的界定。或者说，虽然主要产业轴线落实到地图上表现出为有端点的一条线，但点轴系统本身并未能对这些端点做出理论上的界定。相比而言，双核结构对如何在区域中确立一条轴线具有明确的节点，即区域中具有互补关联的大尺度区域空间的港—城体系。其三，理论的适应性范围。"点—轴"系统的理论适应范围广，基本上不存在应用上的地域限制以及点、线特性的制约；双核结构的适应范围较为狭窄，严格意义上仅适应与江、河、海等港口城市分布的地域内（陆玉麒和董平，2004)。考虑到中国区域发展的空间结构是由沿海和沿江组成的国家一级开发轴线，主要具有临水的特性，因而两个模式能在空间上镶嵌（embedded)。即“点—轴”系统可以在较大空间尺度上解析一级开发轴线，配合双核结构确立二级等次级开发轴，如图 4-12 所示。随着中国交通运输条件的改善，内陆地区尤其是近西部地区的空间结构将发生巨大的变化，发展双核结构（如放松节点特性约束）将有利于区域开发战略的制定。

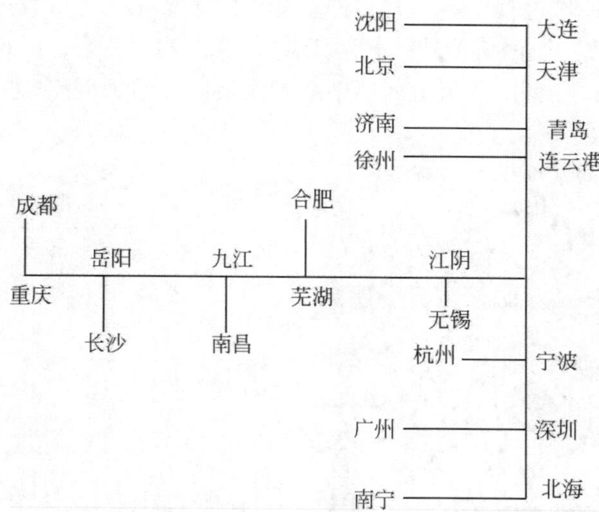

图 4-12　中国空间发展“点轴”结构模式
资料来源：陆大道，2003

4.3.3　网络结构

20 世纪 20 ~ 30 年代，一位非地理学专业出身、名不见经传的年轻人对德国南部地区的城镇空间分布进行了细致的考察。在经过经济学和几何学的严格分析之后，他提出了城镇空间分布的中心地结构理论模型——正六边形的嵌套空间结构（参看第 2 章)。这位年轻人就是后来被誉为“理论地理学之父”的克里斯塔勒，他的这一发现为区位论及空间结构理论奠定了重要基础（克里斯塔勒，1998)。端详克里斯塔勒这幅几何示意图［图 4-13（a)]，不难发现这一空间结构的一些令人称奇的特点：①几何图的中心有一个规模显著的核心，在核心的周围是它的服务腹地（外围)，增长极模式与核心—外围模式一目了然。②几何图具有高度的对称性——中心对称，通过高级中心的一条直线可以将两个次一级的中心连接起来，而找到一条两个中心且经过多个次级中心的直线也是轻而易举的；现实世界中，中心地（城镇）之间的交通线路联系随处可见。这条连接多个中心的线大体可以成为区域经济社会发展的集聚带——发展轴，这也为点—轴系统和双核模式提供了重要的理论基础。从更为抽象的视角分析（Haggett et al.，1977），将高一级中心与次一级中心之间的中心-腹地关系用线联系起来，可以得到一个严格的级联网络体系［图 4-13（b）］。克里斯塔勒的正六边形结构预示着空间结构在历史地理过程中存在着多种多样性的集聚——点（增长极与核心—边缘）、线（发展轴）及网络模式；相对于点与线的显式集聚，网络模式则更多地表现为隐式联系；在特定的历史环境中或者发展阶段后，网络模式才表现为空间结构的主体结构。

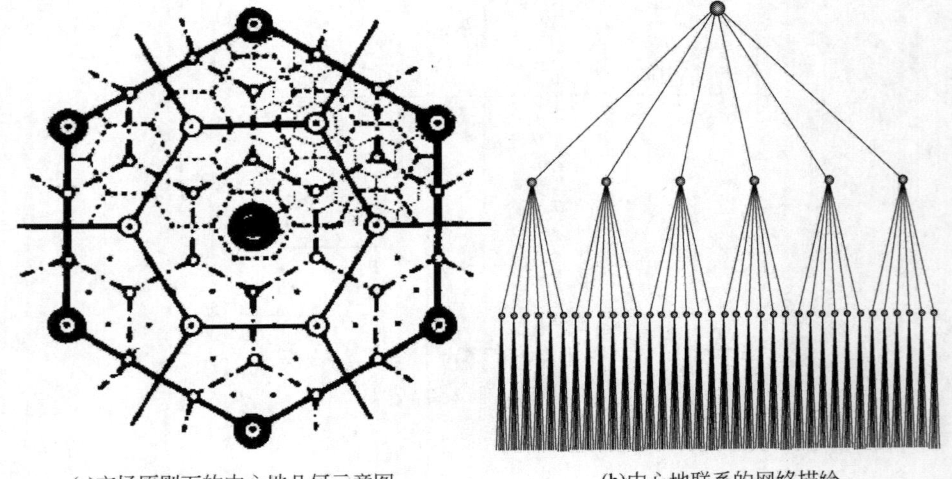

(a)市场原则下的中心地几何示意图　　(b)中心地联系的网络描绘

图 4-13　中心地体系的空间结构及其网络级联结构

资料来源：莫辉辉和王姣娥，2012

1. 殖民化与商业化网络

20 世纪 60 年代，三位美国地理学家 Taaffe、Morrill 和 Gould 对非洲西部国家加纳和尼日利亚的交通网络形成过程进行了考察（Taaffe et al.，1963；Haggett et al.，1977），总结了欧洲殖民地的区域空间结构的演变过程（简称 TMG 模式）。这一空间过程大体经历了四个阶段：①欧洲人来到之前，沿海岸线散布有若干小的自然港口，这些小的自然群落腹地有限，主要为自给自足的原始农业经济；除偶尔与商船贸易外，彼此之间联系相当薄弱，与内陆间的运输联系尚处于萌芽状态［图4-14（a）］。②随着欧洲殖民的开始，内陆资源矿产得到开发；为便于资源输出及与内地行政中心之间交流，沿海港口与内陆经济据点之间建立运输联系，并形成几个显著的大型港口［图4-14（b）］。③内陆经济中心和枢纽港口之间的运输联系进一步加强，与此同时；内陆经济中心之间以及枢纽港口之间建立联系，并在这些重要交通线上出现一些小的经济中心，经济中心开始出现明显的等级结构［图4-14（c）］。④主要经济中心之间都建立了网络联系，经济中心之间的等级体系逐渐趋于完善；与此同时，交通干线出现明显的等级特征［图4-14（d）］。与上文中几种空间结构的模式存在较大的差异，TMG模式突出了外来因素（殖民）对区域空间结构的影响。尽管“点—轴”系统的实践应用（如国土开发的“T”型结构）突出了外向（尤其是沿海）联系的主导作用，双核模式则明确提出了“港口”城市的门户作用；可见，自然本底的区域差异会造成空间结构的形变，即不完全符合克里斯塔勒的中心地空间模式；外生动力对空间结构的改变也是巨大的，成为继“自然本底”而改变空间结构的“第二动力”。

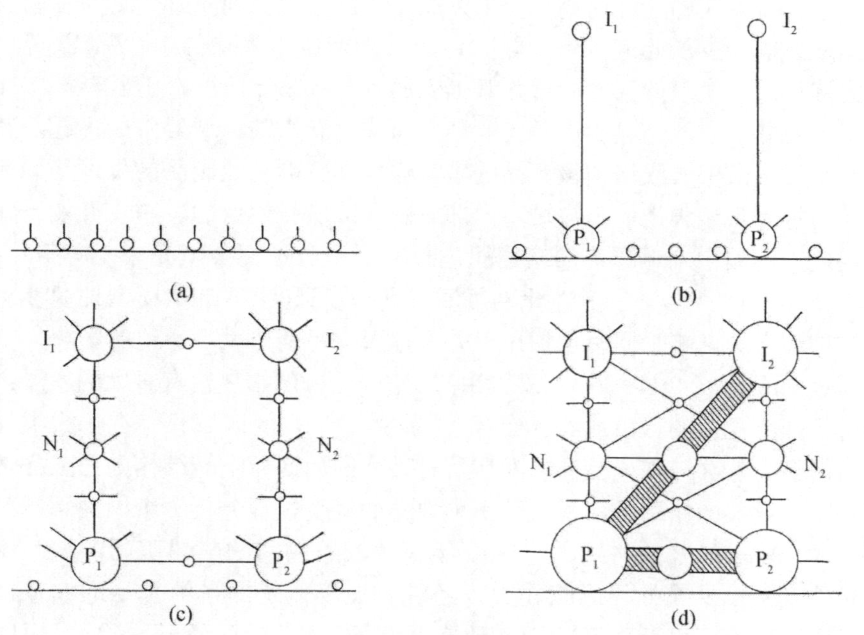

图4-14 殖民地空间结构演变模型

资料来源：Taaffe et al.，1963；Haggett et al.，1977

20世纪70年代，美国地理学家Vance考察了16世纪以来新大陆和欧洲城市体系之间相互作用的互动过程，进一步阐述了新大陆区域空间结构的外生发展的观点。Vance 以欧洲与北美城镇体系时空过程对比建立了商业化网络模式（图 4-15）。即①第一阶段，为重商主义时代初期的区域情报和交易物品的信息搜寻时期。欧洲探险家不定期地在新大陆沿岸收集有益的经济信息并带回国内。②第二阶段，在获得丰富经济信息的条件下，欧洲商人着眼于新大陆丰富的天然物产资源，将能够获得高利润的水产、木材、毛皮等贩运回国，在带来巨额商业利润的同时，带动了欧洲海港城市的繁荣。③第三阶段，欧洲的殖民者蜂拥而至，大量外来移民涌入新大陆，在河流的汇合处、河口地区形成聚落，海港城市得以发展。殖民者在当地进行农产品生产，并消耗母国的工业品，促进了新大陆与欧洲之间的物资交流。其中，新大陆农产品抵达的欧洲海港城市继续保持繁荣，其附近的中心城市担负了向新大陆提供工业物资的职能。④第四阶段，新大陆以海港城市为起点向内陆修建运河、铺设铁路，农产品、矿产品摆脱了旧有运输方式的约束，在新运输方式下进行长距离、大规模贩运。在新大陆内部，大量的物资集散地迅速发展起来，城市空间分布呈树枝状。显然，在开拓经济背景下，这些内陆城市并不是基于自身发展的条件而成长起来，而是依靠在殖民前对外贸易通道附近基于长距离交易职能发展起来。新大陆人口的增加衍生出大量的工业品需求。由此，欧洲大陆形成了大量的工业城市为其提供服务。⑤第五阶段，随着新大陆交通网络的日趋成熟，农产品、矿产品向欧洲出口成为新大陆区域经济的主题。新大陆海港城市和集散中心集聚初级产品的集散输出和欧洲工业制品的批发等职能，逐渐成长为拥有广域腹地的门户城市。随着新大陆农村地区的进一步开发，在高级中心地之下遵循中心地理论的基本原理，低级中心地逐步填充（王峥等，1993；王茂军，2009）。Vance 的商业化网络模式进一步证实了 TMG 模型外源性对区域空间结构演变的影响，同时也探讨了外源性对克里斯塔勒中心地的影响（如出现海港高级中心地），但对 20 世纪后期区域空间结构的嬗变留有重大的发展余地。

对于一个现实的城市或地区而言，“孤立国”式的区域只存在于人类社会的早期，而且必然会被现代社会的发展所打破，因而区域空间结构的形成必然是内生和外生力量共同作用的结果。从历史地理的演变过程分析，中国区域空间结构经历了四个比较显著的时期：①1840 年鸦片战争以前的封建王朝时期。这一时期的对外联系较少或外界影响较少，经济发展以传统的自给自足的农业社会为主，整体表现为克里斯塔勒的中心地空间结构。施坚雅（Skinner）对中国四川省农村聚落“周期市场”的检验、杨吾扬等学者对我国华北平原、关中地区城镇体系的中心地格局检验证实了这一点（杨吾扬，1989）。②1840 ~ 1949 年的殖民半殖民时期。西方列强通过修建连接内地经济据点和沿海港口的交通线路，通过港口对腹地进行大规模的侵袭，造成了一大批现代港口城市（图 4-16），如上

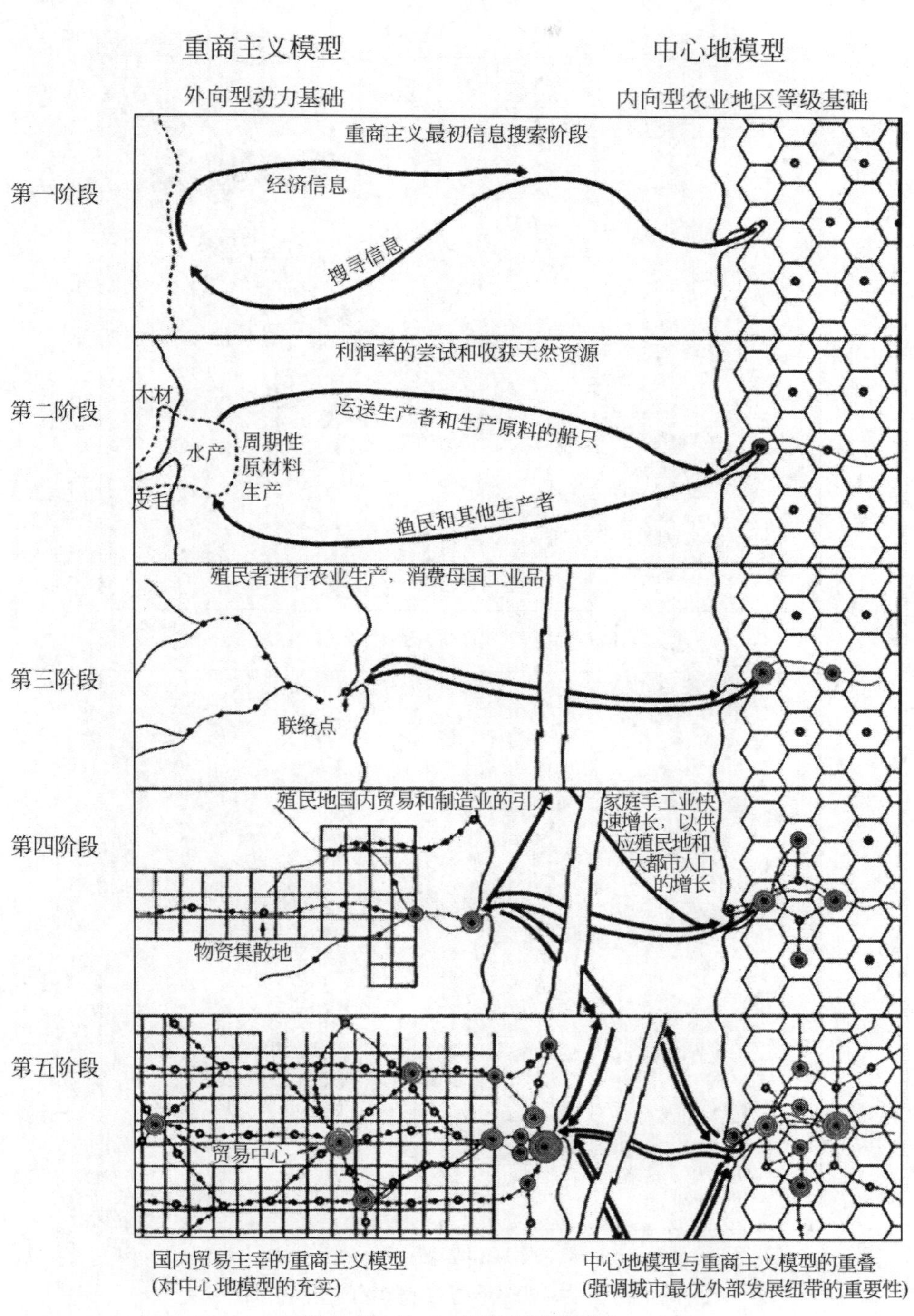

图 4-15 Vance 的商业网络模式

资料来源：Vance，1970

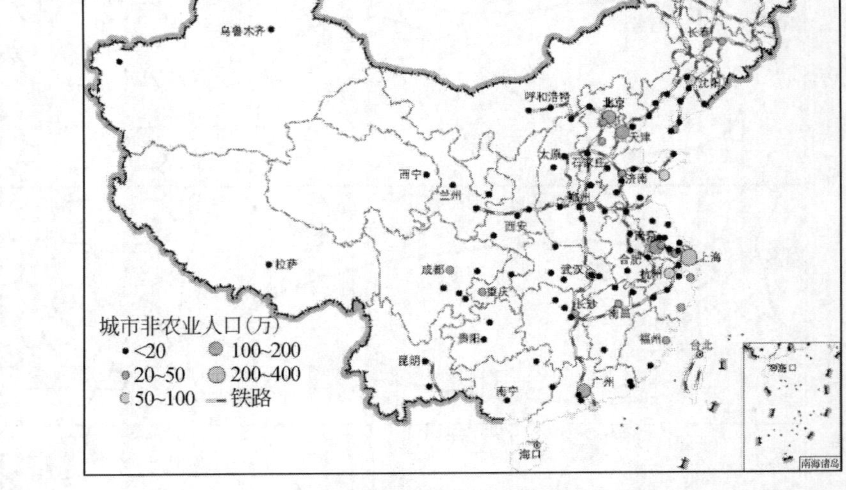

(a)1906年中国铁路网与城镇体系的空间格局

(b)1949年中国铁路网与城镇体系的空间格局

图 4-16　中国铁路网与城镇体系的空间格局

资料来源：金凤君，2012

海、天津、大连等，在一定程度上打破传统的长江—京杭运河两大轴线组成的区域空间结构（金凤君和王姣娥，2004）。③1950～1978年孤立发展时期。新中国成立后，受到欧美等西方国家的联合围堵，与外界联系较少，在内地采取了一系列的“撒胡椒粉”的分散发展模式，依靠内生增长形成了众多区域性的“增长极”。④1979年以来，中国开始实施改革开放，按照区位条件充分发挥经济地理优势，实施了以“点—轴”为核心的区域开发模式，奠定了网络化开发的总体格局。

2. 区域化与全球化网络

20世纪40年代，游历于美国的法国地理学家格特曼惊奇地发现：“沿（美国东北）海岸线的波士顿至华盛顿，分布着一个高密度的城市带。”在其后来发表的论文中，作者采用 megalopolis（都市连绵区）来描述这一独特的地理区域（Gottmann，1957）。这个大都市连绵区是由早期迅速发展的众多对外商贸城市所形成的网络发展而来的，也是 Vance 空间结构演化的现代化重要方向。经济社会的网络化促进了地理空间结构的网络化，大都市连绵区正在美国（图4-17）乃至全球其他地方不断涌现，重塑了地理空间结构。

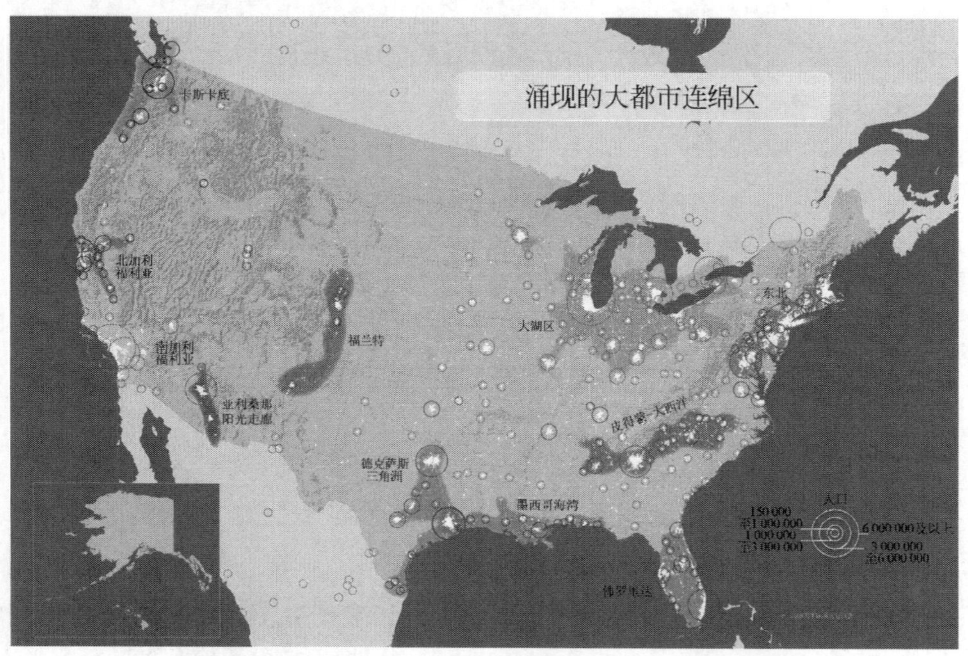

图4-17 2050年美国大都市连绵区空间格局

资料来源：http：//www.america2050.org/maps/

(1) 区域化网络：城市群

作为空间结构点要素的城市，不仅是经济社会最密集的地方，而且是区域中最具活力的空间主体。从时空角度来看，城市发展有四个递进的发展阶段（杨吾扬，1989；王峥等，1993)：①城市膨胀阶段：按照经济、人口集中趋势，城市建成区由小到大，由四周或沿江河海岸及主要交通线逐渐膨胀。地域结构表象为向心环状结构，城市形态为团块状，表明城市中心对市区周边地区具有较强的吸引力。②市区蔓生阶段：随着城市的不断发展壮大，开始呈现空间膨胀，边缘距中心越来越远；加上交通网络分布不均匀，造成了边缘向心力减弱，并开始出现近郊职能区或小城镇的市区化，即形成城市亚中心和多元化的边缘市区。城市形态（结构）多表现为扇形或多核模式（图 4-18）。③城市向心体系（级联体系）的形成阶段：市区蔓生的结果是距离母城近的小城镇被不断并入，市区逐渐连接成片，但是对边缘的引力进一步减少，导致远郊区出现相对较为独立性质的卫星城，这些卫星城与母城之间保持着依附的关系，类似于 Vance 的商业化网络模式。这一阶段的城市形态多为不规则化形态。④大都市连绵区的形成阶段：两个同量级的大城市由于距离较近，市区蔓生达到地域上衔接（沿轴线的渐进式扩散)，或者由于向心体系的发展逐渐增大了卫星城本身向母城以及向其他邻近城市的吸引，即形成区域化网络；两个或者多个大城市间的卫星环带会日益扩展，直到连成一体，美国东北地区的都市连绵区就是这一作用的结果。

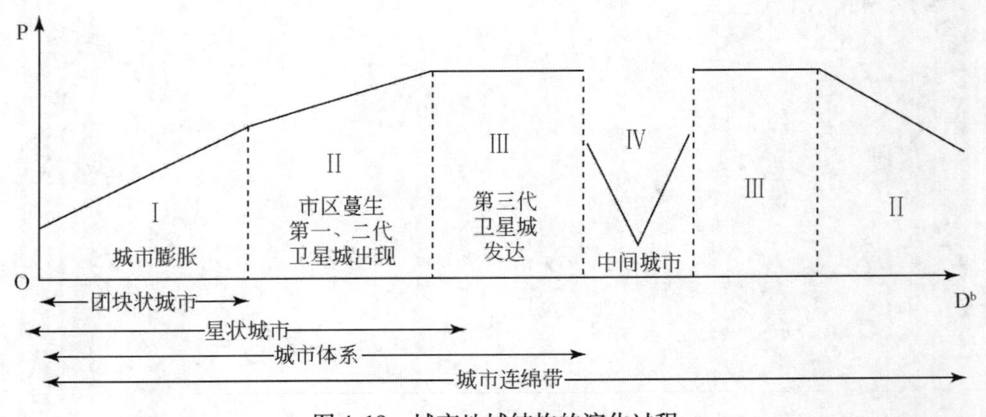

图 4-18　城市地域结构的演化过程

资料来源：杨吾扬，1989

区域内的城市之间在引力场（即城市之间相互吸引、扩散）的作用下，产生网络化的区域空间结构——城市群，城市群因区域差异而形成多种网络化形态（年福华等，2002)。典型的空间结构包括：①极核型网络化模式。以特大城市为中心，与本区其他大中小城市、郊区工业点、线共同构成有机联系的城市群体系。核心城市地位突出，首位度极高，城市主要联系方向为核心城市，其他城市之间的横向联系较少，如以郑州为中心的中原城市群。②双核型网络化模式。以两个大型城市为中心形成的区域城市网络体系。中心城市的主次关系不明确，城市间相互依存，又相互制约，尤其体现在行政职能和经济职能的分离。如以济南—青岛为核心的山东半岛城市群、以福州—厦门为核心的海西城市群。③多核型网络化模式。主要表现为在一个大的经济区内，经济发展水平大体相当，资源条件和主导产业各有特色，交通区位条件相当，城市之间的互补性较强。如湖南省的长沙—株洲—湘潭三市与周边的宁乡、韶山、湘乡等县市共同组成了多核型的城市群。④点—轴型网络化模式。受自然条件与地理区域的影响，城市群沿较为便捷的基础设施方向相互联系，形成了以交通条件、水土资源较好的发展轴线展开布局的区域城市体系，如黑龙江省的哈（尔滨）—大（庆）—齐（齐哈尔）—牡（丹江）形成较为典型的带状城镇化地区（图4-19）。

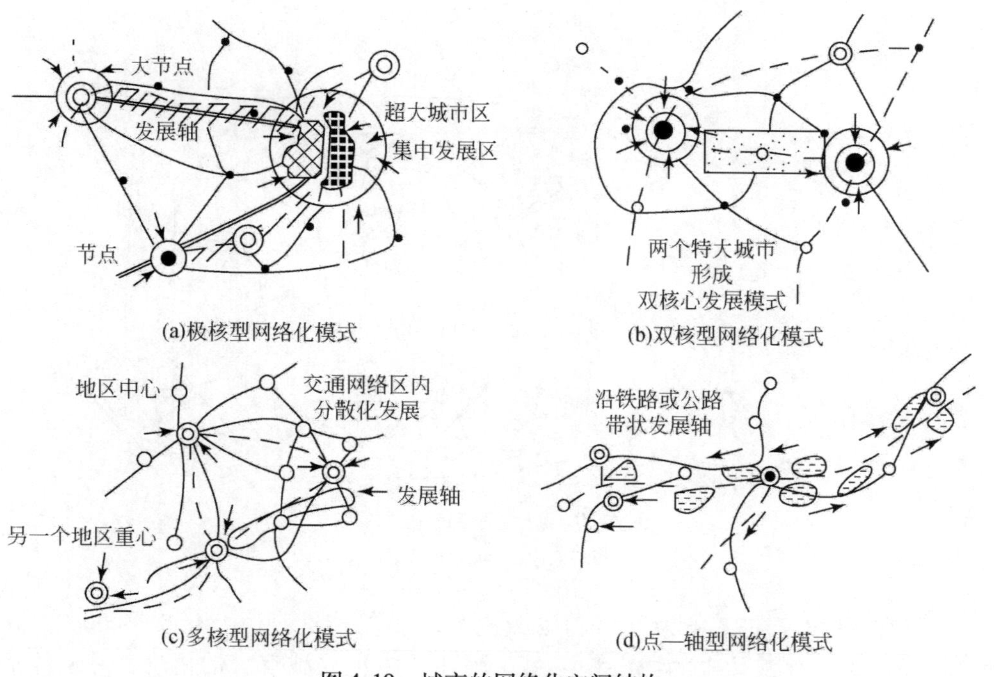

图4-19 城市的网络化空间结构
资料来源：年福华等，2002

（2）全球化网络：世界城市网络

从克里斯塔勒的中心地结构到网络化的城市群结构，研究范式实现了“等级体系到城市网络”（City hierarchy to citynetworks）的变迁。从空间尺度来看，城市群的网络化结构在全球、国家及区域层面上形成了新的等级体系，而顶层系统则由世界城市网络（world city network）构成（图 4-20）（Camagni，1993）。20 世纪 80 年代以来，继 15 ~ 17 世纪大航海时代的全球地理发现之后，全球化再次成为人类经济社会发展的重要历程，跨国界、跨地域的信息、资本、人口、物资等迅速流动，全球尺度下的区域经济社会格局发生显著变化，世界城市网络成为全球空间结构的重要表征之一。在信息技术的支持下，全球层面的世界网络城市形成了重要的空间结构，对城市、区域乃至国家的经济社会发展具有重要的影响。

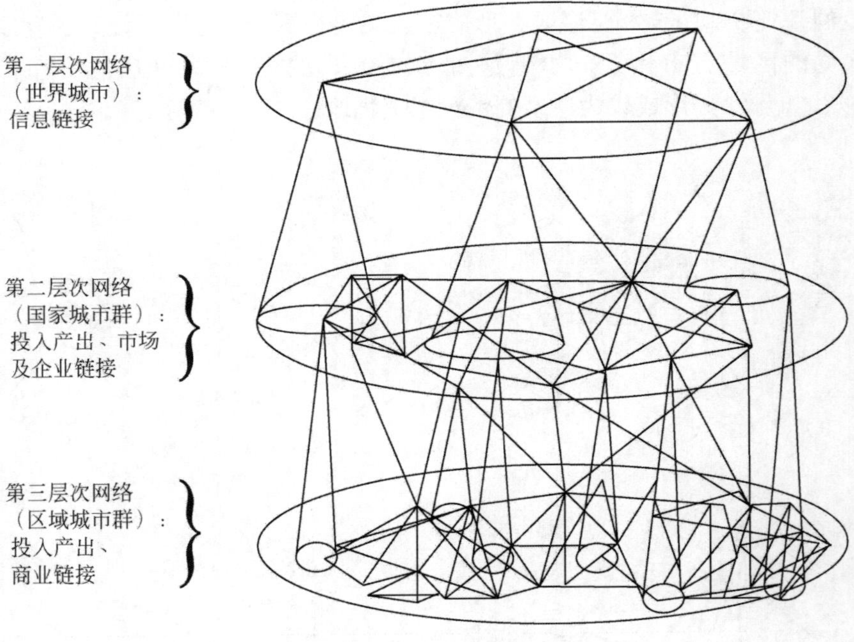

图 4-20　城市网络的等级结构

资料来源：Camagni，1993

早在 20 世纪初，作为城市和区域规划先驱的格迪斯（Patrick Geddes）在 1915 年所著的《演化中的城市》一书中阐述了“世界城市”的概念，并从经济和商业两方面将“世界城市”描述为世界商业经济体系中突出的城市。1966 年，英国城市与区域规划专家霍尔（Peter Hall）出版了《世界城市》一书，对伦敦、巴黎、莫斯科、纽约、东京、莱茵—鲁尔、兰斯塔德（荷兰）等国际大城市的历史、经济、社会、交通等进行系统的阐述，开启了现代世界城市研究的序幕

(Taylor, 2004)。20 世纪 80 年代中期之前，几乎所有关于世界城市的研究都是基于对城市本身属性量（如商业、旅游、信息）的研究。1986 年，城市规划专家弗里德曼提出了“世界城市假说”（world city hypothesis），并给出了世界城市的等级结构（hierarchy of world cities）示意图（图 4-21），首次从网络的视角研究对世界城市的空间结构进行了描绘（Friedmann，1986）。

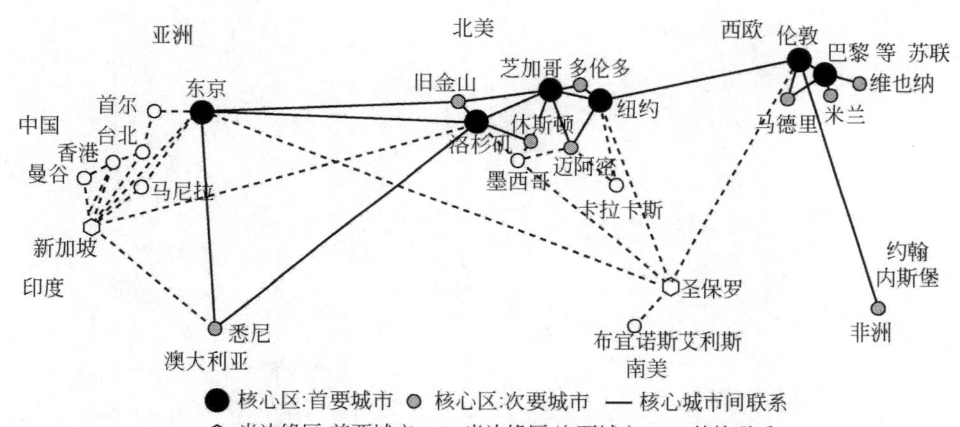

图 4-21 世界城市等级

资料来源：Friedmann，1986

世界城市网络的形成源于“流空间”（space of flows）。“流空间”指通过流动而运作的共享时间之社会实践的物质组织。流动指在社会经济、政治与象征结构中，社会行动者所占据的物理上分离的位置之间那些有所企图的、重复的、可程序化的交换和互动序列。“流空间”暗含三个层次的内容：①第一层次，其物质支持是由电子交换的回路（网络）所构成；②第二层次，空间由充满活力的、相互联系的节点和枢纽组成；③流空间是占支配地位的管理精英（而非阶级）的空间组织（卡斯特，2006）。对于世界城市网络而言，世界城市是一个互相关联的活动枢纽，各种流和存在于流量自身的作用力通过这些枢纽被紧密的连接在一起；城市间互补关系要比竞争关系重要得多，这意味着作为世界城市网络中的一个节点，每一个城市都具有一种原生的发展力。从“流空间”的视角，大量学者从跨国企业区位、国际事务总部区位、国际信息（含资本）网络、国际旅客航空网络联系等视角对世界城市网络进行了大量实证（Taylor，2004）。研究表明纽约、伦敦、巴黎、东京等大城市位居世界城市网络中的核心，城市之间形成较强的经济社会联系，香港也进入了世界城市的一级网络核心；北京和上海两大城市在世界城市网络中的影响力较低，位于边缘位置。这一空间结构反映了我国的国家竞争力仍与发达国家之间存在较大的差距（图 4-22）。

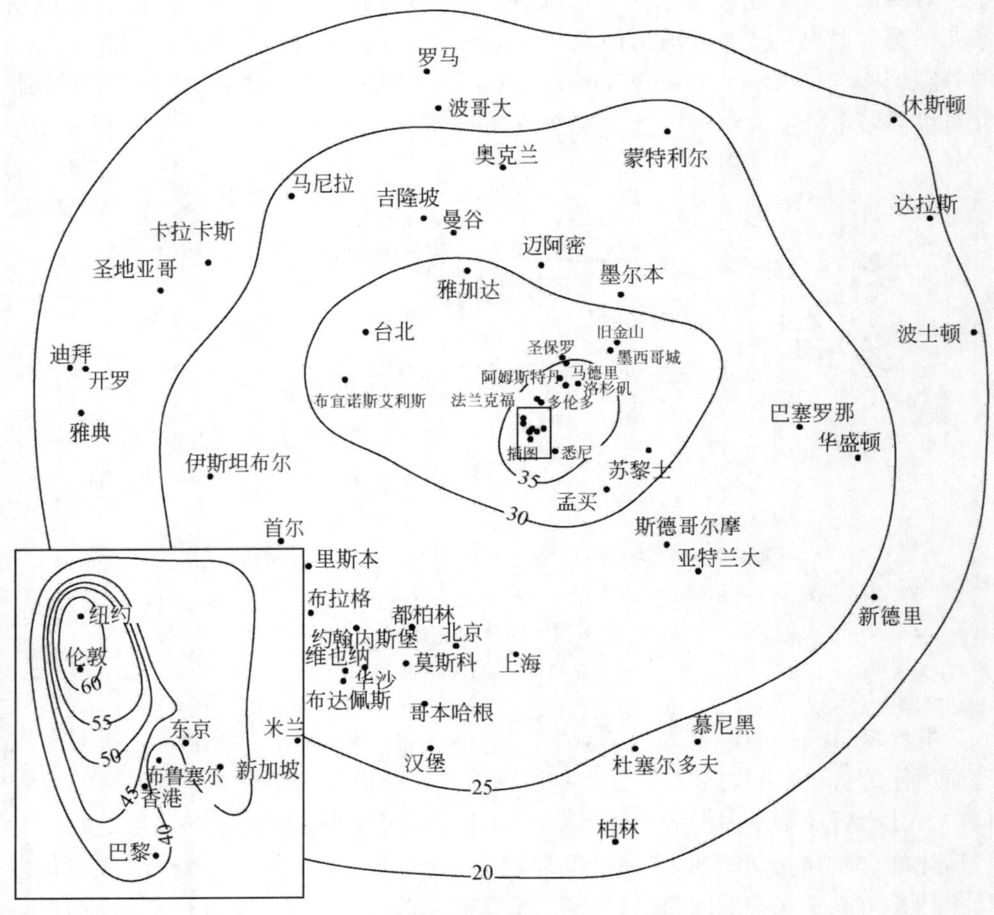

图 4-22　世界城市网络的核心—边缘景观

资料来源：Taylor，2004

20 世纪 80 年代末期，区域发展的网络开发模式已经受到国内部分学者的关注。实施网络开发一般要求具有以下条件：①区域面积较大、资源分布较为均匀及载体体制相对均一。②交通道路已经或容易形成网状。③已有三个及以上的分散增长极，两条及以上的发展轴线。④区域增长极与发展轴存在较强的扩散、扩张效应，新的增长极和发展轴存在较好的生长和发展条件（魏后凯，2006）。从发展背景来看，当时中国经济发展处于市场经济的前期（即商品经济时代）。1990 年，中国城镇化率仅为 26%，铁路仅 5.8 万 km，高速公路约 500km，长途光纤约 3000km，人均 GDP 约 1600 元，经济社会发展仍处于较低的水平。1990

年伊始实施的“点—轴”开发战略对推动我国国民经济社会的快速发展具有重要的意义。到2010年，中国城市化率近50%，铁路9.1万km，高速公路7.4万km，长途光纤约81.8万km，人均GDP近30 000元，经济社会整体水平已经迈入中等收入国家的行列。人口集中、经济发展、交通通信技术水平的提高为空间结构的网络化提供了基础条件和动力。《中华人民共和国国民经济和社会发展第十二个五年规划纲要》提出新的空间战略（如图4-23所示）：“构建以陆桥通道、沿江通道为两条轴线，以沿海、京哈京广、包昆通道为三条纵轴，以轴线上若干城市群为依托、其他城市化地区和城市为重要组成部分的城市化战略格局，促进经济增长和市场空间由东向西、由南向北拓展。”“在东部地区逐步打造更具国际竞争力的城市群，在中西部有条件的地区培育壮大若干城市群。”这一战略设想在充分发挥“点—轴”空间结构理论优势的基础上，推动区域空间结构的网络化进程，即国家尺度的“三纵两横”网络化模式与区域网络化的城市群格局，并嵌入世界城市网络，构建了层次明晰的网络化空间结构。这一网络化发展模式对现阶段我国区域与国家经济空间格局的构建具有重要意义。

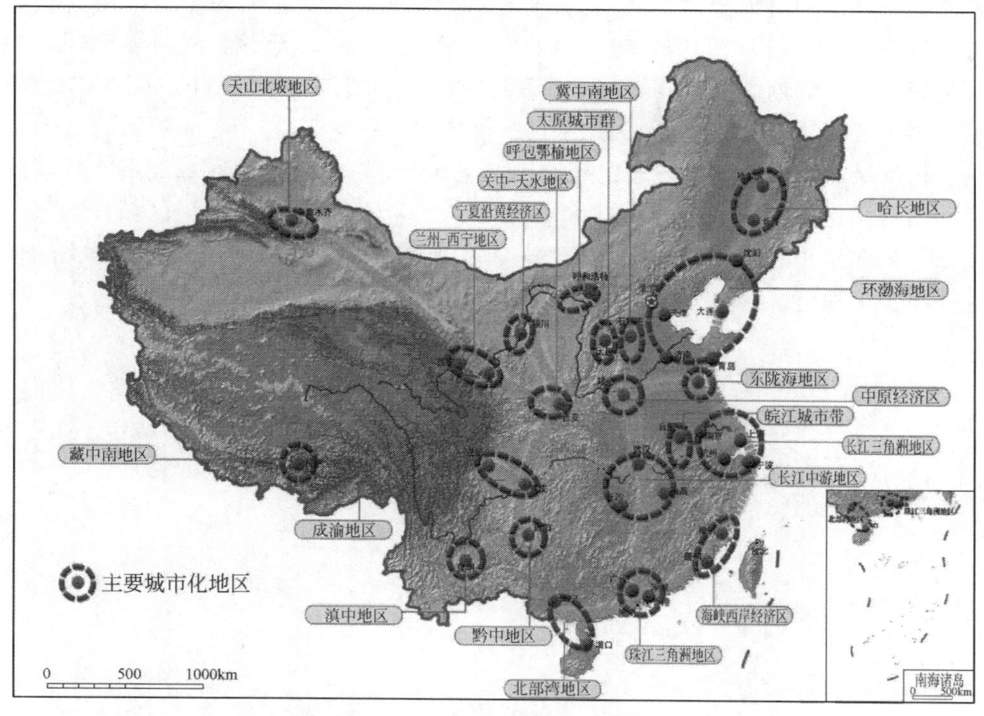

图4-23 “两纵三横”城市化战略格局

资料来源：《中华人民共和国国民经济和社会发展第十二个五年规划》

4.4 小　结

地理意义上的空间结构是以资源、人类活动场所为载荷的集聚空间组织模式，这种组织模式可以通过拓扑的方法抽象出点、线、面等基本要素，然后将其描述在一个“二维”或“三维”的空间中，“二维”示意图是最为常用的“空间结构”外观的表示手段。地球表面的事物多种多样，即便是同类事物，其抽象的描述也有一定的差异；如将大小不等的城市抽象为较大比例示意图上的点，也存在一定的规模（尺度）和形式差异。借助葩嵌（斑块，patch）、廊道（corridor）和基底（matrix）等景观地理概念，地理意义上的空间结构进而可表述为这三要素的组合。葩嵌泛指与周围环境在外貌或性质上不同，并具有一定内部均匀性的空间单元；如居住区、湖泊。廊道是指空间中与相邻环境不同的线状或带状结构，如河流、道路。基底是指所考察的空间中分布最广、连续性最大的背景结构；常见的有农田基底和城市用地基底（邬建国，2007）。基于景观地理的这些概念，空间结构可以分为基底连续的空间结构和基底非连续的空间结构（王峥等，1993），本章探讨的增长极、核心—边缘、点—轴、双核、网络等空间结构都是属于基底非连续的范畴。对于基底连续的空间结构（如城市的同心圈层、扇形、多中心结构以及克里斯塔勒的中心地结构）谈论较少，这一领域的地带结构、梯度结构、主体功能区等也是学界关注的焦点。地理学及区域经济学领域的空间结构理论与实践成果十分丰富，本章从“点—轴—网”与“区域—国家—全球”的角度进行了粗略的历史论述，有兴趣的读者可以借助本章的参考文献来进一步扩大视野。

第5章 地方综合[①]

5.1 引　言

2005年松花江水环境污染事件、广东北江水污染事件，2006年湖南岳阳砷污染事件，2007年太湖、巢湖、滇池蓝藻暴发……近年来我国水污染事件的发生越来越频繁。其中，太湖蓝藻水危机事件造成的影响最大。

2007年5月28日清晨，无锡市居民打开自来水龙头、准备洗漱之时，发现流出的不是清澈的水，而是充满“腥臭味”、“浊绿色”的水。这些水不仅无法饮用，甚至连洗衣、洗澡等也无法正常使用。短短两天之内，至少有200万人口的生活饮用水陷入危机，导致无锡全城抢购桶装水。这一水质恶化问题源于无锡市自来水厂水源地大规模爆发的蓝藻水华。这就是著名的“太湖蓝藻水危机事件”。

蓝藻，是一种原始而古老的藻类原核生物，常于夏季大量繁殖，腐败死亡后在水面形成一层蓝绿色而有腥臭味的浮沫，称为“水华”。蓝藻为害，影响水质，在无锡已经并非新鲜事。但近年呈现出频发趋势，面积不断扩大。

太湖蓝藻水危机事件出现后，引起了社会公众和学者的极大关注，也引发了大量的思考。为什么历时多年的治理措施并没有取得预期的成效（表5-1）？经济学家纷纷指责环太湖地区经济结构太“重”，大量的中小型化工厂是罪魁祸首；环境专家则指出化肥施用量过大，农业面源污染是造成蓝藻的主要原因；还有学者指出，持续的高温诱发了蓝藻大面积肆虐。不同学者也对治理太湖提出了不同处方。经济地理学家认为，不能“头痛医头，足痛医足”，应该采取“中西医会诊”的方法看待蓝藻水污染事件。

第一，蓝藻水污染事件不是单纯的环境事件，而是“人地”关系不协调导致的。实际上，太湖流域的蓝藻水华为害，从20世纪80年代初就已经开始了。蓝藻水华最早出现在无锡的五里湖，其后爆发的规模和频率不断增加。80年代中后期每年爆发2~3次，分布范围扩大至太湖的梅梁湖湾；90年代中后期每年爆发4~5次，并逐渐向大太湖扩展。由此可见，太湖污染由来已久，近来蓝藻

① 本章作者：张晓平、刘志高、高菠阳、刘卫东。

的大面积爆发与近年来的异常高温、少雨天气，以及湖体水位降低有关。除了“天灾”，毫无疑问，“人祸”是其中主要的因素，它加快了太湖污染。高速工业化和城市化带来了大量的工业和生活污水排放，加速了本来已经很脆弱的太湖生态系统的恶化。

表 5-1 太湖水体治理概况

时期	政府投入	主要项目
九五	458 亿元	城镇生活污水治理计划和饮用水保证工程、截污河道整治工程、水利调控工程及清洁生产项目等 8 项综合治理行动计划
十五	219.4 亿元	完善以总磷为控制重点的污染物排放总量控制系统，明显改善梅梁湖、五里湖重点水域水质，全面保证饮用水水源地及跨省市界断面水质
十一五	300 多亿元	面上的工业废水、农业面源、城镇生活污染治理，包括污水治理、农村环境整治以及张家港河、锡澄运河断面；点上的太湖水环境综合整治重点工程
十二五	拟投 458 亿元（仅无锡）	饮用水安全、工业污染治理、农村面源治理、河网综合整治、生态修复等在内的 10 大类 285 项重点治理工程

资料来源：作者根据江苏省环境保护厅太湖水污染防治工作汇报、无锡“十二五”太湖水环境治理专项规划整理

第二，导致太湖水质恶化的因素来自多个区域，治理需要从空间维和时间维进行综合分析。太湖是我国第三大淡水湖，是上海和苏锡常、杭嘉湖地区最重要的水源。同时，太湖的污染物不仅仅来自无锡市，也来自本流域其他区域。因此，这一问题的彻底解决有赖于整个流域或集水区域联动治理。“太湖蓝藻水危机事件”期间的数天内，无锡市政府采取了一系列措施，如自来水厂水质强化处理、打捞蓝藻、调水引流、人工增雨对策等。但短期的、局部区域的应急处理办法，远不能解决太湖水质恶化的根本问题。

太湖流域占全国土地面积不足 0.4%，却创造了全国 13% 的 GDP，19% 的财政收入。该地区是中国经济发达的地区之一，也是人口密度最高的地区之一。其中，仅无锡市常住人口就有 580 万。在过去 30 年间，这个地区创造了年均 10% 以上的 GDP 增长速度。但环境恶化事件的反复出现，引发人们对传统的一味强调经济增长的区域发展模式进行反思，这一增长方式还可以持续多久？包括区域经济、社会、环境在内的综合发展模式如何得以构建？从时空相关的维度，这需要从人类与其生活的地方之间的多维关系上去思考。

经济地理学正是基于上述视角，结合一系列方法和工具来认识和理解“因素

的综合作用”与“地方的综合发展”，即“地方综合”思维（图 5-1）。这一思维方式表现出来的主要特征是“问题导向思维”、“立体思维”和“综合思维”，而不是“闭门造车”，简单地将区域发展问题归结几个要素。正是通过这一思维方式，经济地理学才坚持系统论的观点，对某地起作用的社会、经济、政治和环境过程作系统分析，进而达到对该地独特性的综合理解。

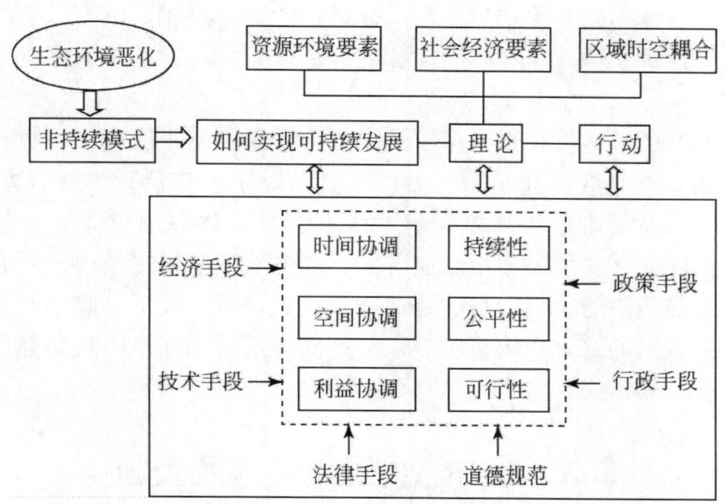

图 5-1 应对生态环境问题的综合分析视角

实际上，地方综合思维是地理学的传统研究视角之一。但是，由于多年来学科的不断分化和细化，学者们越来越多地关注自己狭小的研究领域，往往是“只见树木、不见森林”，忘记了综合思维的传统。现代科学的发展趋势是不断剥离并探究单个要素的自然规律，这满足了人们探知世界的好奇心，并形成了各学科“顽固”的自我意识。这个现象在各学科间存在，在一个学科内部的分支学科之间也存在。另外，在学科细化和要素剥离过程中，形成了以逻辑实证主义为代表的所谓“科学研究方法”，这反过来也阻碍了地方综合研究的发展。进行地方综合研究必然要采取整体观来研究要素之间的相互作用，而这无法采取“因果决定论”的研究方法（陆大道，2009）。当科学研究不再仅仅是为了满足人类好奇心，而且要解决人类面临的复杂问题时，我们确实需要重新拾起综合思维。

谈到地方综合研究或者综合集成研究，总会有人想知道有哪些具体方法或“捷径”、如何进行集成。在这方面，如果是研究单纯的自然系统，或许系统论是最好的方法。但是，如果是研究人与自然的复合系统，狭义的系统论（强调逻辑和数学模型）也有很多不适用的地方。很多研究已经表明，人的决策不是完全理性行为，难以用数学逻辑表达。总体上，综合研究需要系统论的指导，但具体研究方法具有不确定性。不确定性很大程度上来源于只有针对特定问题才能进行综合研究。也就是说，“问题”是综合研究的平台。离开这个平台，综合无从谈起。我们无法想象漫无目的的综合研究是什么。在综合集成上，最成功的案例是中国的“两弹一星”工作。围绕原子弹爆炸、导弹发射和卫星上天三件具体工作，国家组织了中国多个相关学科最优秀的科学家进行了分项和集成工作。不是为了解决三个具体问题，很难想象会有什么样的综合集成。中国目前的载人航天工程也是这个道理。因此，必须明确，地方综合研究一定是与解决特定问题联系在一起的。

经济地理学的地方综合思维可以从两个方面得到一些诠释。一个是跨越人文与自然要素的人地关系研究视角，另一个就是对于经济活动集聚（集群）和地方性的解释。本章接下来将简单介绍“地方综合”这一思维方式，包括这一思维方式是如何确立并在发展中不断完善的、经济地理学用这个视角研究问题的特色所在，以及经典性的研究。目的是让读者认识自然、经济、政治、社会和文化等因素对地方发展的综合作用机制，了解这些因素的相互作用是如何赋予地方以独特性质的。

5.2 地方综合思维的来龙去脉

综合是把事物或现象的各部分联系成一个整体，把事物看成是一个有机统一体。综合分析作为一种科学的思维方法，是很多学科都具有的。从概括客观事物的广度来理解，综合不是经济地理学所独有的。例如，哲学综合的范围就比经济地理学更广泛，因为它既概括自然运动规律，又概括社会运动规律（胡兆量，1986）。但是，经济地理学综合性思维与其他学科不同，其综合性是源于对“地方”的关注，是与特定“地方”紧密联系的综合性分析。

5.2.1 地方综合思维的形成与演进

地方综合其实是地理学作为一个整体的思维特点。地理学自诞生以来，就坚持脚踏实地，强调解决问题的实用性。自近代地理学创立以来，地理学就关注于作为人类世界的地球表面的地区差异或地区变异的研究。鉴于此，综合性一直是地理学研究区别于其他学科的一个突出特征之一。梳理整个地理学关于区域研究的理论演进历程，可以发现“综合”思维贯穿始终（图5-2）。

地理学早期的研究始于对地球上各种现象进行记载和描述，他们认为对具体区域实地考察并进行详细的描述是进一步分析必不可少的步骤。为了研究的便

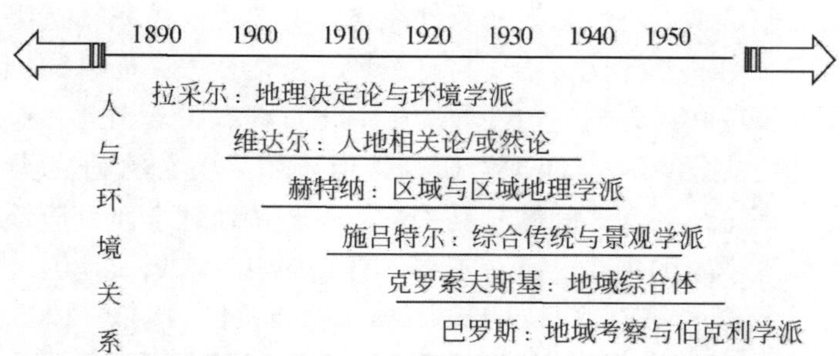

图5-2　区域综合研究理论脉络的演进

利，把地域表面划分区域进行研究，就是这种传统的产物，如古代的地方志和近代的区域地理。早在19世纪德国著名学者洪堡（Alexander Humboldt，1769—1859）和李特尔（Carl Ritter，1779—1859）开创了这一研究传统。李特尔最早阐述了地理学的综合性、统一性，认为地理学是一门经验科学，主张从地理学和历史学相结合的视角进行研究。洪堡是学界公认的自然地理学和植物地理学的奠基人，他是研究动植物群落与地球环境关系的先驱。但他首先是个"区域学家"。因为他在研究中认为各种地域现象之间必有相互依存的关系，主张对任何空间分布现象的解释必须与周围环境联系起来。

对于环境因子的作用强度和作用范围一直没有达成科学共识，其中有学者过分夸大环境的影响作用，甚至一度盛行地理环境决定论，代表性的人物是拉采尔（Friedrich Ratzel，1844—1904）。他认为人是地理环境的产物，强调地理环境决定人的生理、心理以及人类分布、社会现象及其发展进程。西方于20世纪30年代后、原苏联于30年代后、中国于50年代后均展开了对地理环境决定论的激烈批判。但第二次世界大战后，随着人类活动引发的生态与环境问题的日益严重，人类与环境的关系研究引起了国际组织、各国政府和人民的广泛关注，人们对环境学派的观点进行了客观的、公正的评价。

20世纪20年代前后，欧美各国出现了对地理环境决定论的怀疑和否定，他们认为环境虽足以影响人类之活动，但人类亦有操纵与征服环境的能力。其代表人物是法国地理学家白兰士（Paul Vidal de la Blache，1845—1918），他终身致力于人文地理学和区域地理学研究，认为地理学家的特殊任务是阐述自然和人文条件在空间上的相互关系。他反对"环境决定论"的思想，提出"可能论"（"或然论"）的人地相关论，认为自然环境提供了许多可能性，而环境的利用取决于人的选择。白兰士的思想曾长期统治法国地理学的发展，并以其"地理可能论"和"区域的描述地理学"思想而对国际地理学界产生了一定的影响。他认为地理学家的特殊任务是阐述自然和人文条件在空间上的相互关系，指出人类生活方式类型的区域和区内的差异性，不仅与自然环境密切相关，而且同社会制度和社会因素以及历史事件和人种的遗传性等历史演化过程有关。因此，地理学家应该借助于社会学和历史学来从事地理学研究，但要始终围绕着研究类型的地域分布，并通过分析来论证要素之间的相互关系。他坚持地理学研究应该集中在个别区域上，认为地理学家的主要贡献在于划出有用的自然区域或地区。

德国地理学家李希霍芬（Ferdinand von Richthofen，1833—1905）认为地理学是研究地球表面以及与其有成因联系的事物和现象的科学；其弟子赫特纳（Alfred Hettner，1859—1941）明确强调地理学的区域特性，成为近代地理学区域学派的奠基人。李希霍芬指出，地方地理学研究不仅要记录当下存在的区域事实，而且要通过介绍区域内每一单独部分各种现象的因果关系和动态的相互关系，来解释这些现象的区域分布特征。从而，他在李特尔区域描述传统的基础上，开创了以“生物分布学”为基础的区域地理学研究范式。随后赫特纳提出“区域地理样板”，包括区内的地形、气候、水文、动植物和人类各要素及其关系，成为以后区域地理研究的原始规范。

20 世纪 30 年代，由欧洲大陆开创的“区域地理学”研究范式在北美得到了积极的回应，这种回应最集中的代表就是美国地理学家哈特向（Hartshorne，1899—1992）1939 年发表的长篇专题论文《地理学的性质》。他明确提出地理学的研究对象是地域分异，反对试图将地理学改造成“精确的科学”或“本质上是自然科学”等“激进”主张。他认为，地球表面所有的特征，只有放到它们在区域的实际相互联系组合中来研究，才能把系统地理学的多样性统一为一门科学。区域地理学并不能发现什么科学法则，其知识价值就在于对区域本身独特性的研究，就在于对地球表面区域现实的综合理解和解释性阐述。同时，要想在解释区域地理的相互联系上取得进展，就始终要依赖系统研究来详细阐述这种普遍原理。

为了综合地研究地表上的各个地方，单靠一般的人地关系或分区探讨，较难深入。于是，出现了用综合方法划分地表类型的景观学派。景观学派是一种介于环境学派和区域学派之间的流派，通过对地表景象的演化和分类，使地理学的研究更为具体化（郑昭佩，2008）。首先提出地理学中景观学说的是德国地理学者施吕特尔（O. Schlüter）。他提出景观是地球表面的基本地域单位，包括自然景观（人类进入一个地方之前的原始景观）和文化景观（被人所改造过的景观）。

原苏联的自然或经济综合体的理论实质上就是景观学说的变种。所谓地域生产综合体，就是我们所说的“经济地理环境”，它从自然、技术、经济联系中分析地域组合现象；它以自然为基础、经济为核心、技术为纽带来研究经济现象。

从景观学说到地域生产综合体学说，反映了地理学研究对象从以自然为重心，转变为以经济（生产）为重心。上述理论的演进使得无论在自然或经济地理研究中，采用区域的和综合体相结合的方法进行地理综合研究，特别是区划研究取得了很大的成就。

5.2.2 地方综合思维的核心

尽管由于环境的差异、社会需求、学者个人的价值取向等原因，地理学科先后形成了不同的学派，但“综合性”思维与分析一直是地理学公认的学科性质。究其原因，缘于地理学的研究对象即地表现象纷纭复杂，并且其组合和联系多种多样，因此经济地理学不能采用经济学基于“抽象的空间”、建立在严格假设条件基础上的“均质无差异”的空间思维方式；只有采用综合性分析思维才能使研究结论无限“逼近”地域的空间分异格局，即“真实的世界”。

综合性的分析思维也是经济地理研究的难点，因为存在地理因素性质的复杂性、作用过程的复杂性、边界的模糊性、演变过程的动态性等（樊杰，2004）。由于诸多影响因素之间往往相互作用或互为因果关系，导致在探讨具体作用过程时，对影响因素难以进行结构化处理，难以界定因素（因素群）的主导或从属地位。这同许多学科通过简单地固定某些因素，虚拟一个相对理想的环境，来揭示主导（要）因素之间的相互作用规律，进而通过引进若干参数对基本规律进行调整以便表示从属（次要）因素的影响是有着根本不同的。

事实上，西方地理学在20世纪50年代末期出现了所谓的计量革命，其高峰一直延续了10年。这场思想革命的最主要特征就是强调理论与模型的重要性，并通过模型来分析人类空间活动的现状与预测其未来（马润潮，2004）。在20世纪60～70年代这段时间里，一批计量学者认为传统区域地理学是缺乏理论的，指出它仅从事地表细节的描述与流水账式的记录，仅描述事物的独特性而不能揭示共性与规律，因而不具有预测能力，甚至批判这样的地理学不是严格意义上的科学。受其影响，西方经济地理学界的工作目标定位在客观地寻求及预测人类空间经济活动的秩序、规律及共性上，意欲开发出放之四海而皆准的“大理论”（meta-theory）。在探讨人的空间经济行为时，也都基于“经济人”和完全竞争的假设。甚至有人将空间现象视为几何学现象，将人类活动及其空间形态，简化为点、线、面，然后予以分析、量化。例如，哈格特（P. Haggett）在《人文地理学中的区位分析》中，把空间相互作用分解为运动、网络、节点、等级、面五个几何要素，以及这五个要素在空间上的扩散。莫里尔（R. L. Morrill）在《社会的空间组织》一书中，强调人文地理学的核心要素是“空间、空间关系、空间中的变化”，并认为空间有五大要点：距离、可接近性、集聚性、大小规模、相对位置（约翰斯顿，1999）。这就是区域地理学中“空间科学”或“区域分析与科学”学派的主要观点，他们均将“距离”或者“方向、距离、联系性”作为寻求空间组织模式的核心因素。

这种以距离为核心的空间几何学思维为区域系统分析带来新的方法，运用数学语言及经济学方法将区域抽象为一般性的“经济区域”也为人们理解复杂的现实世界提供了某些基础。然而这种“抽象的空间”分析思维并没有达到其预期的目标。这主要是因为人类活动很难以科学方法来确切地量化出来。较受人瞩目的研究成果包括中心地理论、投入产出模型、重力模型及地租理论。由于模型建造者将复杂的情况予以过度地简化或者做了太多的不合实际的假设，所得成果的实用性较差，应用领域也十分有限。特别是区域的空间特性、地方性被忽略，区域的空间范围常常被扩大到省域甚至国家，并且范围模糊不清。

从经济地理学研究视角出发，造成经济空间分布有疏有密的根本动力是自然环境本底的非均匀分布以及经济自身的集聚和扩散力量（刘卫东和陆大道，2004）。经济活动必然发生在一定的地域内，与一定的地理环境相关，因此经济地理学综合性的分析思维表现出独特的地域综合性。经济地理学所研究的经济活动的地域系统，既包括各经济部门在地域上的布局，也包括各地区经济部门的结构、规模和发展，以及地域布局和部门结构的相互联系。因此经济地理学涉及自然、社会经济、技术条件多方面的综合性问题。经济地理学的综合思维不是部门和要素的简单叠加和拼凑，不是量的累加，而是部门和要素的有机联系和发展，是一种更高层次的分析视角。只有运用这种思维，才能全面揭示经济活动空间格局及其演进的基本规律。

5.3　人地关系与区域可持续发展

引言中提及的太湖蓝藻的反复大规模暴发使我们重新审视人与自然的关系，与这一主题紧密相关的是经济地理学研究的核心概念之一，即人地关系问题。人地关系问题，是伴随着人类的产生而出现的，并随人类社会的发展而不断向广度和深度进化。人地关系尤其是人类在地球表层的活动以及人与自然环境相互影响与反馈作用是地理学研究的经典领域，对区域的关注更是经济地理学的核心。经济地理学的任务是全面揭示区域运动的规律性。经济地理学对这一问题的回答主要是基于人类社会经济活动与自然环境之间的相互作用机制和动态关系的研究。这种动态关系包括人类对环境的利用和影响、环境变化对人类的影响、人类对环境变化的感知和反应（美国国家研究院，2002）。

5.3.1 人地关系概念解析

人地关系研究中“人”包括两个方面的内涵：一方面，人是自然存在物，本身具有自然属性。从自然史的角度讲，人类在地球上的出现和发展，是在生命进化的自然基础上，在漫长的自然运动变化过程中，经过无数的系列演化而实现的。到目前为止，人是地球上存在的唯一有理智、有思维，并能够自主地、能动地从事创造性实践活动的存在物。人的这种自然属性决定了人类必须依赖自然界才能生存。另一方面，人是社会、经济、文化活动的载体，其本身具有社会属性。人与自然的关系、人与人的关系是紧密联系并相互交织在一起的。

人地关系研究中的“地”主要包括两部分：一是指自然地理环境，二是指人文地理环境。自然地理环境又称之为自然环境，是指人类赖以生存和发展的自然界，主要由地质、地貌、土壤、生物、气候、水文等自然要素组成。但这里的自然地理环境并不是纯粹的自然概念，而是在人类活动的影响下已经人文化了的自然环境。人文地理环境是指人类在自然环境的基础上，通过一系列社会活动形成的，它由社会化了的人口、民族、宗教、聚落、风俗、文化及政治、经济、国家、政党和社会团体等人文要素组成。人文地理环境虽然是由人类创造的，但同时人类也受到这种环境的影响和制约。

“人”与“地”的相互作用总是要落实到具体的区域上。由于要素在一定地域的流动与组合，在区域内就形成了相应的结构系统。其中，包括生态环境结构，人类进行经济活动所形成的经济结构和在一定生产力发展基础上形成的社会结构。这正是人地关系系统通过要素流动及其组合在具体区域上作用的投影及其运动留下的“足迹”。

人地关系地域系统是由多个子系统构成的，如人系统、资源系统、环境系统、社会系统等，从而形成社会—经济—自然复合的生态系统（图5-3）。但各个子系统并不是孤立存在的，而是通过要素有机联系在一起并相互作用，进而推动人地关系地域系统的发展变化。要素是人地关系地域系统内部和系统同外界环境之间联系的纽带与桥梁。正是通过要素的有机流动及其组合，各个系统之间才产生正反馈与负反馈，才构成一定时空条件下的人地关系地域系统。要素的变动也推动人地关系地域系统的不断演进。同时，随着人地关系地域系统的演进，各个子系统之间的要素的数量、种类、层次、组合方式、配置效率、作用机制也发生相应变化。在不同的人地关系发展阶段，人地关系地域系统内部和系统内部与外界环境之间的要素流动与组合不同，从而使区域人地关系演进呈现出阶段性、动态性、区域性及整体性特点。

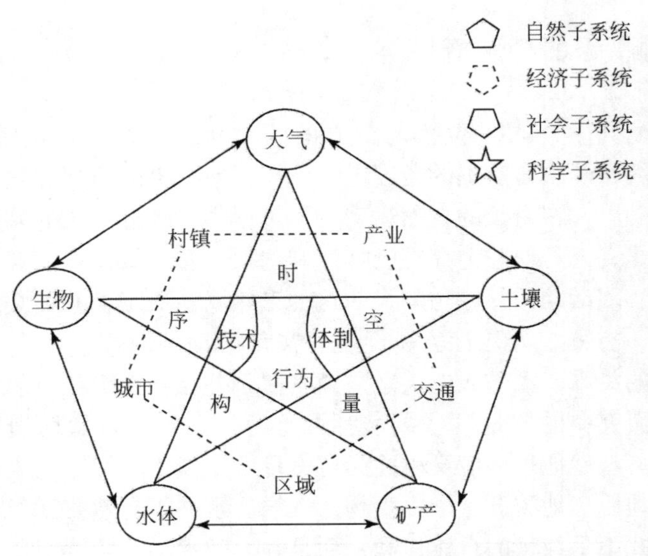

图 5-3 社会—经济—自然复合生态系统关系研究示意图

资料来源：涂尔逊，2005

自然地理条件是人类社会得以延续与健康发展的前提，也是影响区域发展的自然基础。需要强调的是，在理论上既不能误入“人定胜天”论，也不能堕入环境决定论的歧途。中国辽阔的国土，是各种自然地理过程的空间基础，并为各个自然地理要素的表现以及气候和辐射能资源、水资源、生物资源、土地资源、地热资源、波浪和潮汐资源、矿产资源等各类自然资源的蕴藏提供了场所。一般来说，只有在更大的土地面积上，才会容纳更多的自然地理内容；也正因为中国国土辽阔，才可能出现非常多样的自然环境和非常丰富的自然资源。这些构成了中国各地区开发和发展的不同的自然地理基础，也是中国区域发展差异性的基础之一，对中国各地区的经济发展方向产生着巨大的影响。

随着人类社会经济的发展和人口数量的增加，对地球表层的影响不论在广度上还是深度上都日趋加剧。人类在地表的经济活动已经并且正在强烈地改变着自然格局，造成了全球性、区域性和地方性等不同空间尺度的环境变化和环境问题，成为改变自然环境最主要的动力。近 30 年来，中国国土开发与区域发展的背景和驱动力正在发生深刻的变化。由于经济的快速增长、总量的扩大以及强大技术手段的运用，中国自然环境结构和社会经济结构正在发生剧烈变化。这些深刻变化正强烈地影响到中国区域发展的进程和格局。而未来各地区的发展，也不仅仅受全国经济发展走势和全球经济发展的影响，还将受到人和自然共同支配的自然环境演变的影响（陆大道和刘卫东，2003）。主要表现在影响和决定区域发展的自然因素和社会经济因素交叉作用上。这同时也表明，中国国土开发与区域发展问题在越来越大的程度上需要综合性科学研究的支撑。

5.3.2 人地关系地域系统优化与区域可持续发展

在中国，20世纪90年代初，吴传钧（1918—2009）先生在《论地理学的研究核心》一文中提出，人地关系地域系统是地理学研究的核心（吴传钧，1991）。人地关系地域系统的学术思想是吴传钧先生对中国地理学发展作出的重大贡献。人地关系地域系统学术思想主要来源于吴先生长期对经济地理学发展过程、研究对象和主要研究内容的探究与实践。人地关系地域系统的学术思想已成为我国经济地理学科建设的理论基石与工作指南（樊杰，2008（a））。

现代人地关系问题，是与可持续发展问题紧密联系在一起的，并涉及人口（population）、资源（resources）、环境（environment）和发展（development）（简称PRED）诸多问题。从地学角度看，人口、资源、生态环境既是地球表层的重要组成部分，又是人地系统中相互作用的对象，其中“人”起着主导作用，因此，区域可持续发展实质上是协调、优化人地关系，而优化人地关系的前提是区域PRED协调发展（申玉铭和毛汉英，1999）。区域PRED协调发展的涵义可概括为：

1）它是指由P、R、E、D四个子系统组成的特定大系统的协调发展，这是一个高度概括的高层次的复杂巨系统，它的协调发展有别于各个子系统内部的协调发展。同时，最高层次的协调也要以各子系统内部的协调为基础。

2）协调是指系统内部组成要素之间的一种关系和状态。系统论认为，系统是有机的统一体，不是各组成部分的简单相加。它的功能的强弱与各组成部分之间的结合状况有很大关系，只有相互协调、相互适应，系统才能顺利地进化和发展。

3）协调是指系统间相互作用、相互配合的状况，而不是各自的发展状况，子系统的最优并不意味着系统整体的最优组合，也不说明系统协调。

4）结构协调是区域PRED协调发展的主要目标。结构失调，导致区域发展失衡，需要通过区域P、R、E、D相互关系的调整和结构再造，使系统处在结构合理的体系之中。在实现结构调整中，一般采取综合性调控手段，使多元系统要素结构趋于协同。

5）区域PRED协调发展以多要素的组合匹配为基础，在不断变换和重组的过程中，从整体系统协调出发，加强各单元要素的系统调整，构筑成相互依存、相互适应、相互促进、共同进化的系统结构，促成系统协调有序合理地发展。

5.4 人文因素与区域发展综合分析

区域科学所采用的纯数量方法无法有效地对社会问题、环境问题做出解释。他们所构建的模型存在着不能精确适用等明显的缺陷，已被人们逐渐弃用。西方经济地理学界经过20世纪70年代后的20多年的发展与演化，已经从一味用计量方法及逻辑实证来找寻有广泛适用性、高度抽象化的大理论，转变为以地方研究为基础的“新”区域地理学（图5-4）。

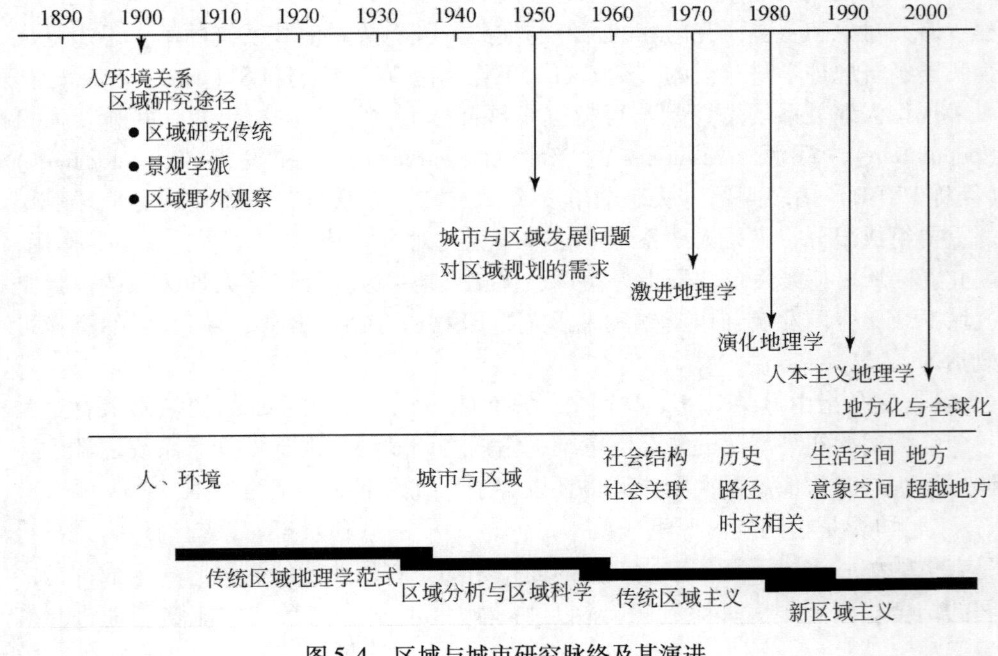

图5-4 区域与城市研究脉络及其演进

资料来源：改制自（克拉瓦尔，2007）

5.4.1 区域地理研究的多元化与相关学派

从20世纪70年代开始，西方经济地理学界走出“要建造出一个固定而合逻辑的理论来反映现在及预测未来”的目标导向，主张研究的主要目的是为了增加对事物的认识与了解。在从定量研究向定量与定性研究相结合转变的过程中，下列主要学派的出现对当前的经济地理学思维有一定的影响：

1. 人本主义地理学

人本主义地理学强调了个人是人类空间行为的主角，其行为及决策是受他的经历及价值观所影响的，并认为每个人对世事的感受、观点与反映都是不同的。它特别强调人类空间活动的本地性及“地点”（place）的重要性，认为“地点”是蕴涵有丰富的意义之地方；并强调每个地点或地区都是当地历史及文化沉淀的产物，皆有其独特性。人本主义地理学者强调了时间与空间的背景对事物的产生及其性质的影响之重要性（马润潮，1999）。显然，这与计量革命时代对空间研究的高度抽象相比有显著不同。

人本主义地理学否定空间分析科学对科学规律的寻求，相反，它运用观念论、现象学、存在主义等哲学来看待人类在地球表面的日常生活或生活世界，强调个别性和主观性而不是重复性和真理（约翰斯顿，2001）。人本主义地理学关心的核心论题并不像“空间科学”的地理学那样去发现规律和预测，而是达到对人类世界特别是人性问题空间性的认识理解。这从其常用的现象学方法就可以体现出来。现象学特别强调观察和环境体验的重要性，“倾向于从所看到的整体之处开始，或多或少地尝试从不同的方面出发，找出表象（问题）的解决方法”。当前，强调实地考察与系统分析相结合的区域研究方法被越来越多的人认可，并被规划师在实践中借鉴、采纳。该方法已经成为“新城市主义”、“宜居社区”等对区域研究的主要方法。实践表明，运用多种研究手段，获得对特定区域全面而综合的认识，是制定区域社会、经济、生态环境全面可持续发展规划的基本前提。

2. 行为地理学

行为地理学批评“空间科学”基于完备信息的理性经济行为假设以及各种抽象演绎的模型。由此，为寻找对真实世界进行解释的更好的模型，行为地理学将基于人的行为原理的地理学理论建设与具有明显的空间关系和空间结构内容的社会和心理机制结合起来，以空间背景下的决策问题和过程研究为焦点，采取一种比以前更加经验性和归纳性的研究方法来寻求行为的规律和空间解释模型。就其所探讨的主题而言，它侧重人们对空间及环境的认知、感知及学习，并分析人们的空间行为及其决策过程。行为地理学强调历史、地理、文化及个人因素对人的空间决策过程是有深刻影响的。虽然从事行为地理学的研究人数不多，但他们对人口迁移、住房搬迁及环境认知等空间行为，有不小的贡献。其他如城市犯罪地理学方面的研究等。

3. 激进地理学

激进地理学主要包括结构主义、政治经济学派、马克思主义学派，该流派在20世纪七八十年代十分有影响力。它主要是以马克思主义的观点来分析资本主义社会的种种现象，对深藏在这些问题背后的经济机制进行研究和解释。激进地理学认为，由于作为上部结构的社会、文化、政治和空间组织的时空特殊性以及下部结构变化的固有性，实证主义地理学所寻求的上部结构的"法则"是不存在的。同时，由于个人行为又深受其所处社会环境的约束，行为地理学和人本主义地理学均又忽视了社会和历史的存在而夸大了个人行为的作用。由此，激进地理学将阶级冲突和权力的分配看做是经济进程的中心问题，认为理解这种冲突以及权力的分配和使用是理解社会财富分配的基础。因此，激进地理学主张研究不平衡发展理论，强调任何空间结构发展的决定性因素是资本剩余在空间的循环、集中和利用的方式，侧重阶级关系、资本及生产的结构对社会形成及运行所产生的关系（苗长虹，2005）。马克思主义地理在90年代后渐失其影响力，原因之一是它过分强调社会结构对人的规范力量（可将之视为一种"必然主义"，即任何现象都可以简化为几个最基本的因素，而这些因素就决定了该现象的性质），而忽略了人的创造力和个人及群体在社会活动中可发出的力量。

上述行为地理学、人本主义地理学和激进地理学对"空间科学"地理学的批判，不断丰富经济地理学关于区域的认识，例如行为地理学对建立在理性人假设基础上的计量分析和数学模型的不满，人本主义地理学对只见物不见人的规划的批判，激进地理学对自由主义改良发展道路的叛离，都在某种程度上推动区域研究对象与研究观点的新发展。

5.4.2 新区域主义

自19世纪50年代以来，全球现代化工业的发展推进了城市化进程，带动了大都市区的迅速发展。越来越多的人认识到城市、特别是大都市区在全球和国家以及地区经济、社会发展乃至政治生活中的主导作用。都市已成为人们"消费"、"生产"、"生活"的基本"单位"。如同管理企业一样，伴随着都市区的发展，管理都市区也日益成为一个重要问题和难题，这也是各国政府及学术界广泛关注的热点问题。各国城市政府在行政管理体制方面相继采取了许多新的应对策略，力求公众和非政府组织发挥更大的效力来支持政府的管理。在学术界，大都市区及其相关的区域经济现象的研究亦是学者们关注的焦点之一，分析范式也从"抽象的空间"转变为"具体的地方"，理解和认识"地方"的经济活动是如何嵌入在当地的社会、政治与文化系统之中的。最近20年来，经济地理学研究出现了所谓的“新区域主义”学派，概括而言，新区域主义的主要特点表现为：

1. 关注区域特性，采用实地考察与系统分析相结合的方式研究区域

新区域主义注重实地考察与系统分析相结合（吴越和魏清泉，2003）。在研究方法方面，定性研究与定量研究相结合的方法已经成为普遍的趋势，尤其是注重对区域发展影响因素的综合考量。到了20世纪80年代，西方区域地理脱离了20世纪50年代以前的以描述为主的治学方式，转变为对特定地点的社会、文化及经济空间性质的剖析了。每一个地方都有其当地历史遗留下来的独特性。新区域地理的任务，不是老式的地区描述，而应是探明及分辨出什么是当地特有的社会经济情况、什么是来自外部大环境而影响当地发展的力量，并探讨这两种宏观及微观力量间的相互关系。在一个地点的人是能在该地起重大作用的主角，影响该地的情况，但他们也同时会受到外界的大环境（包括历史、社会、经济制度及主要文化取向）的支配，也会被动地受当地的自然环境、历史、文化、社会制度及人际关系系统的影响。一个地点的人的行动、思想、经验及人们赋予该地的意义与价值，总是在不停地“变为”该地的一部分，它们的产生是地域的宏观及微观因素互动的结果，特别是地方情况对外界大环境反应的结果。

2. 关注制度在塑造区域经济活动中的作用

20世纪80年代中期，学者们注意到在世界性的经济危机、很多区域经济衰退时，美国的硅谷、意大利中部、德国南部等国家的某些地区却“逆风飞扬”，经济增长稳中有升。因此，出现了“新产业区”、“新产业空间”、“区域创新环境”等热点研究话题，强调“创新环境”对不同创新主体所发挥的推动、指导、协调、调整等作用。经济地理学有效吸收了20世纪70年代以来新发展的“嵌入性”（embededness）、“网络分析”（network analysis）、“社会资本”（social capital）等理论工具，认为：经济活动是特定的社会和制度的产物，它不能只根据原子似的个人动机和市场均衡来解释，而必须把它置入更广的社会、经济、政治的规则、程序、传统中去理解。出现了所谓制度主义经济地理学，即要弄清各种制度在塑造资本主义空间经济过程中的作用（刘志高等，2008）。在区域政策与管理方面，提出治理（governance）是一个比政府（government）更宽泛的概念。好的治理必须是“一种对地方政府、市民社会和私营机构加以整合的一种努力，会把可持续发展作为中心目标”。治理包含了一种建立伙伴关系的含义，致力于使公共、私有和自愿组织为着共同的目标和志向协同工作，是对现有政府和市场两种不同经济社会管理方式的替代和完善。简而言之，新区域主义认为治理不是一整套规则，也不是一种活动，而是一种过程；治理不是控制，而是协调；治理既涉及公共部门，也包括私人部门；治理不是一种正式的制度，而是持续的互动行为。

3. 关注城市、区域发展过程中出现的各种社会问题

区域与城市的快速发展，伴生了许多社会问题。其中突出的有：环境污染，生态环境恶化；生活质量不仅没有随经济的增长而提高，反而降低；经济发展差距扩大，社会分配不公平等。欧美学者从 20 世纪 60 ~ 70 年代以来对解决和缓解各种社会问题进行过许多探讨，学者们呼吁区域均衡发展，保障社会公平。新区域主义尝试将社会学研究的成果与区域发展规划、区域空间规划结合起来，包括在制定区域经济发展规划时要关注环境成本及社会公平，包括代际公平及代内公平。新区域主义关心的主要政策方向是如何改进区域发展的经济、制度和社会基础，培育区域的持续发展能力和经济竞争力，积累“区域财富”。重新回到我们在引言中所提到的例子，过去三十多年来，环太湖地区的经济高速发展，民众由此富裕起来了。人类要生活，要改进自己的境遇，就需要创造财富，这类活动必然或多或少地对环境构成负面影响，而这种负面影响如果足够大，又会抵消财富带来的效用。因而，人生幸福的一个来源就是在经济活动与环境之间进行明智的选择。而这一思想只有转变为政府、企业、民众的自发行动，才能够实现经济效益、社会效益和生态效益的全面、综合发展。

5.4.3 小结

综上所述，“新”区域地理学除了在强调区域差异和地方的独特性研究方面与传统区域地理学拥有相同的观点之外，在区域研究的目的和方法上，与传统的区域地理学相比有很多不同。“新”区域地理学的目的，是使地理学研究与解决重大的社会问题关联起来，使地理学成为一门认识社会并变革社会而对社会有用的学科，其研究方法多采用与经济学、社会学、管理学等交叉结合的结构化方法，它既强调区域对认识社会进程的重要作用，同时也强调人类作用在区域形成、重建和变革过程中的重要性。

5.5 透视产业集群：区域发展综合分析视角

区域发展过程是自然、经济、社会、文化和制度等多因素共同作用、相互影响的过程。一个地方经济发展好坏很大程度上取决于这些要素组合是否相匹配。

经济地理学家长期以来强调从“地方综合”视角来认识和解释区域的发展，产业集群的形成与发展很好地体现了经济活动过程中的综合思维运用。之所以选择产业集群来剖析地方综合思维，一方面是产业集群是当今“滑溜溜的世界”生产活动的集中地，是全球化时代区域和国家竞争的重要载体；另一方面是企业空间聚集这种现象普遍存在于各个国家和区域，也存在于绝大部分行业。

5.5.1 我们身边的产业集群

在当今信息化和全球化高度发达的社会，经济活动一方面由传统的资本主义国家向新兴经济体转移，另一方面同类和相似的企业往往聚集在少数地区，成为国家和区域财富的生产中心。这种一定地理范围内，相关产业内的企业、政府机构、大学研究所和中介组织构成的集合被称为产业集群。

由于同类企业高度聚集形成了强大的区域形象，因此寻常百姓也能够感受到产业集群。比如，当我们提及电脑、信息产品，就想起美国的硅谷，印度的班加罗尔，中国台湾的新竹、北京的中关村，这些地区不断孕育了我们熟知的著名电脑和信息生产商。如著名的全球信息产品提供商和服务商，惠普、英特尔、苹果等就是从美国硅谷走向世界各个角落的；全球计算机和通信市场的新锐力量，台基电、华硕、联合微电子等企业成长于中国台湾新竹；联想、百度、新浪、网易等信息产业的领军企业则荟萃北京中关村。这些同行业和相近行业的企业高度集中不仅带来了本企业的发展，同时也带来了其他产业的发展。如美国的底特律，不仅有福特、通用、克莱斯勒等汽车生产巨头，同时这里汇聚了与汽车制造有关的钢材、仪表、塑料、玻璃以及轮胎、发动机等部件生产企业。享有“第三意大利”盛名的意大利中北部和东北部地区，则以纺织、服装、制鞋、家具等行业闻名于世界。

这种现象不仅存在于实体经济领域，还存在于文化娱乐、金融等产业。位于洛杉矶市区西北郊的好莱坞（Hollywood），汇集了世界顶级的电影巨头，如梦工厂、索尼公司、环球公司、华纳兄弟等，以及美国广播唱片公司（RCA）、Interscope Records 等顶级唱片公司；位于欧洲的音乐之都维也纳，融合圆舞曲《蓝色多瑙河》、作曲家约翰·施特劳斯、指挥家卡拉扬以及金色大厅等众多元素在一起，成为享誉全球的音乐艺术中心，同时与表演艺术相关的乐器制造、创作、表演等文化创意产业，以及与视听艺术相关的电影、软件、设计等文化创意产业，业已成为奥地利新的国家名片。北京的“798”和上海的田子坊则分别称为北京和上海文化创意企业集聚地。

尽管产业集群普遍存在于众多国家和绝大部分行业，但这不意味着分布在世界各地的产业集群具有同样的影响力和“能量”。例如，尽管纽约、伦敦、法兰克福、香港、东京、上海都聚集了大量的金融企业，毫无疑问，纽约和伦敦扮演着领导者和领先者角色，是世界金融中心；法兰克福凭借得天独厚的欧洲“心脏”位置，于第二次世界大战后迅猛发展起来，目前300多家金融机构驻扎于此。在亚洲，东京则领军亚洲金融市场，其次是香港和新加坡。最近几年，上海这个曾经的远东金融中心，由于中国经济的崛起，也聚集了大量国内外金融企业，成为新兴经济体金融市场的成长先锋。

尽管产业集群这一概念是近年兴起的，实际上它并不是一个新鲜事物，而是古来有之。在远古时代，人们逐水而居，聚居一起，这既有利于获得生产生活资料，更好地繁衍生息，又有利于相互保护，抵御野兽和敌人的攻击，因此人类文明往往发源于水源充裕的地区。进入工业社会后，为了降低运输成本或为了开展协作，企业在选址时常选择靠近其他经济活动。专业化的劳动分工带来的劳动生产率大幅提高，企业间劳动和生产的专业化，使得产业集群具有单个企业无法具备的效率优势。产业集群在历史上一直客观地存在着，只是没有像今天一样受到关注。直到20世纪七八十年代，随着信息技术和交通运输工具的极大提高，人类在更大地理空间进行专业化分工，企业竞争环境发生激烈变化，产业集群现象更加清晰地突显出来。

5.5.2 产业集群的来龙去脉

产业集群作为一个专门的学术术语是20世纪90年代由美国哈佛商学院的管理学家迈克尔·波特（Michael E. Porter）首次提出的，并迅速在学术界和政府机构流行起来。产业集群既不同于企业，又不同于市场，是介于市场与企业之间的、具有灵活性和规模性的中间组织。专业化的企业聚集而产生大量的知识外溢、劳动力和专业化基础设施的共享，从而大大降低了交易成本，提高了生产力和创新能力，带来巨大的外部效益。因此，产业集群被认为是与“后福特主义”相适应的区域发展模式，受到学术界的广泛关注和各国政府的纷纷推崇。

事实上，产业集群现象早在一百年前就引起经济学家和地理学家的关注，如马歇尔（Alfred Marshall）。马歇尔将大量性质相似的企业在地理上集中的地区称为“产业区”。他形象地表述道：在产业区内，雇主们很方便找到技能良好的工人，而行业的秘密不再成为秘密，随着工人的工作流动而在行业内传播。正是这种知识外溢带来的外部效益使得这些产业区成为创新的活跃地区。对于以研究经济活动空间组织为己任的经济地理学者们，企业的空间聚集现象一直是他们的传统研究领域之一。

现代工业区位奠基人，德国经济学家韦伯早在1909年就从成本节约的角度讨论了产业集群形成的动因。这揭示了产业空间聚集的根本原因，同时与马歇尔的产业区理论形成有力的互补。20世纪80年代后，信息通信技术的发展，很大程度改变了经济活动的空间分布。为了理解新技术对经济活动空间布局的影响，众多社会学家参与了这一时代性话题的讨论。经济地理学者也就产业集群形象进行了大量研究，从形成原因、发展机理、推动因素和政策框架等角度揭示了集群发展之谜。

与其他学科的学者不同，经济地理学者更加注重“用脚研究”，强调实地调研；反对闭门造车，反对将产业集群简单地视为一个依靠技术驱动的经济体，更加注重产业集群是置身于本地社会经济制度环境的“经济—技术—文化”共同产物。同时，他们认为根本不存在所谓的“放诸四海皆准”的政策，反对不顾本地实际情况的照抄照搬所谓的模式，反对单纯的技术驱动政策，而主张因地制宜，从经济、技术、社会文化制度、生态环境等多要素角度加强集群治理。下面我们将详细解释经济地理学是如何利用地方综合思维来认识产业集群的。

5.5.3 产业集群的形成与发展：众多因素共同作用的杰作

作为一种经济活动的空间集聚现象，产业集群是如何产生的呢？地理学者秉承了地方综合的传统，认为：产业集群的产生并不仅仅是一个企业或多个企业之间的单纯经济行为，而是融合了制度、文化等多种人文因素，与历史演替、地方环境等许多因素都密不可分，同时又受到自然生态环境约束的经济空间活动。综观国内外成功的产业集群案例，无论是信息社会中科技与产业完美结合的典范硅谷，还是中国台湾高科技产业发展的“发动机”新竹科技园，抑或是以中小企业弹性专业化发展为特征的“第三意大利”，以及以家庭工业和专业化市场的方式发展的中国温州，其产业空间集聚过程中，无处不见文化、制度、政府和环境等众多因素发挥的重要作用。

硅谷是一个创造科技和财富神话的地方。昨日白手起家的穷小子，今天富可敌国；也有昨日刚刚升起新兴企业，今天黯然陨落。它是世界上第一个，也是最成功的一个高新技术区，已成为世界信息技术和高新技术产业的中心，并一直引领着世界信息产业的发展。硅谷位于美国加利福尼亚州圣弗朗西斯科的一个谷地，它形成于20世纪50~60年代中期。如今英特尔、惠普、思科、网景、甲骨文、苹果等全球信息行业巨头，以及无数微小企业都聚集以此。从时代背景看，美国硅谷既开创了人类社会进入信息经济时代的先河，开拓了高新技术产业的发展模式，同时也是全球信息科技发展的产物。正是它顺应了信息技术这一“天时”，才成就了今天的辉煌。

当然，仅有天时是不够的。理论上，信息革命发展之初，世界上每个地方都面临着和硅谷一样的发展机遇，但是只有美国硅谷最早具有“人和”优势，才使得它领先于世界一步。人和优势是包括美国政府和当地政府、大学、无数企业共同努力的结果，并最终以制度、文化、环境形式推动硅谷不断发展。

斯坦福大学，特别是特曼（Frederick Terman）教授应该归于首功。1950 年前的硅谷还是一个具有田园风光的山区，斯坦福大学也仅仅为一个区域性大学，根本无法与麻省理工学院和哈佛大学相提并论。特曼教授 1927 年开始在斯坦福执教，1937 年成为电气工程系主任，1945 年升为斯坦福大学副校长。正是在他的努力下，创建了斯坦福工业园区。也正是在他的鼓励和资助下，他的两个学生[休利特（Bill Hewlett）和帕卡德（Dave Packard）]创建了惠普。如今，这个产业园依然以其雄厚的科技力量向硅谷源源不断地输送知识和信息。斯坦福工业园鼓励以商业为导向的技术研究，构筑了硅谷独特的发展模式。

在这位美国硅谷之父——特曼教授的长期努力下，设立了专门基金，以招募和培养优秀人才服务于斯坦福大学。其中一位就是诺贝尔奖取得者晶体管创造者之一肖克利（William Shokley）博士。肖克利是一位具有商业意识的科学家，一直想将自己的发明转为财富。1955 年特曼教授邀请到他到斯坦福大学工作，并支持其创建了肖克利晶体管实验室。而肖克利的到来，为硅谷破冰而出起了关键作用。1957 年肖克利招聘了著名的“八大小将”，后来由于各种原因离开了肖克利，创立了仙童半导体公司，并发明了集成电路。肖克利当年的“八大小将”先后创建了 60 多个企业，成为硅谷最重要的火种。

硅谷的成功，还要归功于政府的支持和制度的优越性。政府的支持表现为在硅谷发展初期通过大量政府采购保证产品需求、加大研发投入促进技术创新、创造有利的制度环境等方面。据统计，1955 ~ 1963 年，硅谷半导体产业 35% ~ 40% 的营业额来自政府采购，大量国防采购刺激了硅谷集成电路、计算机产业的发展。美国政府对硅谷研发的投入，包括对斯坦福大学等从事基础科学发展的研发单位提供直接赞助经费，和通过税收政策鼓励企业自行研发。在营造制度环境方面，各级政府都致力于各项措施，来促进和扶持硅谷发展，如联邦政府实施严格的专利制度保护知识产权、制定宽松的技术移民政策吸纳国外人才；而地方政府则创造宽松的法律环境、建设优质的生活环境等。

除了技术、制度方面的有利条件，硅谷独特的文化氛围，是其成功的最持久最根本的因素。硅谷文化是一种高科技文化、创新文化，它融合了个人主义、自由主义、创新精神等美国传统文化，同时又被赋予了新的时代特征，即敢于冒险、大胆实验、不怕失败的创业文化。这种文化不仅有利于科技的创新，同时对人们的行为模式、思维模式和交往模式都产生影响，提高了效率，产生了活力。

当然，硅谷的成功还离不开“地利”，即优越的地理位置。从地域上看，硅谷是美国圣弗朗西斯科市和圣何塞市之间狭长地带。此地背靠太平洋海岸山脉，面对圣弗朗西斯科湾的一片海洋，为山海所环绕，终年气候宜人。同时，硅谷交通便利交通，邻近圣弗朗西斯科的航空港，并有贯穿全境的高速公路。可以说，正是天时地利人和，成就了硅谷如此巨大的成就。

硅谷的成功得益于众多因素的共同作用，这并不是偶然的个案。我们将目光从美国硅谷掠过太平洋，转移到地球的东半球，能够发现很多试图仿制硅谷模式、建立其他国家的“硅谷”的地区，也存在类似的情形。中国的中关村、中国台湾的新竹、印度的班加罗尔、日本的筑波……无一不是受到制度、文化、区位、自然环境等多因素影响而形成并发展的。

中关村是中国的科技中心，被誉为中国的“硅谷”。尽管中关村的发展轨迹与美国硅谷大不相同，但有着诸多共通之处。中关村位于北京西北部的海淀区，西山环绕，交通便利。中关村内同样大学和研究所林立，有北京大学、清华大学和中科院等众多科研院所，这成为技术创新的源泉和后盾。不同的是，中关村发展之初并不是依靠技术创新，而是通过走代理销售国外电脑走向技术创新的。这一特点深刻地说明了产业集群的发展离不开它所处的大的社会经济环境中。

20 世纪 80 年代初期，中国科学院物理研究所研究员陈春先为首的一批科技人员，不甘心局限于封闭沉闷的计划经济体制。而率先向美国硅谷学习，汉卡、打字机、汉字处理软件、中文平台等长期尘封在研究所和大学的成果被商业化。但随着国外个人电脑技术的冲击，众多企业面临危机，以联想为首的企业开始探索“以贸带工”。20 世纪 90 年代中后期，正是凭借熟悉中国市场，这些公司控制了销售渠道，而转向了国产品牌电脑制造。当今的中关村则越来越像美国硅谷，依靠创新和人才不断发展，成为中国，乃至亚洲重要的技术创新中心。中关村不仅成为亚洲电子信息产业创新高地，并在生物产业、环保产业，也有着傲人的成绩。

中关村的发展同样也得到政府的大力支持，国务院就中关村发展建设先后多次做出重要决定。从 1988 年批准成立北京市新技术产业开发试验区（中关村科技园区的前身），到 1999 年、2005 年先后批复加快、加强建设中关村科技园区的决定，再到 2009 年批复同意建设中关村国家自主创新示范区，以及 2011 年批复《中关村国家自主创新示范区发展规划纲要（2011—2020 年）》，中央政府致力于政策上的支持，旨在将中关村建设成为具有全球影响力的科技创新中心。

需要注意的是，产业集群的形成与发展是一个综合要素共同作用的过程，各要素在发展历程中的作用和影响力不是固定不变的，而是发展变化的。例如，在美国硅谷形成初期，美国国防部对尖端电子产品的大量需求对硅谷集成电路、计算机产业的发展起到了很大的促进作用，许多年轻的高技术公司得以生存和发展壮大。后来对民用市场开发成功之后，政府采购所占营业额比例逐渐下降，风险投资的作用取代了军方投资，在硅谷逐步占了主导地位。

再如，中关村科技园区初创时期，企业主体是初创型企业和小微企业，财税及金融部门以税费减免、负税收、优惠利率等方式，给予小微企业以资金融通便利，助中小企业上市，随着企业的壮大，园区的发展，政府补贴这种一次性"输血"只能解决一时之需，转变发展方式，提高创新能力，提高小微企业造血功能，才是其获得发展的根本，也就是说，政府主导模式逐渐让位于以企业为主体的发展模式。

产业集群的出现并不完全是偶然因素导致的，为什么有些区域能抓住新的机遇，成功地打开区位机会窗口，而有些却不能？这显然与来自本地、国家和全球力量是否相互匹配有关。新产业的出现往往是技术交叉和产业融合的结果，现有技术、制度和文化结构部分地决定了新技术产生的可能性。由此可见，无论是技术的变迁，还是制度的调整，都不能脱离以前的发展轨迹。硅谷所在的圣弗朗西斯科湾区在很早就是美国海军的研发基地，硅谷的起源，可以追溯到早期无线电和军事技术的基础。同样，1982 年中国科学院计算研究所王洪德创办北京京海计算机机房技术开发公司、1983 年中国科学院物理研究所陈春先等科技人员创办北京华夏新技术开发研究所及其他早期公司，主要从事科技成果的转化和推广工作，形成"中关村电子一条街"，成为中关村最初的雏形。

作为发展中国家的高科技产业集群，中关村的形成和成长机制，不仅受到本地区、本国文化制度的影响，全球化和外来力量也是促进中关村发展的主要因素。中关村起飞的年代（20 世纪 80 ~ 90 年代）正是全球电子信息技术迅猛发展的时期，电子信息技术也正由欧美向新兴经济体转移，先是中国台湾、以色列，后来又转移至中国大陆和印度等地。进入 21 世纪，跨国公司，尤其是其研发中心纷纷开始在中关村成立、国际性的学术交流与商务往来，海外科技人才的回流等都成为中关村 20 世纪 90 年代后不断发展的重要力量。

5.6 区域发展综合与集成研究

运用地方综合思维研究区域综合开发问题，就是看到区域发展的整体宏图，并将相互联系的部分恰当地组合在一起；这些相互联系包括人与环境之间的联系、地方之间的联系、人与地方的联系等（黄秉维，1959；宋长青等，2005）。区域经济地理学所研究的地区综合开发问题，是现代各国地理学研究的主题。由于经济地理学长期以来对区域问题的综合性研究，这门学科在社会经济实践中起着重要作用，特别是在国土开发、区域发展和区域规划、地区可持续发展战略、重大项目的战略布局等领域应用广泛。

5.6.1 区域发展综合研究的理论范畴

区域发展综合研究的基本理论范畴，主要是对区域发展研究领域的延伸和拓展（樊杰，2004）。区域发展综合研究有三个层面的内容：第一，社会经济系统与资源环境系统的综合；第二，社会经济系统内部传统因素与新因素的综合，通过对各个因素本身及其因素之间的相互作用关系的深入剖析来反映地球表层系统及其子系统的结构、功能和时空演变规律；第三，方法论上形成以网络技术和信息技术为基础的“综合集成研究”可操作平台，推动跨学科交叉和整合。

上述思想反映在区域社会经济发展研究中，越来越强调自然环境的作用。如国土开发与区域规划中，越来越重视资源合理利用、减灾防灾、环境保护等问题，注意到自然环境基底条件对经济增长的限制、经济发展过程中减少对生态环境的破坏和实现最大限度的保护。这种变化的原因在于认识到自然环境除资源属性外，还具有环境属性和灾害属性，需要综合的考虑自然环境对社会经济发展的作用（樊杰和千庆兰，2004）。此外，在对重大的自然过程变化的研究中，强调应当把人类社会和他们赖以生存的自然生态环境作为一个统一的单元——复合的人地系统，而不是两个相互分割的系统，研究中越来越重视人类活动因素的作用（美国国家科学院，2011）。如碳循环的研究中重视人类活动作用，以温室气体（集中在 CH_4 和 CO_2）排放作为人类活动参与、影响碳循环的切入点，将土地利用结构、能源利用结构、产业结构等与碳循环之间的关系进行深入研究，并将国际贸易、产业空间转移等对碳循环政策影响效果作为新的命题进行尝试性探讨（刘燕华等，2004；刘卫东等，2010）。

此外，目前国内重大的、不同层次的区域研究大都趋向综合（樊杰，2004；郑度等，2005；张晶等，2007）。如对青藏高原的研究，在长期对青藏高原隆升机理及其环境效应研究的基础上，逐渐延伸到区域可持续发展等人文自然要素集成的研究。对黄土高原和西南喀斯特地区的研究也由最初的水土流失防治的自然地理视角，逐渐拓展到防治技术与区域发展政策的结合领域。西北干旱区的研究也越来越多地注重自然和人文研究并重。除了这种大尺度区域的综合问题，一些人文与自然要素相互作用强烈的中小尺度区域研究也走向综合（图5-5）。如对矿山资源开发区域，目前的研究要点集中于自然向人文景观转换速率与强度同自然环境系统转变的耦合关系、景观修复原理等；对城乡交错地带而言，核心问题在于人文景观内部转换的生态环境效应；农牧生态带脆弱治理区的核心问题是，景观逆向转换的综合效益评价指标体系；农村工业化地区，则主要研究其人文景观无序复杂化过程中生态环境效应。

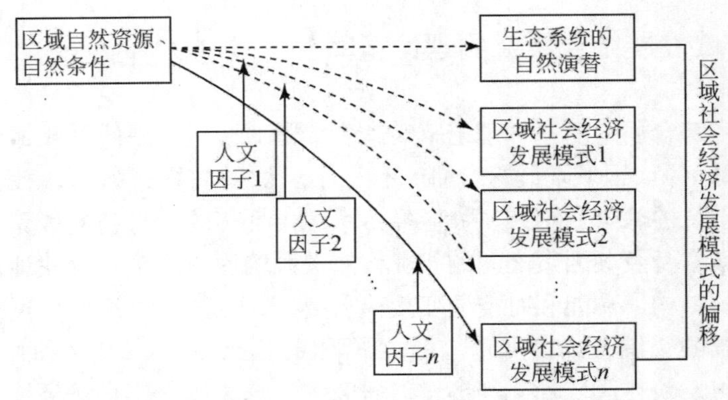

图 5-5　地域系统自然、人文因子的综合作用
资料来源：张晶等，2007

5.6.2　区域发展综合应用研究的实践领域

自 20 世纪 50 年代以来，区域发展问题成为全球性重大的社会经济问题。随着地区经济全球化和国际经济区域化进程的不断深入，以及可持续发展观念的形成，区域发展综合研究进入了一个重要的发展阶段。基本理论和应用研究都因在综合领域的不断探讨而有了长足的发展。特别是在区域政策、区域规划、区域战略中追求人与自然和谐的空间合理配置方案研究方面，地方综合分析的价值更为明显。

在第二次世界大战以前，许多地理学家就积极参加土地利用规划、城市与区域规划等实践工作（李旭旦，1979）。第二次世界大战之后，社会经济发展的新形势和凯恩斯国家干预主义思想的推行，使城市区域规划在西方发达国家获得了更为普遍性的开展，并出现了一系列被作为规划实践基础的理论模式。如法国皮鲁（Perroux）提出的“增长极”理论、鲍德维尔（Boudeville）的“增长中心”理论、美国弗里德曼的“核心—边缘”空间经济发展模式等。

在规划实践上，美国在 20 世纪 60 年代先后颁发了一系列旨在促进全国特别是落后地区经济发展的法案，如 1961 年颁布的地区再开发法案，1965 年颁布的公共工程和经济开发法案和阿巴拉契亚区域发展法案等；法国则在 20 世纪 60 年代开展了巴黎工业分散计划和平衡大都市建设计划；英国于1947年颁布了城市和乡村规划法案，第二次世界大战后以国家为主导自上而下地分别编制了各区域的经济规划和空间利用规划，并于20世纪70年代初设立了“区域经济规划委员会”；德国（西德）在战后广泛制定了复兴法和州规划法，并于1965年颁布了联邦《区域规划法》和1975年通过了《联邦区域规划大纲》；日本、荷兰则在战后以整个国家为对象分别编制了全国综合开发规划纲要和全国国土规划。

中国作为一个经济迅速发展和快速转型的国家遇到了大量的区域问题，也使区域经济地理工作者遇到了非常有利的研究环境。早在20世纪50~60年代，中国科学院地理研究所经济地理学者就广泛参与了黑龙江流域、西北、新疆等一系列大型地区性综合考察，组织了中华地理志的编纂，开展了中国农业区划的实验性和示范性研究，为中国国民经济发展提供了大量的第一手资料。其中，农业区划研究延续了20多年，是贯彻地理学为农业服务方针的重要体现，对国家实施因地制宜发展农业作出了突出的贡献。

在国土开发和区域发展方面，经济地理学者早期就进行了一些重点工业区的区域综合开发和规划研究（陆大道，1987b；陆大道，1992）；从20世纪80年代开始，经济地理学者参加了京津唐国土规划和全国国土规划纲要的研究和编制，对中国区域发展的态势和格局进行跟踪研究与评述等（陆大道等，1997）。此后，全国各地理研究单位和大学有1/3左右的地理学工作者接受政府委托进行区域性的国土开发战略研究和国土规划编制工作，对全国地理学发展起了很重要的带动作用。

21世纪开始，中国科学院地理科学与资源研究所经济地理学者参与了国家“十一五”规划和东北、京津冀、长三角等大区域战略研究和规划工作（刘卫东等，2003；金凤君等，2006；樊杰，2008b）。通过大量的实践，对全国产业发展格局、区域总体发展的国情有了充分的了解；针对中国国情，阐述和提出了功能区形成的科学基础及功能区划分的指标体系（樊杰，2007）。

一些地理学家向政府高层提交了众多的关于国家自然资源合理利用和环境的保护、区域可持续发展等方面的咨询报告和政策建议，在可持续发展基本国策和科学发展观的确立过程中发挥了基础性作用。近年，在汶川、玉树和舟曲等地区的灾后恢复重建中，经济地理学者及其学术带头人，在第一时间投入了灾情监测、评估和灾后重建环境承载力评价等工作中；基于针对性很强的数据库和图形库，发展了空间分析和模拟技术，在综合集成研究过程中不断推进区域发展理论和分析及模拟方法的提高。

5.7 小　　结

经济地理学并非由范式的演替所形成的，它是循着一个核心经验发展出来的不同观点；以不同的尺度来解读空间分布；以经济地理学综合的分析视角，提供机会使人类对其环境、生活的社会，以及不同类型现象间的联结和关系有更深一层的了解。概括来讲，其地方综合性研究视角至少包括以下三个方面的内容：

1. 要素综合——对区域发展影响要素的综合分析

影响经济活动空间集聚和扩散的因素是多元的，既包括各种自然要素和经济要素，也包括社会、文化、制度等人文要素和不断发展的技术因素。对经济地理现象空间分布格局及其演变规律的研究，既要充分认识资源环境系统对经济地理格局和过程的影响作用，也不能忽视经济地理现象之间的相互作用关系对自身格局形成的作用。同时，应当越来越重视社会和文化因素与自然圈层、生产生活空间结构的相互作用。这些作用共同决定了经济地理现象分布格局及其演变规律。尤其是关注新经济要素、社会、文化、政治、技术等因素对经济活动空间格局形成和演化的影响作用。

2. 区域间综合——不同区域尺度的综合分析

经济地理学不是孤立地研究一个区域，而是在区域与区域的相互联系中进行综合研究，强调区域间的差异与分工。区域内部表现出的格局，不仅来自区域内影响要素的综合作用结果，而且与区域外部的其他区域密切关联。根据研究的需要，有时需要进一步研究相关区域、同类型区域、不同类型区域、更高层次区域，甚至要从全球角度，通过国内外对比，找出解决问题的方案。

3. 时空综合——空间维与时间维的综合分析

经济地理学是对经济地理现象空间分布格局及其演变规律的研究，因此研究中除了注重不同区域之间以及不同空间尺度的变化与分异，也注意时间尺度的变化（图 5-6）。因为人类的经济活动是不断变化的。这种变化有周期性的，也有非周期性的；有长周期的，也有短周期的。当前的经济地理现象不仅是历史发展的结果，也是未来发展的起点。因此，时空相关的经济地理视角要求研究不同发展时期和不同历史阶段经济地理现象的发生、发展及其演变规律。这不仅是经济地理学本身发展的需要，也是经济地理学在国家建设、区域开发与规划中发挥作用的需要。特别是现代经济地理学已经对于某些区域的未来发展具有预测能力，并根据预测结果进行控制和管理，以便满足人们对区域发展的要求。因此，时间维和空间维相结合的综合分析，在现代经济地理学研究中越来越受到重视。

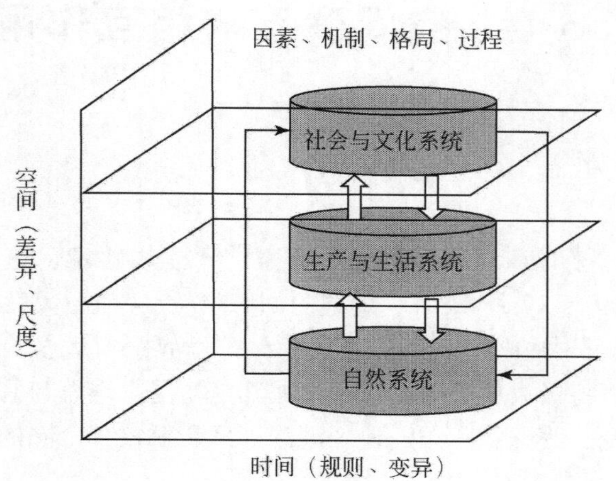

图 5-6 经济地理研究的时空相关视角

资料来源：据（樊杰，2008a）图 1 改制

第6章 空间联系与相互作用①

6.1 引　　言

横越珠江口连接香港与珠海的大桥方案终于尘埃落定，这就是港珠澳大桥（图6-1），于2009年12月20日，即澳门回归10周年当日动工建设。该桥跨海逾35km，据说相当于9座深圳湾公路大桥，排世界跨海大桥之最。建成后，使用寿命达120年，将极大地改善珠江西岸尤其是澳门、珠海与香港的联系，扩展香港的都市区范围，为珠江三角洲地区港深—广州双核都市圈的形成和发展奠定重要的基础。

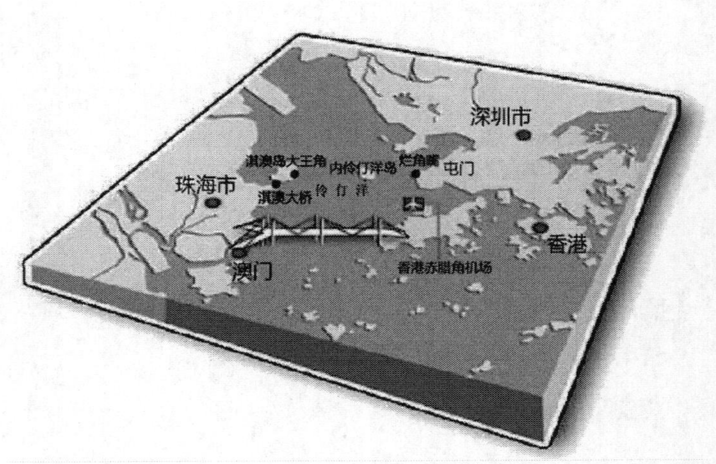

图6-1　港珠澳大桥和伶仃洋大桥设计示意图

资料来源：http：//cn. jianzhu01. com/development101008001. htm

事实上，在港珠澳大桥方案之前曾经有过一个“伶仃洋大桥方案”，由香港实业家胡应湘提议，得到了珠海时任市长梁广大的响应。伶仃洋大桥西起珠海淇澳岛大王角，跨过内伶仃岛，跃至香港屯门的烂角嘴，全长27km，按6车道高

---

① 本章作者：梁进社、刘卫东。

速公路标准建设，桥面宽 31m。梁广大认为，与比邻香港的深圳相比，珠海当时明显表现出发展滞后。宽阔的珠江口水面妨碍了香港对珠海的辐射力，到珠海考察后的很多外商深感其交通成本过高。比如，一个集装箱从珠海运到香港需要 3000 多元，而从深圳到香港只要 1000 多元。因此，即便珠海在地价方面有所让利，招商吸引力依然不足，珠海迫切需要打通与香港的便捷通道。

可是，伶仃洋大桥方案并没有得到实施。原因众多，其中一个重要原因是，它有利于珠海与香港的联系，却有可能使澳门边缘化。

从河流地貌上看，珠江口西岸基本上处于淤积状态，而其东岸却不然。澳门港口的水深 4 米多，而香港的维多利亚港湾平均水深 12 米多，这为香港超越澳门成为国际贸易和金融中心提供了基础性的条件。伶仃洋大桥建成后，受益的首先是珠海，还有中山市等。澳门虽也在其中，但相对于珠海来讲，就逊色多了。这样一来，澳门的发展机会就有可能不及珠海，相对于珠海而言会被边缘化。

6.2　互补性、干预机会和可转移性

在经济地理学上，把像珠江三角洲地区这样的人员、物资和信息与香港的交流，以及承载这些交流的设施或工具的现象称作空间联系。任何两个地方之间的空间联系都有可能受到其他地方的影响。所以当有众多的地方时，它们之间的空间联系会彼此影响，称作空间相互作用或空间互动。

空间联系和相互作用的表现每天都能够被观察到。最普通的，城市里市民每天的上下班和购物、学生上学和去幼儿园——在交通状况不好的情况下，拥挤和堵塞很可能使人窝火。乡下人赶集和商人进城做买卖，长距离的交通包括观光旅游、商务旅行等，在地理学家来看也是一种空间相互作用。还有往来于国内各个城市或地区之间的车船，以及在海洋上的货轮和穿梭于各国家之间的航班。经济地理学家更关心的是：为什么会发生这些现象，它们在地理空间上移动量的大小如何决定？一个地方与另一个地方发生交通联系会对其他地方之间的这种联系产生什么影响？

解释、测算和预测这些相互作用具有重要意义。在都市区，交通状况的改善不仅要从交通设施着手——比如改善交通信号系统、修建立交桥和行人过街天桥，而且要从产生交通流的城市各个功能区的合理空间配置来考虑。港口的建设和区域布局不仅要考察港口的筑港条件、航行条件和停泊条件，货流的大小和流向也是重要的建设依据。

在 20 世纪中叶，乌曼（E. Ullman）对空间相互作用发生的基础进行了概括：即互补性、干扰机会和可转移性（Ullman，1957）。互补性是一种空间的供求关

系。比如上海、北京和杭州需要能源，当地的资源不足以满足其需要，而山西、陕西和内蒙古具有较丰富的煤炭，可以为上海和北京以及杭州供应这种能源。于是这三个大城市就与这三个能源地构成了一种地理上的供求关系，用厄尔曼的术语称之为互补性。另一个例子，北京和天津需要蔬菜，而河北具有供应更多蔬菜的能力，北京、天津与河北就在蔬菜供求方面构成了互补性。在工业品的消费和生产方面，地区之间的比较优势和生产的规模优势则是其互补性的基础。地区的比较优势产生于该地具有某种相对丰富的资源，比如矿产、劳动或技术，并且用这些较丰富的资源生产那些对这些资源要求较多投入的产品，进而使其产品具有较低的生产成本。比如印度具有较丰富的劳动资源，同时具有生产计算机软件的较丰富的智力资源，因此印度在生产劳动密集型产品以及计算机软件产品上具有相对优势，与美国和欧洲相比较形成了其比较优势。这样，印度在劳动密集型产品和计算机软件上与美国和欧洲具有互补性。在汽车生产方面，长春的一汽集团在生产汽车方面由于流水线作业具有规模优势，多生产小轿车其平均生产成本不会上升反而会下降，原因在于一次性的设备投入很多，如果需要增加产量只需增加一些劳动投入，而不必再增加设备投入，这称作规模优势。

可转移性指两地之间存在转移物资的基础设施——即两地之间为基础设施所连接，同时转移成本不高于从互补性中所获取的利益。在大秦铁路线还没有修通之前，晋、陕北部和内蒙古西部的煤炭，采用汽车运输其成本很高，通过铁路又受到其运力的影响，从而限制了这些地区煤炭的市场。大秦铁路通车后降低了煤炭运输成本，尤其是在到达秦皇岛港后可利用廉价的海运，运往中国南部沿海或出口。针对可转移性，经济地理学家提出了形态效用（form utility）和地点效用（place utility）的概念。形态效用指物质由于形态所具有的价值。比如铁矿砂被采挖和冶炼，冶炼后经加工成为各种钢材或继续制成各种零配件或产品，都因改变了其形态（包括组成元素的变化），铁矿石的价值在不断地增加。但是，只在当地消费的铁矿砂，它的价值就只拘囿于地方性需求。交通运输打开了铁矿砂的销售范围，扩大了其需求量，增加了铁矿砂的价值，这个增加的部分称作地点效用。所以地点效用是由于需求增加所引起产品效用的增加，只不过它产生于需求地域范围的扩大。地点效用的概念也适用于服务产品，比如风景区、名胜和博物馆等，可以与前述的相类比。

干预机会指影响两地之间的互补性成为现实的空间相互作用的其他地点的多少及其影响力，这些地点可以是供应点，也可以是需求点。比如晋陕蒙的煤炭与上海、杭州具有潜在的供需关系，从可转移性上来讲也是可行的。但是鲁西南煤田就是实现晋陕蒙与沪杭之间煤炭运输的一个干扰机会。此外，由于海上运输技术的发展，中东的石油是上述煤炭运输的另一个干扰机会。显然，从需求一方看，北京与天津也是上述情景中的干预机会。斯托佛（A. Stouffer）在 20 世纪的 40 年代就注意到了人口迁移中的这个现象，并给予了概括。他指出："距离与移动性之间没有必然的联系，但是出行至某一给定距离上的人数与那个距离上的机会直接成正比，而与起讫点之间的干预机会成反比。"不难看出，斯托佛强调干预机会的重要性。可是他的陈述中也暗示了距离的作用，否则，如果没有远近之分，如何确定谁是干预机会？

采用经济地理学的术语，香港与珠江口西岸存在互补性。香港是贸易、航运和金融中心，珠江口西岸的珠海、中山等城市具有发展加工出口工业的比较优势，需要香港的航运业支持，需要香港的信息和资金支持。这样，香港与珠海、中山等城市具有供需潜力。可是仅仅靠轮渡，交通时间长；经陆地上货运需绕行。用经济地理学的术语，人员与物资的可转移性差。如若建设伶仃洋大桥，显然改善了珠江口西岸与香港之间的可转移性。可是，从该大桥方案来看，珠海的地理位置更优越，对澳门来说是一个至关重要的干预机会。当然，澳门也是珠海与香港的一个干预机会，但是其作用相比较小。

港珠澳大桥方案照顾到了澳门的要求，"Y"字形大桥使得珠海和澳门与香港之间在可转移性上，其机会大致均等。

6.3 空间互动的一个简例

从珠江口东岸看，除了香港外，深圳还有良好的深水港，比如盐田港。在西岸，除了澳门与珠海外，港珠澳大桥的建成，中山市等城市也具有了更好的发展机会。概括地讲，珠江口两岸出现了多个具有互补性的地方，城市之间的空间联系增多，干扰机会也增加，空间相互作用将如何进行？下面通过一个简单的例子说明最小成本原理与地价如何起作用。

假设在一个城市中有三个工作地，同时也有三个居住地，它们所具有的工作机会数和居住机会数已经确定，同时假定这些工作机会和居住机会没有差异，如表 6-1 所示。从工作地到居住地在一年之中的交通成本也表示在表 6-1 的里面。用前面的术语说，三个居住地与三个工作地之间具有互补性；居住地与工作地之间的通勤成本表示可转移性；对于任何一个工作地而言，其他两个工作地是它的两个潜在干预机会；居住地亦然。问题是：在每个人的工作地已定的前提下，他们的居住地将如何被选定？显然，居住地一旦选定，从居住地到工作地之间的通勤关系也就被决定了。

表 6-1 工作、居住机会和通勤成本

	工作地（1）	工作地（2）	工作地（3）	居住机会数
居住地（1）	19	24	30	3000
居住地（2）	17	20	11	1000
居住地（3）	16	10	20	1000
工作机会数	1000	2000	2000	5000

一个合理的假定是，个人应到最有利的地方去居住。假设每个工人对每个居住机会的支付意愿为40单位，在仅仅考虑交通成本的情况下，支付意愿减去交通成本的剩余可以看作工人选择居住地的判据。从这三个工作地分别到三个居住地的剩余出现在表6-2中“剩余”所对应的列中。依据上面的假定，个人应到剩余最大的地方去居住。按照这个假定得出的工作—居住分布表示在表6-2“交通量”对应的列中。

表 6-2 工作、居住和通勤

	工作地（1）		工作地（2）		工作地（3）		加价	居住机会数
	剩余	交通量	剩余	交通量	剩余	交通量		
居住地（1）	21		16		10		0	3000
居住地（2）	23		20		29	2000	0	1000
居住地（3）	24	1000	30	2000	20		0	1000
工作机会数	1000		2000		2000		5000	

从表6-2看出：工作地（1）、（2）与居住地（3）实现了互补，同时工作地（1）与工作地（2）都关联着居住地（3），互为干预机会。工作地（3）和居住地（2）实现了互补。可是，居住地（3）和居住地（2）的居住机会不能满足要求，而居住地（1）的居住机会有剩余。一个合理的办法是，应该提高在这两个居住地的每个居住机会的代价——地租，这里称为“加价”。显然，在开始假定了起初各居住地“加价”统一为零（表6-2）。

从表6-2能够看出：给居住地（2）每一个居住机会加价9个单位可以使工作地（3）在居住地（2）与（3）的利益持平，在居住地（3）加价10个单位可以使工作地（2）到居住地（3）与（2）的利益持平。调整后的工作-居住分布如表6-3所示。

表 6-3 工作、居住和通勤

	工作地（1）		工作地（2）		工作地（3）		加价	居住机会数
	剩余	交通量	剩余	交通量	剩余	交通量		
居住地（1）	21	1000	16		10		0	3000
居住地（2）	14		11		20	2000	9	1000
居住地（3）	14		20	2000	10		10	1000
工作机会数	1000		2000		2000		5000	

表 6-3 的情形仍旧不能满足要求——工作地（2）和（3）的工作机会还没有全部找到合理的居住机会。照前，将（2）和（3）这两个居住地的每一个居住机会分别加价 10 个单位和 4 个单位，以调整在这两个居住地的利益。调整后的“加价”、剩余和交通分布——即工作—居住分布如表 6-4 所示①。在表 6-4 中，居住地（1）与工作地（1）、（2）、（3）具有通勤关系，工作地（2）与居住地（3），工作地（3）与居住地（2）也分别实现了通勤关系。

表 6-4 工作、居住和通勤

	工作地（1）		工作地（2）		工作地（3）		加价	居住机会数
	剩余	交通量	剩余	交通量	剩余	交通量		
居住地（1）	21	1000	16	1000	10	1000	0	3000
居住地（2）	4		1		10	1000	19	1000
居住地（3）	10		16	1000	6		14	1000
工作机会数	1000		2000		2000		5000	

在这个例子中，根据个人对每个居住机会的支付意愿为 40 的假设，所有的工作地与所有的居住地之间均具有互补性和转移性。另外，本例中的加价实际上是地点效用（或价值）的体现。在这里如果交通成本很高，超出了 40 个单位的价值，这三个居住地就没有了居住需求。在交通成本较低的情况下，由于三个工作地与三个居住地之间的交通成本不同，具体地来讲，工作地（2）和居住地（3）较接近，工作地（3）与居住地（2）较接近，如果不加价，它们的需求量较大，超出了供给量，所以具有加价的地点效用优势，进而言之，地点效用产生

① 在满足居住机会和工作机会约束的前提下，按照上面的办法获得的交通流分布使得总的交通成本达到了最小（见朱德威和梁进社，1986）。所以，表 6-4 就是一个总的交通成本最小的居住—就业空间联系配置。

于地方需求在地理空间上的相对位置。

上述例子表现的互补性、干预机会、可转移性之间的相互作用机制有一个很好的应用。

20 世纪 80 年代中期，中国面临开发陕北和蒙南的煤炭资源，比如神木和准格尔煤田（图 6-2）。这两处的煤炭，其发热量在 6kcal/kg 以上，为露天开采，开发成本也较低。中国的煤炭市场主要在沿海一带，尤其是在东南沿海和沿长江一带，需要来自北方的资源。可是，当时在山西的大同、阳泉、潞安，以及陕西的渭北煤田，其区位条件都比神木的要好。问题是：神木和准格尔煤田是否具有开发价值？或者，这两处的煤炭是否具有竞争力？

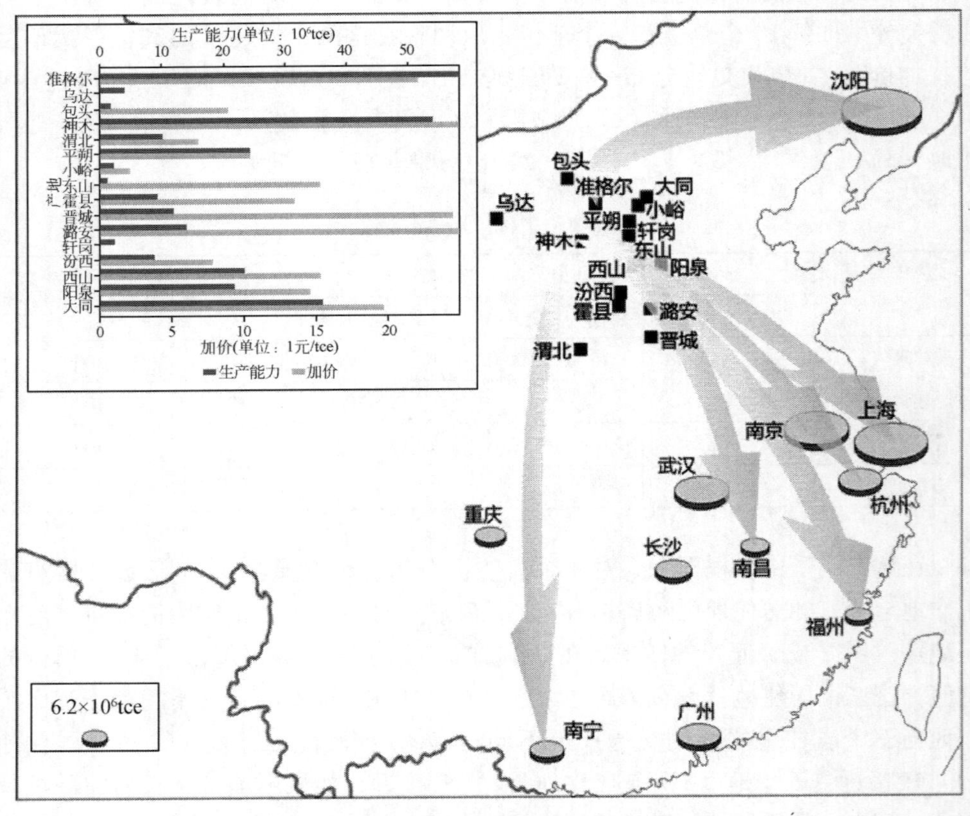

图 6-2　神木煤田开发形势图

资料来源：根据（朱德威和梁进社，1986）绘制

为了构造合理的评判框架，第一，测算中国缺煤城市沈阳和中国南方重要缺煤城市的煤炭需要量，并按照 6kcal/kg 折算成标准煤（图 6-2，用圆饼表示）。

第二，选择中国北方具有竞争力的 16 个煤田参与供给，以它们的生产能力作为供给量（图 6-2 左上角深色线），同时按照 6kcal/kg 折算，以具有可比性。第三，测算单位煤炭的运输成本，也按照这个标准单位进行折算——运送 1t 发热量为 4kcal/kg 的煤炭，按照等效原则，其运输成本相当于发热量为 8kcal/kg 的两倍。第四，把生产成本加入到运输成本之中——每一煤田到任何一个煤炭需求点的标准吨煤运输成本加上其标准吨煤生产成本。

按照前面的空间互动机制进行运算，可以得到一个煤炭生产和运输的方案。重要的是，像前面提交的例子一样，在各个煤田包含有一个煤炭加价，表现该处的煤炭竞争力（见图 6-2 左上角浅色线）。神木煤田的煤炭加价约为 25 元/tce，准格尔的约为 22 元/tce，在这些煤田中分别位居第二和第四，具有很强的竞争力。从图 6–2 还可以看出，由于优质煤的缘故，神木煤田的煤炭适宜于销售到较远的南宁、上海、杭州、福州和南昌。

6.4 重力模型

在 6.3 节的例子中，假设了工人对每一个居住地的支付意愿相同，均为 40 个单位圆。事实上，不同的个人对居住地的支付意愿是不同的，并且这个支付意愿还具有随机性。比如要购买一处三居室的商品房，有人去看房子，随着不断的了解，他的支付意愿是会变化的。即使在做了很多的调查后，个人对房子的价值判断仍旧具有不确定性。这些不确定性不仅仅来自于房屋的结构和建筑材料等，还与居住区的环境、区位和交通状况紧密相关。看起来由于随机性的存在会使问题变得很复杂，但是从统计的观点来看事情会变得简单一些，并且能够产生出形如物理学上重力公式那样的空间相互作用模型来。

6.4.1 一般化的重力模型

像在前面的例子中一样，考虑一组数目为 O_i 的人群，他们之间无差别，已经找到了工作，在 i 处，希望在不改变工作地点的情况下确定居住地。显然，一旦确定了在 i 处的工作者的居住地，与此处相关联的通勤也就确定了。

从统计学上讲，不管每个人的支付意愿分布如何，但是在人数众多的情况下——比如 100 人以上，这些人的支付意愿的平均值接近于正态分布（图 6-3），这是一个十分重要的统计学上的结论。这个平均的支付意愿可以认为是一个有代表性的工人所具有的。

在图 6-3 中，假设范围在 1 ~ 9 的平均支付意愿，对于每一个平均支付意愿都对应一个数值，称作概率密度值。支付意愿的任何一个小的区间——比如 3 ~ 4——对应的密度曲线所覆盖的面积，就是支付意愿在这个区间发生的可能性，它的大小是一个正的百分数。这个支付意愿的区间可以很小，比如说 3. 1 ~ 3. 2。当它足够小时，这个百分数就可以认为是支付意愿在某一数值附近发生的可能性。图 6-3所示的正态分布，在 1 ~ 9 这些值的中位数 5 处，其概率密度值最大，向两边，密度值越来越小。很多事情都遵从这样的分布。比如用一把尺子测量一条绳子，在测量 100 次以后，把每次测量的结果分成 20 个等份区间，计量每一区间对应的测量次数所占的比重，然后把这些比重与其对应的区间标在图上，很可能就出现形如图 6-3 那样的情况。对房屋的评价和用尺子测量绳子十分地相近。

用 ξ 表示这群人居住在 j 处而产生的效用平均值，即典型代表的支付意愿。从工作地 i 到居住地 j 的距离越大，消费者所得的剩余越小，因此，$(\xi-\alpha d_{ij}-v_j)$ 就反映了居住在 j 处所得的净效用的情况——式中的 v_j 代表 j 处的加价或相对地租，d_{ij}是从 i 到 j 的距离，α 是一参数，它把距离折算成价值。从 6. 3 的介绍能够看出，支付意愿被分为三个部分：交通支付、加价和剩余。在这三项中，第一项交通支付是外定的，第二项加价是由于竞争区位而产生的（即内生），第三项剩余则是在前两项被决定后才产生的（内生）。另外，剩余是这个典型代表在所有居住地的剩余中的最大值。所以，可以假设一旦剩余数超过最大净效用水平 u_i，住房的位置就确定了，即一旦下式：

$$\xi-\alpha d_{ij}-v_j \geqslant u_i \text{或} \xi \geqslant \alpha d_{ij}+v_j+u_i \tag{6-1}$$

成立，就可以认定消费者在 j 处居住下来了。

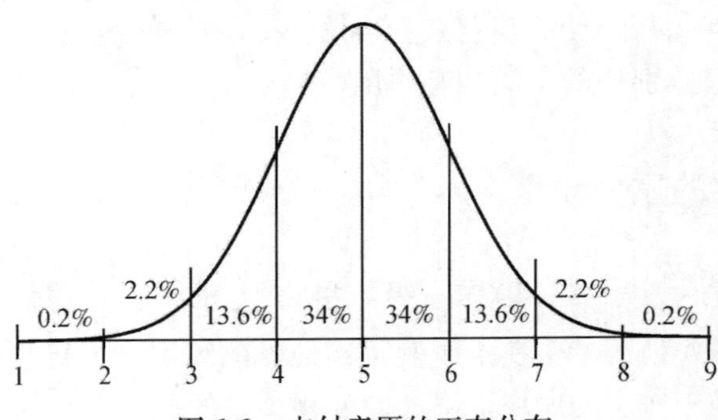

图 6-3　支付意愿的正态分布

需要提醒的是，由于支付意愿具有随机性，工人对所有居住地的支付意愿都可能超过（$\alpha d_{ij}+v_j+u_i$），区别是在不同的居住地其发生的可能性不同，如图 6-3 所示。对不同的居住地而言，一个已定的工作地与各个居住地交通距离不同，会影响这个值的大小，进而影响选择在该地居住的可能性。（$\xi \geqslant \alpha d_{ij}+v_j+u_i$）发生的可能性或概率就反映了工作在 i 处的人居住在 j 处的可能性，在图 6-3 中，这个可能性就是从某一支付意愿 ξ 向右的部分对应的曲线下的面积。ξ 越大，这个面积越小。不难理解，这个可能性与 i 地工作人数之乘积，就是对应的工作地与居住地之间的通勤人数（用 T_{ij} 表示）的期望值。按照这个思路，经过一些数学变换，可以获得如下关系式：

$$T_{ij} = A_i B_j O_i D_j \mathrm{e}^{-\beta d_{ij}} \tag{6-2}$$

其中，O_i 是 i 处的工作机会数，D_j 是 j 处的居住机会数。A_i 和 B_j 是两个平衡参数：

$$A_i = \frac{1}{\sum_j B_j D_j e^{-\beta d_{ij}}} \tag{6-3}$$

$$B_j = \frac{1}{\sum_i A_i O_i e^{-\beta d_{ij}}} \tag{6-4}$$

$$\beta = 1.6\alpha \div \sigma_i$$

$$\sum_i O_i = \sum_j D_j$$

这两个平衡参数越小，表明它们对应的工作地或居住地越具有竞争力——即它们越小，分别对应的 v_j 和 u_i 越大（梁进社等，2007）。工人对某一居住地的支付意愿的差别越大——σ_i（为正态分布的标准差）越大——该居住地对个人的吸引力越小。但是 σ_i 越大，β 越大，工人对距离的敏感性越小，到远距离居住的人数增加；相反，则敏感性越强，即到近距离居住的人数增加①。

从式（6-2）~（6-4）的两个因子 A_i 和 B_j 的表达式能够看出，它们互相包含，所以这三个式子所表达的是一个相互影响的空间系统。

式（6-2）有两个重要的特性：一是右边的乘积关系，二是两地间的相互作用量与它们之间的距离成反比，而与其人口或经济规模成正比的关系，这十分类似于重力公式。在 19 世纪的后半叶，雷文斯坦因（E. G. Ravenstein）就已经系统地概括了地区的引力和斥力、地区之间的距离以及交通运输的改善在人口迁移过程中的作用。大量的事实也说明了重力公式对经济或人文现象表达的有效性，得到了很多应用；随后引发了从理论上对其合理性的推导。在经济地理学上，凡是符合上述两个特性的空间模型就可以称作重力模型，一般地，被写成下面的形式：

$$I_{\mathrm{ab}} = k\,\frac{M_{\mathrm{a}} M_{\mathrm{b}}}{d_{\mathrm{ab}}^{\alpha}} \tag{6-5}$$

① 当 σ 趋于 0 时，β 趋于无穷，总的交通成本趋于最小（梁进社等，2007）。

其中，I_{ab}表示 a 与 b 两地的相互作用量，比如货流量或客流量；M_a 和 M_b 分别表示两地的推力或拉力的大小，比如对客流量来讲是人口总量，对货流量来讲是经济总量；d_{ab}表示两地间的距离，k 和 α 是两个参数。

在物资交流方面，重力模型在 21 世纪中叶就被用于建立计量模型以考察国际贸易流的地理格局，但是如何解释并没有获得实质性的进展。自从 20 世纪 80 年代以来，从贸易理论发展而来的所谓新经济地理学，关注空间相互作用发生的基础之一——互补性中的规模经济的作用，进而构成了对重力模型在商品运输上的一个解释，与前两节关心人的交通流的模型形成了互补。

在世界经济发展的大背景下，从生产上看，产品的种类在增加，并且同一种产品呈现差异化发展。从消费上看，随着国家或区域的人均收入的提高，加上世界人口稳步增长因素，整个世界的市场规模在增加，提高了对产品的多样性和差异性的需求。所以，国际和区际贸易的一个重要的特征是：一个变异品只在一个地方生产，一个区域生产多种变异品，未生产的其他的变异品从其他区域进口——即属于同一种类的商品的众多变异品在不同区域生产的国际或区际贸易模式。在这种贸易模式下，区域的规模越大，它生产的变异品的数量越大，同时它消费其他区域的变异品的数量也就越大，构成了对空间相互作用模型的一个有力的说明——即两地间的贸易量与它们的经济总量成正比。在对待距离的摩擦作用上，以往的研究认为它增加商品成本。可是新经济地理学采取了经济学家萨缪尔森（P. Samuelson）的方法，认为交通距离产生成本的作用等价于商品在运输过程中价值的减少——像冰山一样，在搬运过程中由于融化其质量在变小。如果一个变异品在其产地的单位价值为 V，从产地到销地的运输距离为 d，可以设想，Vd^{-b}可以看成这个变异品的 1 个单位在销地的相当价值或当量系数。而两地间的贸易量乘以产品的这个当量系数——它随距离的增加而减少，可得两地之间贸易的价值量。这样一来就获得了从贸易上对传统的重力模型的解释。

6.4.2 重力模型的一些应用

重力模型其形式简捷，对空间互动现象具有高度概括性。从这个简单的形式出发，可衍生出很多模型以概括和分析更多的现象。

1. 市场区划分

城市或区域中的商业中心之间是存在竞争的，它们出售的商品或提供的服务，尽管具有差异但更明显的是具有替代性。居民可能会光顾各个中心，但以某一个为主。在北京，位于西单附近的居民大部分把西单作为他们的购物中心；同样，位于王府井附近的居民大部分把王府井作为他们的购物中心。一个有意义的问题是：王府井与西单的市场分界线在何处？进一步的问题是北京所有购物中心的市场分界线如何划分？不难想象，合理的市场分界点应该是在两者联线上具有相等营业量的地方。显然其结果对于北京的商业网点规划和配置具有很好的参考价值。

设有相邻两商店或商业中心 A、B，具有不同规模 S_A 和 S_B，M_C 表示某一居住区的人口规模。根据（6-5）式（取 $\alpha=2$）：

$$T_{AC} = k\frac{S_A M_C}{D_{AC}^2},$$

$$T_{BC} = k\frac{S_B M_C}{D_{BC}^2}$$

T 表示营业额，D 表示距离。从 $T_{AC}=T_{BC}$ 能够得到：

$$\frac{S_A}{S_B} = \left(\frac{D_{AC}}{D_{BC}}\right)^2$$

注意到：$D_{BC}=(D_{AB}-D_{AC})$，从上式就能够求得：

$$D_{AC} = \frac{D_{AB}}{1+\sqrt{\frac{S_B}{S_A}}} \tag{6-6}$$

这就是在零售区的研究上著名的断裂点公式，由赖利（W. J. Reilly）于 1929 年和 1931 年提出。图 6-4 是美国新墨西哥大学政府研究部所作的新墨西哥州县政府所在地的市场多边形，是依据上面的断裂点公式完成的。新墨西哥大学政府研究部还发展了相关的研究，读者可以在该大学的网站上获取他们的研究成果。

2. 国际贸易和人口迁移

重力模型应用于市场区划分的一个重要前提，是空间不为行政边界所妨碍。可是在国际贸易、国家间的人口迁移上，政区引起的政治、文化和历史诸等因素往往具有不可忽视的影响。在这种情境下，重力模型是否可以派上用途？答案是肯定的。

像式（6-5）那样的重力模型可以改写成下面的形式：

$$I_{ab} = k\frac{M_a M_b}{d_{ab}^{\alpha}}e^{\lambda x}e^{\mu y}$$

其中的 λ 和 μ 为参数。x 和 y 均可分别取 0 和 1，比如假如两国语言相同，就取值 1，否则为 0。对上式取对数，变成

$$\ln I_{ab} = \ln k + \ln M_a + \ln M_b - \alpha \ln d_{ab} + \lambda x + \mu y \tag{6-7}$$

为重力模型涉及具有空间障碍问题时的一个变形，被广泛地应用于国际贸易

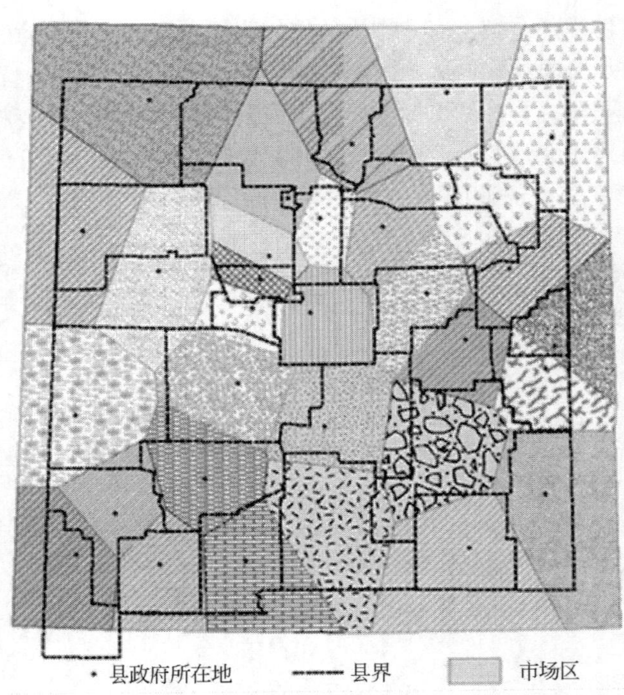

图 6-4 美国新墨西哥州县政府所在地的市场多边形

和国际人口迁移。当 x 为 1 时，λ 表示语言相同对贸易的贡献，否则，x 取 0，贡献为 0。不难看出，虽然添加了一些变量，但重力模型的确提供了一个有用的框架。

在 20 世纪的 60 年代，应用重力模型来研究国际贸易的文献就已经出现了，诺贝尔经济学奖金获得者 J. 丁伯根是这一领域的代表人物。自新贸易理论和新经济地理学出现后，相关文献层出不穷。大多数研究除了考虑距离和经济总量的影响外，还引入了自由贸易区、经济共同体、国家相邻等，都是以 0 和 1 这两个称作虚拟变量的形式被纳入模型的。类似于国际贸易，在国际人口迁移研究的应用中也加入了已经生活在迁入国的原迁出国的人口数、迁出国人力资本水平、国家之间是否相邻、是否具有相同的语言、是否有过殖民历史等因素。研究证明，模型通过了显著性检验，具有很强的解释力。

6.5 产业—空间模型：地区间贸易流量估算

过去几十年来大量的地区间贸易流量估算工作都是基于重力模型或者是对重力模型进行改进（如 Black，1972）。但是，传统重力模型用于估算地区间不同产业的流量时所具有的缺陷，一直被忽视了。一方面，由于不同的产业具有不同的投入产出特性，因而会表现出从“相互排斥”到“相互补充”的渐变的产业竞争与合作特性（竞合特性）。例如，对于煤炭开采部门来说，如果两个相邻地区的煤炭开采量都很大，这两个地区之间煤炭交流量大的机会一定很低。但对于通信设备制造部门来说，两个相邻地区的产量都很大，则他们之间该行业的交流机会可能很高。产业部门划分越细，这种产业特性就越明显。因此，在运用引力模型估算区域间产业流量时，必须考虑不同产业的这种竞合特征（刘卫东等，2012）。

这其实涉及跨地区的产业内贸易活动。传统的贸易理论如李嘉图的比较优势理论以及要素禀赋理论（H-O-S 原理）对产业间贸易现象做出了合理的解释。随着经济地理学的发展，一方面，经济全球化已经成为区域空间格局演变的重要驱动因素之一，区域间经济联系越来越紧密。随着经济全球化的不断加深，区域分工逐渐由产业间分工向产业内甚至产品内分工演化，区域间经济联系不仅表现在不同产业之间，也同样表现在相同产业的彼此合作。另一方面，地方产业集群越来越成为区域经济增长的主要形式。地方产业集群的形成与产业内分工的出现是紧密相连的，可以说地方产业集群既是经济全球化的结果，又是地方对经济全球化的响应。上述两种力量的交织使得产业内贸易成为当今经济社会中十分普遍的现象，即要素禀赋相似的国家之间相同或相似产品的贸易越来越多。

因此，在经济全球化和地方化不断交织的趋势下，相同产业之间的关系不仅仅表现在相互竞争上，同时也表现在相互合作上。对于不同产业来讲，可能存在不同的竞争与合作关系。有的产业，如农业、食品制造、纺织等，产业链条较短，区域间可能更多的是竞争关系，而对于有的产业，如机械、化工等，产业链条较长，区域间可能更多的是合作关系。因此，在对区域间经济联系进行模拟，特别是对区域间产业联系进行模拟时，如果不考虑区域之间的这种竞争与合作关系，模拟效果必然受到影响。

6.5.1 同业影响系数

对于不同产业来讲，可能存在不同的竞争与合作关系。有的产业，如农业、食品制造、纺织等，产业链条较短，区域间可能更多的是竞争关系，而对于有的产业，如机械、化工等，产业链条较长，区域间可能更多的是合作关系。因此，为了反映区域间的竞争与合作关系，需引入同业影响概念，即区域间相同产业的彼此影响。以区域间贸易流量的模拟为例，如果两个区域的主导产业相同，则这两个区域必然存在一定的同业竞争与合作关系。同业影响系数公式如下：

$$\begin{cases} c_i^{gh} = \dfrac{\mu_i^g + \mu_i^h}{|\mu_i^g - \mu_i^h| + \min\limits_{r=1,2\cdots n} u_i^r} & g \neq h \\ c_i^{gh} = 1 & g = h \end{cases} \tag{6-8}$$

其中，μ_i^g 和 μ_i^h 分别表示 g 地区和 h 地区 i 部门的区位熵，表示 n 表示地区数量。同业影响因子表示如果两个区域 i 部门的区位熵都很大，则存在较强的同业影响；区位熵都很小时，则存在较弱的同业影响。由上述公式可知，当 g≠h 时，$c_i^{gh}>1$，且数值越大，表示同业影响越大。当 g=h 时，$c_i^{gh}=1$，即区域自身与自身不存在同业影响问题。

6.5.2　同业影响指数

为了定量刻画产业间竞争与合作关系，需引入了同业影响指数的概念。这里假设如果一个行业的总产出中用于自身中间投入的比重较大，则具有同业合作关系，用公式表示为

$$\theta_i = \bar{\delta} - \delta_i \tag{6-9}$$

其中，θ_i 表示 i 行业同业影响指数，δ_i 表示 i 行业总产出中用于自身中间投入的比重，$\bar{\delta}$ 为 δ_i 的平均值。θ_i 为正值则表示 i 行业具有同业竞争关系，且数值越大表示同业竞争越大，θ_i 为负值则表示 i 行业具有同业合作关系，且数值越小表示同业合作越小。以农业为例，根据 2007 年全国投入产出表可计算农业自身使用系数为 0.1407，而全国平均的自身使用系数为 0.1628，则农业的同业影响指数为 0.0222，反映了农业具有一定程度的同业竞争关系。

6.5.3　产业—空间模型

令 $\hat{Y}$ 为 i 部门区域间贸易流量的地理加权回归模拟值，则产业—空间模型表达如下：

$$Y' = \frac{\hat{Y}}{(c_i^{gh})^{\theta_i}} \tag{6-10}$$

其中，Y' 表示修正后区域间 i 部门贸易流量，当 g≠h 时，如果两区域间 i 部门同业影响系数很大，且具有同业竞争关系，则 $(c_i^{gh})^{\theta_i}>1$，即 $Y'<\hat{Y}$，区域间贸易量会相应减少；如果两区域间 i 部门同业影响系数很大，且具有同业合作关系，则 $0<(c_i^{gh})^{\theta_i}<1$，即 $Y'>\hat{Y}$，区域间贸易量会相应增加；如果两区域间 i 部门同业影响系数

很小，即 c_i^{gh} 接近于1，则不管 θ_i 为正还是为负，$(c_i^{gh})^{\theta_i}$ 都接近于1，Y' 与 $\hat{Y}$ 也都基本不变；当 g=h 时，$c_i^{gh}=1$，$(c_i^{gh})^{\theta_i}=1$，$Y'=\hat{Y}$，即区域自身不存在同业影响问题。

使用产业—空间模型对中国各省区市间农业贸易流量的估算见图6-5。

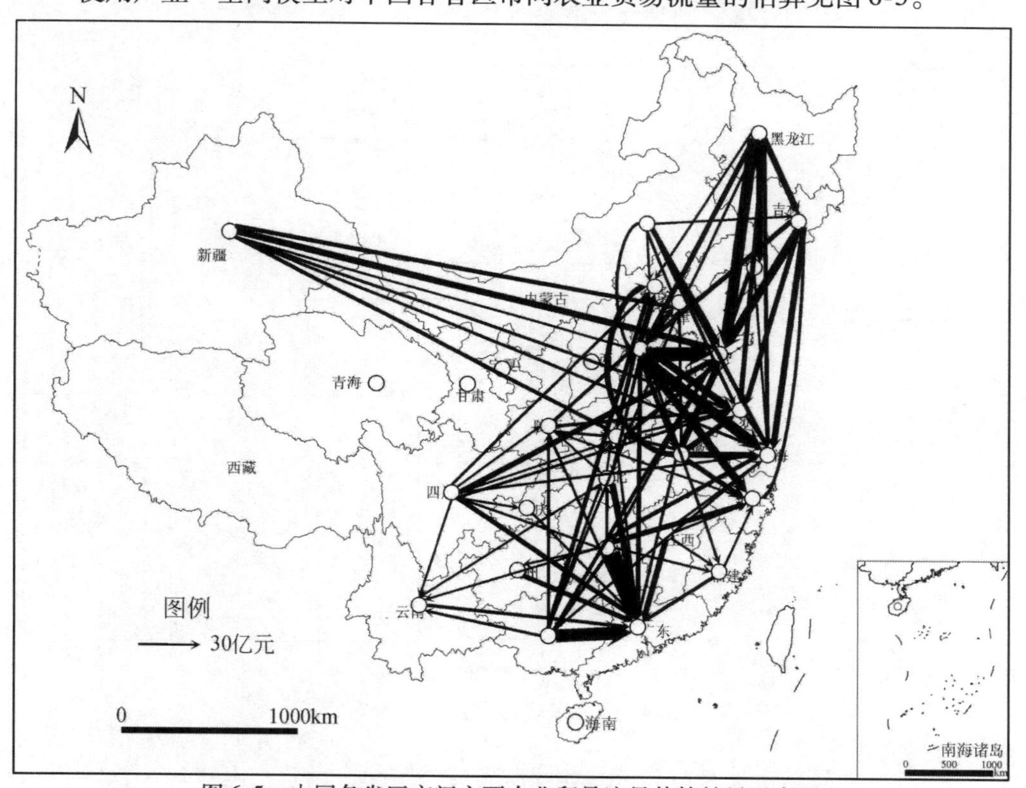

图6-5 中国各省区市间主要农业贸易流量估算结果示意图

6.6 空间组织

如果只知道两地之间的交通流量，却不知道他们如何行走，指导他们行走的基本原则是什么，那么人们还是没有掌握客货流，也不能指导交通设施、设备的配置。另外，客货流的空间行走路线和承载工具的结合——空间组织——反映经济的空间配置。

6.6.1 线形系统和“轴—辐”系统

港口之间是互有联系的。对每一个港口来讲，在与众多港口的联系中，有一个或同时几个联系是最大的，比如船舶来往最多或运量最大。图6-6就是按照这个想法把中国港口之间的最大联系绘制出来的示意图。在环渤海地区，天津、大连和青岛是众多港口最大联系的枢纽；在华东，上海是最大联系枢纽；而在南部沿海，香港、深圳和厦门则为最大联系枢纽。

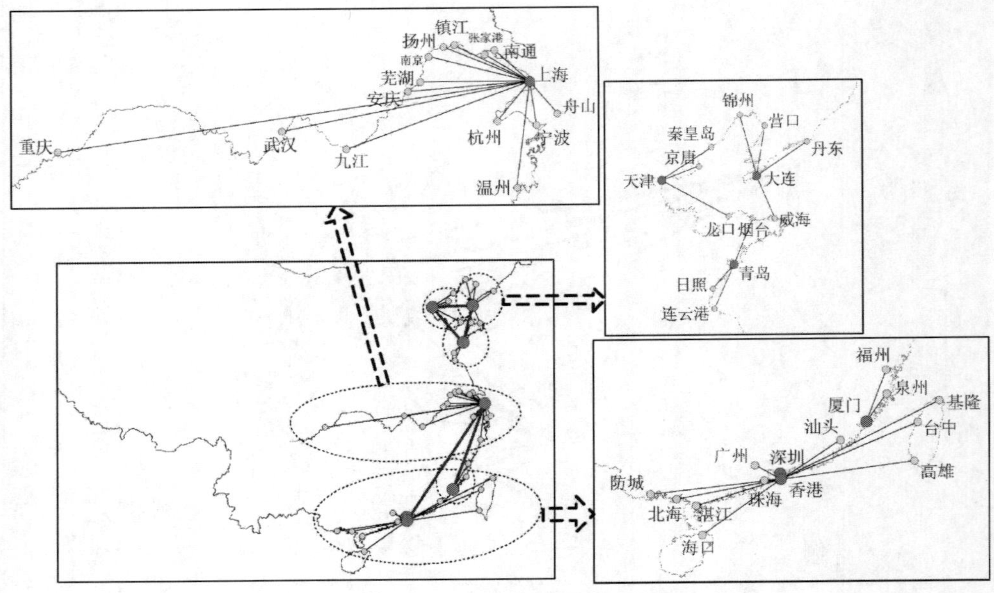

图6-6　中国港口之间的首位联系

资料来源：王成金和金凤君，2006

交通成本最小化为客户和运方共同所考虑。可是，由于交通设施一次性投入极大，单位运输成本表现出强烈的运量规模递减；进而言之，交通成本最小化必须在具有大量客货流的空间里才有可能得以实现。所以，减少经常性的支出是进行客货流空间组织的一个极其重要的原则。

可以设想广东东莞天天都有运往日本、欧洲和美国的集装箱货物，可是当日的货物不足于填满一个集装箱船。惠州、广州也有类似于东莞的情况，而把他们的货物加起来，就可以在香港或深圳装满分别去美国、日本和欧洲的集装箱船。所以香港和深圳周围有不少的小码头，他们搜集货物到位于香港和深圳的枢纽港，再由这些枢纽港用大轮船将集装箱运往世界各地，这可以极大地节约在港口上的投资，从而减少运输成本。

港口的这种空间组织也广泛地存在于铁路、航空和公路运输中，比如铁路编组站或大城市的枢纽站、枢纽机场和城市公交的主要换乘站就属于此列。

在珠江口西岸的城市境内，也有深水港，比如位于珠海境内的高栏港，现已建成生产性泊位 35 个，其中万吨级以上泊位 15 个（包括 2 个 5 万吨级集装箱泊位和 2 个 2 万吨级的多用途泊位）。可是由于高栏港的经济腹地之发达程度远不如香港的，因而与世界各地的联系也就远不及后者。因此，珠江西岸的发展迫切需要打通与香港的大容量快速通道。

另外，各类交通技术在为客货提供移动速度、舒适性（包括安全性和灵活性）上具有很大的差别，对于交通的空间组织也起着基础性的作用。像汽车，它的舒适性和速度均不如火车和飞机，但是其灵活性却高于后两者。飞机的速度更快，更适合于长途旅行，但是机场一般都较火车站距离城市中心要远，而且要经过不少的关卡，携带的物品也有较严格的管制；同时火车的运量要远大于飞机。至于轮船尤其是海轮，其装载量巨大是它的明显的优势，但是它的速度却是最慢的。这些差异性对于永远处于竞争的各种交通工具来讲，对客货流的空间组织起着经常性的作用。

专栏 6-1

位于平原地区的北京主城区，由于房屋采光，城市次干道多采用棋盘式的方格。城市主干道中放射状的则不少。对于城市快速干道，最明显的特征为环形放射状。其实，环形放射状的城市道路交通网遍布世界。比如在中国北京（图 6-7），还有上海、天津、重庆、广州等；在其他国家，如日本的东京、俄罗斯的莫斯科、美国的休斯敦和达拉斯–沃斯城、法国的巴黎、英国的伦敦、爱尔兰的都柏林等，这一特征都十分明显。可以说环形放射状的地上道路系统是现代城市的一个特征。

任何一个城市都面临着城市中心与其周围的交通联系。如果仅仅只修建一般的从内向外的放射状道路，投资少但车辆行驶慢。可是，如果修建快速道，虽速度快但投资却大。所以可采用快速道与普通道相结合的办法。但是，快速道的数目与城市的半径有关。如果城市不大，也许三四条快速道就足以了。但是当城市很大时，可能需要十几条甚至二十几条快速道。不过城市中心地域，快速道的数目不可多，否则它的空间几乎将会被交通设施所占。所以在离城市中心较远的地方，快速干道数目可多，而在较近的地方，快速道数目可少。然后，再用环形快速道连接这些放射道。如果还考虑到城市内部的其他联系，可以适当增加环形道的数目。所以，环形放射状的路面交通就成了现代城市的第一特征，而地形等因素也许可以破坏其形状，但是，它的影子总能被看到。

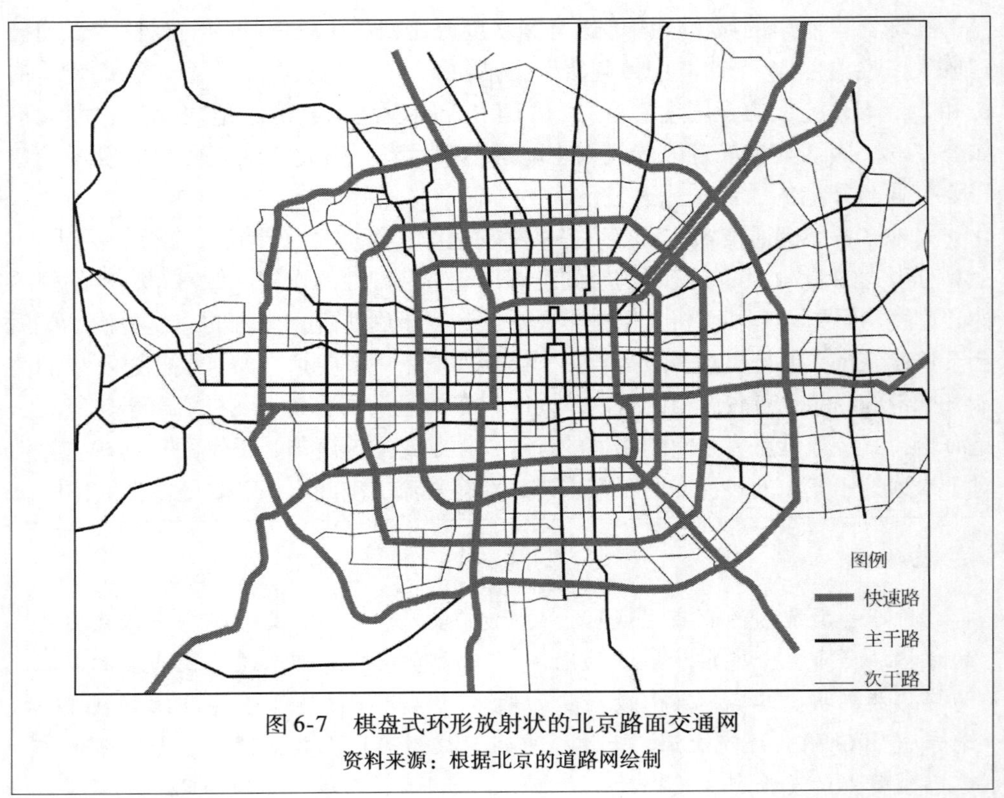

图 6-7　棋盘式环形放射状的北京路面交通网
资料来源：根据北京的道路网绘制

客货流的空间组织有两个最基本的形式：线形系统和“轴—辐”系统。线形系统是经济单位向着重要的交通线上或附近集中，也为走廊发展，这是交通设施与经济个体之间的互动引起的：一方面，经济个体接近交通线路可以减少交通距离，进而减少交通费用；另一方面，经济单位在交通线附近密集，交通量大，可以充分利用交通线的能力，也减少了交通支出，增强了经济单位之间的空间联系。像图 6-6 中的长江一线，分布着众多的城市，是中国的一条重要的经济带。世界上还有很多像长江这样的经济带，比如德国的莱茵河，分布着科隆、波恩、法兰克福这些德国的中心城市，它一直延续到荷兰，最后汇入北海，在其口岸形成世界上最有名的港口城市——鹿特丹（图 6-8）。

“轴—辐”系统最重要的特性是经济单位或交通设施围绕一个中心展开，像图 6-6 中分别围绕上海、香港和深圳、大连、青岛和天津港的港口分布图式。这种图式会引发经济从一个或几个核心点出现同心扩展。像位于德国莱茵河支流上的鲁尔地区，城市的同心扩展造成了城市之间的连片，科隆与波恩之间的也是一样（图 6-8）。

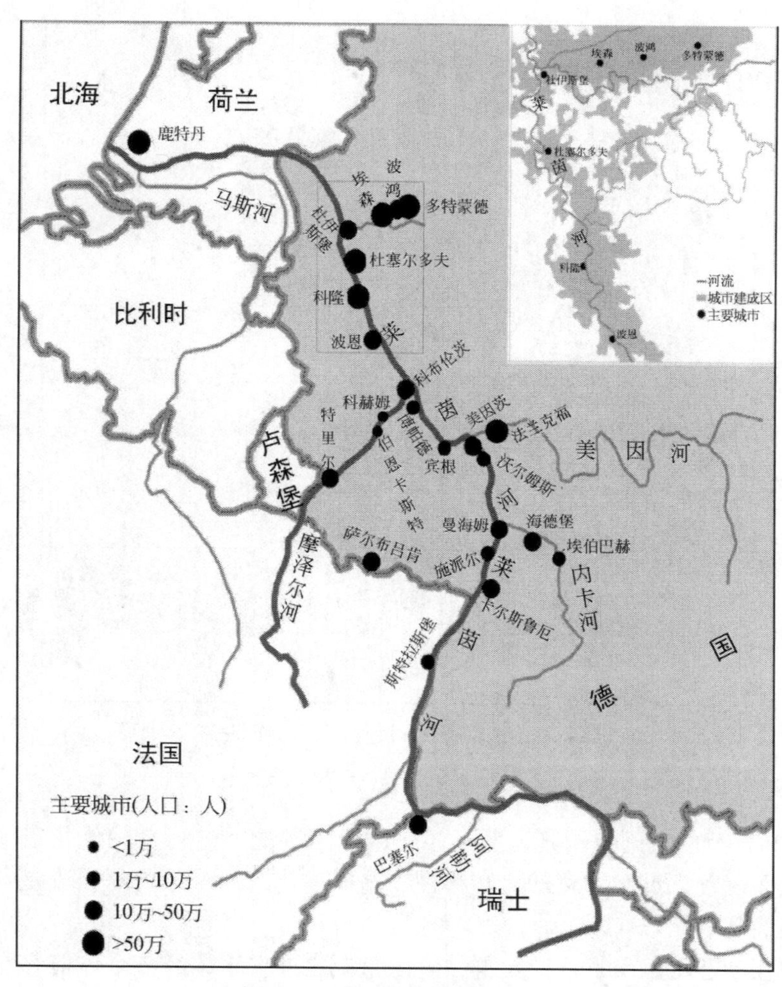

图6-8 德国莱茵河上的城市

资料来源：根据德国、荷兰和瑞士人口统计绘制

图6-9展示了芝加哥约140年来的空间发展。芝加哥港口起到了核心的作用，城市CBD紧邻密歇根湖以及其岸边的港口，两者构成了城市的中心。港口和城市发展互相促进，使城市呈现同心扩展和走廊发展，以减少交通支出。

6.6.2 产业集群

在6.2节提供的例证中，互补性、干预机会和可转移性是预先设定的，要说明的问题是不变的这些前提，在加价这个因素下，如何实现了空间互补性的一个

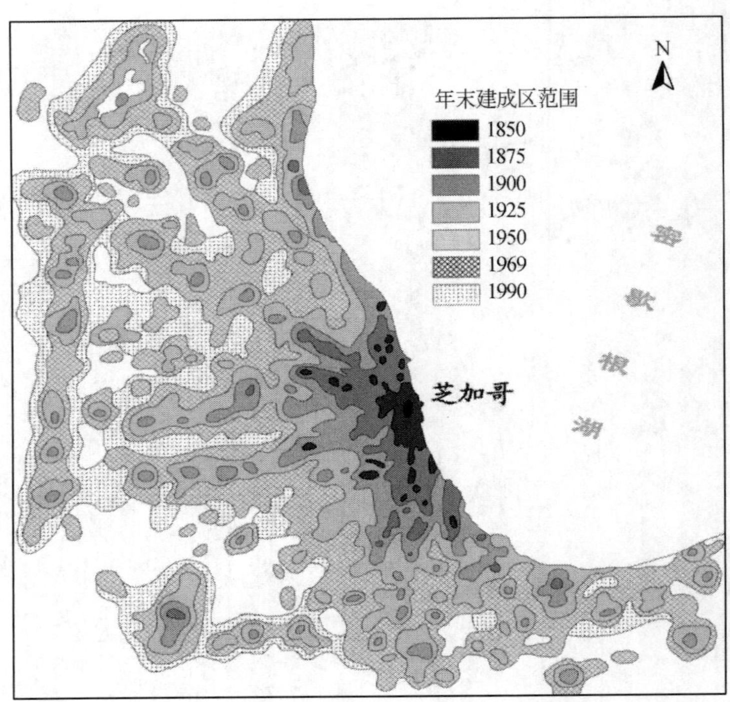

图 6-9　芝加哥的同心扩展和走廊发展

资料来源：Fellmann J D et al.，2003

均衡。6.6.1 节的空间组织则说明了，交通线站港能够进行空间优化以减少交通成本，从而改善人员和物资的可转移性。这些优化的一个重要的原则是：发挥规模和集聚经济。

空间互动还可以引发产业集群，它的重要之处在于，经济个体能够有选择性地对互补性、干扰机会和可转移性做出反应，以节约成本或获取有利的位置。

经常可以观察到的一个现象是，在城市销售同类商品的店铺积聚在一起，比如上海市南京路上的时装，北京西单至新街口的时装、五金、婚纱和乐器的集聚现象。不难想象，同类商品存在着市场竞争，用空间互动的术语说，一个商店的时装对于另一个的来讲，是一个干扰机会。直观上看，似乎商店之间的距离远一些，互相干扰小。事实上却不然，如果多个销售不同品牌的商店聚集起来，对那些分散的商店来说，其干扰作用更大，而有利于这些聚集起来的店铺。

假设消费者平均分布在一条线段 AB 上（图 6-10），每一个消费者的消费支出相同，对商品的偏好也相同，同时完全没有价格弹性。这些假设意味着这条线段上的潜在市场是均匀的。还假设消费者总能在现有的市场中找到中意的商品，没有在各个商家之间的往返选择行为。

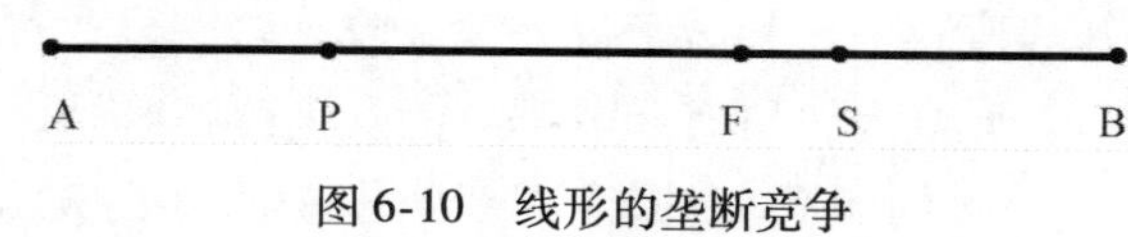

图 6-10 线形的垄断竞争

假设有两种有差异但属同类的商品，消费者对每一种选择的概率为 0.5。考虑到机会均等，先把这两种商品之一分别安排在距 A 点为（1/4）AB（P 点）和（3/4）AB（S 点）的位置，在区位上谁也不占有优势。这时，P 和 S 两点各占 1/2 的市场份额。

现在，改变前面的情景，假设 P 点经营两种商品，而 S 点仍经营一种。SB 沿线的消费者在 S 处购到商品的概率为 1/2，去 P 点购物的概率也为 1/2。显然，AP 沿线的消费者将不会到 S 处购物，而选择 P 点。PS 沿线上的消费者对 P 和 S 的选择依赖于他们相关的交通支出。

设 PS 沿线上一点 F，该处的消费者在 S 点选择到理想商品的概率为 1/2，在 P 点选择到理想商品的概率为 1。如果他先选择在 S 点购物，有两种可能：中意和不中意，各为 1/2 的概率，换言之，他去 P 点购物的概率仍为 1/2。中意之后返回，交通距离为 2FS。在不中意之后到 P 点，最后返回，交通距离为 2PS。期望的总计交通距离为 (0.5×2PF+2FS)。但是，如果这位消费者开始就选择前往 P 处，由于该处的商品全，期望的交通距离为 2PF。

取：(0.5×2PF+2FS) = 2PF

解之，得 PF = 2FS。从而获得 F 的均衡区位，它也是 P 点与 S 点的市场分界点。这时，在 P 点经营的两种商品中原有的那一种，占据的市场份额仍为 AB 的 1/2。新进入商品的市场份额包括：AP 段的 1/2 和 PF 的 1/2。S 点的市场包括：SB 的 1/2 和 FS 的 1/2。由于 AP 段的 1/2 与 SB 段的 1/2 相等，所以，对于这一种商品的市场分割的大小比较，取决于 PF 和 FS 的大小。因此，位于 P 点的占据的市场份额较大。

当有三种有差异的商品位于 P 点时，在 F 点的消费者如果先选择在 S 点购物，中意的概率为 1/3，不中意的概率为 2/3。换言之，他要去 P 点购物的概率为 2/3。这时期望的交通距离为 (2×2PF/3+2FS)。

取：(2×2PF/3+2FS) = 2PF，

解之，得 PF = 3FS。不难证明，对于上面设置的情形，当有差异的商品种类为 N 时，PF = N×FS，这表明，差异的商品类别越多，集聚点占据的市场份额越大。最终的将结果是，所有的店铺都集中于 P 点。这个例子说明，面对干预机会，经济体会调整区位，获得均等的机会。

制造业也会出现同类或联系密切的企业集聚——集群——的情景。

产业之间往往互为原料，比如电子仪表、橡胶车轮安装在汽车上，电力可能作为所有产业的投入。原则上讲所有产业都可能发生这种联系，把那些联系相对密切的用“■”表示，得到图 6-11 那样的产业联系图（这是北京的产业联系，每行每列均有对应的行业）。

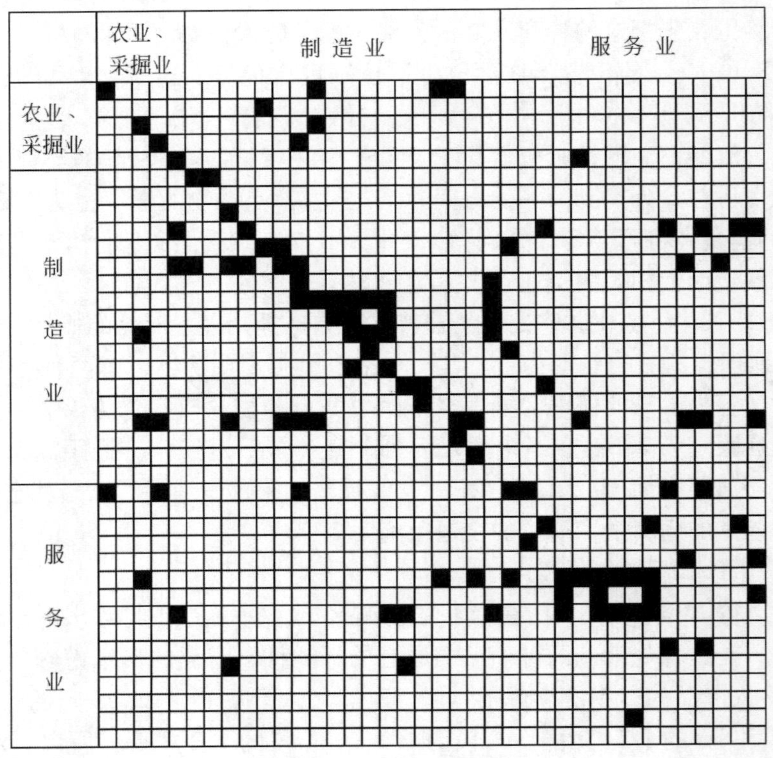

图 6-11 产业之间相对联系

资料来源：北京市 1997 年投入产出表

依据图 6-11，能够找出两个产业群：计算机和电子加工业群、有机化学加工业群。之所以称它们为产业群就是因为它们之间有着较密切的互为投入的关系。计算机制造业及相关产业群中的制造业有：电子计算机制造业、其他电子及通信设备制造业、电子元器件制造业、日用电子器具制造业、玻璃及玻璃制品业、文化办公用机械制造业、其他专用设备制造业、有色金属压延加工业、其他电气机械及器材制造业、航空航天器制造业、仪器仪表制造业。有机化学工业群中的制造业有：有机化学产品制造业、其他化学产品制造业、塑料制品业、基本化学原料制造业、化学肥料制造业、文化用品制造业、医药制造业、造纸及纸制品业、橡胶制品业、日用化学产品制造业、煤气生产和供应业。

显然一个产业群的企业如果在空间上集聚起来，就可以节约运输成本。客观上是否会像我们想象的那样？

为了验证上述两个产业群各自包含的产业在地理上是否集聚，计算每一个产业群内各个产业的企业在北京每一个区县的数目（为 2001 年北京市基本单位普查数据）。试想：如果电子元器件制造业的企业在某一个区县数量多，电子及通信设备制造业在那里的企业数量也多，就可以认为这两个产业有着很大的空间相关性——称作相关系数（相关系数最大值为 1，一般来说是一个百分数），也就可以认为这两个产业在空间上集聚，构成集群。对群内的产业区县分布进行相关分析，结果如表 6-5 和表 6-6 所示。两表内的相关系数均为正，大部分相关系数还不小，产业群内各产业在区域上基本上表现出依存分布。

表 6-5　计算机制造业及相关产业群的空间相关系数

产业名称	电子计算机制造业	其他电子及通信设备制造业	电子元器件制造业	日用电子器具制造业	玻璃及玻璃制品业	文化办公用机械制造业	其他专用设备制造业	有色金属压延加工业	其他电气机械及器材制造业	航空航天器制造业	仪器仪表制造业
电子计算机制造业	1										
其他电子及通信设备制造业	0. 8893	1									
电子元器件制造业	0. 5409	0. 7881	1								
日用电子器具制造业	0. 6445	0. 8429	0. 9412	1							
玻璃及玻璃制品业	0. 2029	0. 4808	0. 8528	0. 6821	1						
文化办公用机械制造业	0. 6354	0. 8099	0. 8638	0. 9478	0. 7164	1					
其他专用设备制造业	0. 6307	0. 8318	0. 9135	0. 9279	0. 7893	0. 9442	1				

续表

产业名称	电子计算机制造业	其他电子及通信设备制造业	电子元器件制造业	日用电子器具制造业	玻璃及玻璃制品业	文化办公用机械制造业	其他专用设备制造业	有色金属压延加工业	其他电气机械及器材制造业	航空航天器制造业	仪器仪表制造业
有色金属压延加工业	0. 7027	0. 7043	0. 5898	0. 5701	0. 6029	0. 7225	0. 7146	1			
其他电气机械及器材制造业	0. 5213	0. 7881	0. 9160	0. 8708	0. 8460	0. 9023	0. 9501	0. 6755	1		
航空航天器制造业	0. 7731	0. 9457	0. 9127	0. 9638	0. 5790	0. 9333	0. 8999	0. 6615	0. 7944	1	
仪器仪表制造业	0. 8247	0. 9488	0. 8716	0. 9117	0. 6073	0. 8712	0. 9140	0. 6835	0. 8668	0. 9444	1

表 6-6 有机化学产品及相关产业群的空间相关系数

产业名称	有机化学产品制造业	其他化学产品制造业	塑料制品业	基本化学原料制造业	化学肥料制造业	文化用品制造业	医药制造业	造纸及纸制品业	橡胶制品业	日用化学产品制造业	煤气生产和供应业
有机化学产品制造业	1										
其他化学产品制造业	0. 9123	1									
塑料制品业	0. 7767	0. 8520	1								
基本化学原料制造业	0. 6571	0. 6958	0. 7300	1							
化学肥料制造业	0. 3476	0. 3637	0. 3374	0. 3830	1						
文化用品制造业	0. 6441	0. 7835	0. 6656	0. 5197	0. 3557	1					
医药制造业	0. 6893	0. 8292	0. 7124	0. 4651	0. 3938	0. 8392	1				
造纸及纸制品业	0. 8627	0. 9390	0. 8466	0. 4671	0. 2907	0. 6969	0. 8119	1			
橡胶制品业	0. 8219	0. 8316	0. 8365	0. 7009	0. 3168	0. 6275	0. 5762	0. 7677	1		
日用化学产品制造业	0. 7787	0. 8516	0. 7874	0. 5780	0. 3424	0. 8770	0. 8990	0. 7879	0. 7303	1	
煤气生产和供应业	0. 7136	0. 5473	0. 5524	0. 3119	0. 0611	0. 4895	0. 2960	0. 6054	0. 4434	0. 4329	1

这个例证说明，经济体可以对关联着众多互补关系的距离，有选择性地做出反应，以增加其产品的可转移性。日常生活中看到的物资和人员的空间流动，是经济体对干扰机会和可转移性做出积极反应后的一个结果。

第 7 章　尺度关联与相互依赖[①]

7.1　引　　言

纽约时报最为著名的专栏作家之一托马斯·弗里德曼（Thomas L. Friedman）在其畅销书《世界是平的：21 世纪简史》开篇写道（弗里德曼，2006）：

> 我出发前往印度，一如哥伦布，我也是来印度寻宝。哥伦布寻的是硬件：金银、丝绸、香料——当时的财富之源。我寻的则是软件、脑力、精密运算、光电工程的突破等今日的财富之源。哥伦布所遇到的 Indians，他都认为可以抓来当奴隶。我所遇到的 Indians，我则是想了解他们为何抢走我们的饭碗？为何成为美欧服务业及资讯业的委外重地？
>
> 当我扬帆起航，我以为世界是圆的，然而到了真印度，却满眼都是 Americans，电话中心讲的英语都是美国口音，软件公司更把美国商业技巧学到了家。哥伦布向国王与王后报告说，世界是圆的，并且以这个发现而名垂青史。我回家后只和老婆一人分享我的发现，声音还压很低。
>
> “亲爱的，”我附耳说，“我认为世界是平的。”

然而，世界银行在著名的《2009 年世界发展报告：重塑世界经济地理》一书中，则描绘了另一种现实的世界经济景观（世界银行，2009）：

> 随着世界经济的发展，人员和生产活动犹如被引力牵引，日益向有活力的城市、发达地区和毗邻国家等繁荣的地方集中。正如今天的高收入国家几十年前所经历的一样，向繁荣地方的集中浪潮加大了富裕地区和落后地区的经济距离，从而加剧了低、中收入国家的被剥夺感。虽然交通和通信的快速发展使得世界上地理遥远的共同体联系日益紧密，也为其相互交流提供了新的机会，但是，阻遏人员、资本和货物流动的政治分割依然存在。
>
> 今天，全球国内生产总值的 1/4 集中在面积和喀麦隆相当的区域，1/2 集中在面积和阿尔及利亚相当的区域。1980 年，欧盟 15 国、北美

---

① 本章作者：苗长虹。

洲和东亚的国内生产总值占世界生产总值的70%；2000 年，这一比例增至83%。

无可否认，自20世纪80年代以来，伴随着新技术革命的迅猛发展、新自由主义的异军突起和冷战的结束，人类社会已经进入到一个前所未有的新纪元：全球化时代。历史学家也许会把1978～1980年这几年看做是这一新纪元的标志性开端。中国的改革开放、大西洋两岸政治经济实践上的新自由主义转向以及原苏联和东欧社会主义国家向市场经济的转轨，都意味这一时代与以前相比，世界经济和社会已悄然发生广泛而深远的转变。这一历史性转变不仅重塑了企业活动和个人生活，也革命性地重塑了世界经济景观和地理格局。

一个典型的事例是中国迅速成为新的“世界工厂”和美国消费者对中国产品的高度依赖。美国路易斯安那州一个名叫萨拉·邦焦尔尼（Sara Bongiorni）的女记者所做的抵制“中国制造”的实验，为这一事例做出了有说服力的说明。邦焦尔尼决定从2005年1月1日起，尝试一年不买任何中国制造的产品，看生活会是怎样的？她做此实验完全出于偶然因素：2004年圣诞节，她收到的39件礼物中有25件是“中国制造”。实验结束后，她写成《离开“中国制造”的一年：一个美国家庭的生活历险》（邦焦尔尼，2007），并感叹道：“你会意识到生活中巨大的不便。我们确实受益于中国的商品。”2005年，根据美方统计的数据，美国的进口商品中，有14.6%来自中国；到2006年，这个数字增长到了15.5%。而据中国海关统计，2011年，中国向美国出口达3245亿美元，美国是中国的第二大出口市场，出口货物包括机电产品、高新技术产品、自动数据处理产品、服装及衣着附件类产品、鞋类、家具及零件、电话机、纺织纱线和纺织制品、塑料制品等。这些价廉物美的中国产品，不仅降低了美国国内的通货膨胀率，也使美国家庭的生活成本大幅度下降。统计显示，由于进口中国商品，美国消费者过去10年共节省开支6000多亿美元。

针对全球化迅猛推进的现实，一些超级全球主义论者强调，当今的世界经济是真正的无边界化。信息、资本和创新以最高的速度流过全球各地，技术支撑了这种流动，消费者需要得到最好、最便宜产品的欲望促进了这种流动（Ohmae，1995）。当今世界正在被捆绑为一个单一的全球化市场和村落，其程度和深度是前所未有的。世界正在以更快的速度变平，并且在改变各种规则、角色以及相互的关系。全球化并不仅仅是政府、企业和个人相互交流的方式，也不仅仅是机构间相互影响的方式，它意味着新的社会、政治和商业模式的出现。而这种碾平世界的动力，源于以柏林墙倒塌和Windows操作系统建立为标志的创新时代的来临、以Web的出现和网景上市为标志的互联网时代的到来、以能够让你我的应用软件相互对话为标志的工作流软件平台的出现，以及由此带来的6种新型合作方式：开放源代码、开展外包、离岸经营、提供供应链、开展内包和信息搜索服务，同时还包括发挥“类固醇”强化作用的以数字的、移动的、个人的、虚拟的方式出现的各种新科技（弗里德曼，2006）。因此，在超级全球化论者看来，信息技术革命已使国家的边界失去了意义，“国家的”已不再重要，世界已被“时空压缩”为一个“地球村”，“地理的终结”时代已经到来（Ohmae，1995）。

超级全球主义论者虽然敏锐地预见到了信息技术革命对世界经济、政治、社会秩序及国家、政府、企业、个人所产生的深远影响，以全球化思维重塑了市场竞争、合作与全球相互依赖的新范式，但对于变化多端的现实世界而言，我们不仅仅需要从全球化这一重要维度来观察，也需要从地方、地区、国家、区域等多个维度来观察，同时还需要从这些多个维度相互之间的关系来观察。在当今的学科体系中，经济地理学正是这样一个从多维度及不同维度相互之间的关系来认识现实社会经济的学科，其核心的概念工具就是空间尺度、尺度关联与相互依赖。透过这些概念工具，经济地理学更为全面也更为深刻地解释了全球化时代复杂多变的经济地理景观、格局及过程。

7.2 尺度的概念及其争论

尺度，一般表示物体的尺寸与尺码，也用来表示处事或看待事物的标准。自然地理学家通常用“分辨率”来说明所观察的感兴趣的单个事物的空间尺度。由于从原子到宇宙都是地理学研究的领域，所以自然地理学对世界研究所覆盖的空间尺度很广（伯特，2011）。在生态学中，尺度往往包括三个方面的含义：客体（被考察对象）、主体（考察者，通常指人）及时空范围（张娜，2006）。因此，尺度并不单纯是一个空间概念，还是一个时间概念和组织概念。通常意义上的空间尺度和时间尺度是指在观察或研究某一物体或过程时所采用的空间或时间单位，同时又可指某一现象或过程在空间和时间上所涉及的范围。组织尺度是生态学组织层次（如个体、种群、群落、生态系统、景观、区域和全球等）在自然等级系统中所处的位置和所完成的功能。尽管组织尺度不等同于通常意义上的时空尺度，但是它们却可以通过某些特定的时空尺度来刻画。

尺度也可以从现象（phenomenon）尺度、观测（observational）尺度、分析（analysis）或模拟（modeling）尺度来理解。现象尺度是格局或影响格局的过程的尺度，它为自然现象所固有，而独立于人类控制之外。因此，在生态学研究中，应该以自然现象本身内在的时间和空间尺度去认识它，而不是把人为规定的时空尺度框架强加于自然界。但对现象的研究又是在一定的观测和分析尺度下进行的。选取不同的观测和分析尺度，将检测到不同的现象。尺度研究的根本目的在于通过适宜的观测和分析或模拟尺度来揭示和把握现象尺度中的规律性（张娜，2006）。

由于生态系统格局和过程在不同尺度上会表现出不同的特征，尺度对于认识生态系统的格局和过程非常重要。一方面，研究中通常需要将一个尺度的分析结果应用到不同尺度上去，这涉及尺度推绎或尺度转换（scaling），如把结果从小尺度到大尺度的尺度放大——例如把小流域的研究结果推广到大流域，也可能涉及尺度缩小——例如把全球尺度的结果运用于某一区域；另一方面，值得特别注意的是，地理和景观格局与过程具有尺度效应和尺度敏感性，在一个尺度中得出的结论放在另一种尺度中，可能就是不正确的（吕一河和傅伯杰，2001）。当观测、试验、分析或模拟的时空尺度发生变化时，系统特征也随之发生变化，这种尺度效应在自然系统和社会系统中具有普遍性。同时，由于不同尺度的生态过程相互作用的复杂性，如大尺度上发现的许多全球和区域性生物多样性变化、污染物行为、温室效应等，都根源于小尺度上的环境问题，这种状况的一个极端又非常有名的例子就是"蝴蝶效应"。1963年，美国气象学家爱德华·诺顿·罗伦兹（Edward Norton Lorenz）发现，在大气运动过程中，即使各种偏差和不确定性很小，也有可能在过程中将结果积累起来，经过逐级放大，形成巨大的大气运动。后来，这种效应被他比喻成"蝴蝶效应"："一个蝴蝶在巴西轻拍翅膀，可以导致一个月后德克萨斯州的一场龙卷风"。同样，大尺度上的改变也会反过来影响小尺度上的现象和过程。如全球气候变化在北美表现为"飓风"的频发，而在非洲则表现为"干旱"的频发。全球气候变化对世界各地的影响也是非常不均衡的。2000~2004年，每年有大约2.62亿人遭受气候灾难影响，发展中世界占受灾人口的比例却高达98%以上。积聚在地球大气层中的温室气体绝大部分是由富裕国家和它们的国民造成的，但为气候变化付出最昂贵代价的却是贫困国家及其人民。为应对气候变化，减少温室气体排放，不同国家、不同区域、不同城市的发展道路和所支付的成本也有很大的差别。因此，对于具有等级特征的组织，尺度本身不仅具有层级性，而且在不同层级的尺度之间具有内在的关联性；宏观大尺度与微观小尺度之间的相互依赖、相互制约以及空间差异，是理解尺度关联的关键所在。

当前，无论是地理学还是生态学，一方面都没有把有关研究限制在一种尺度上，而是强调多尺度分析，认为只有当观测尺度和分析尺度与所研究现象的特征尺度相符时，具有空间异质性的格局或过程才能被揭示，并认为多尺度空间格局分析是跨尺度推绎的基础；另一方面又都认识到，只有通过跨尺度的观察和分析，对某个水平上的组织进行其水平以上及以下的观察，将不同尺度的观测和分析“嵌套”在一起，才能够更好地理解和描述等级性组织的过程和格局。

与自然地理学和生态学专注于对尺度多维度、综合性、系统性和定量化的分析相比，经济地理学虽然很早就注意到经济活动空间组织的时空尺度问题，并在20世纪经历了研究尺度从微观区位到中观区域经济再到宏观区际关系、研究对象从单体企业到多区位企业再到跨国公司的转变（李小建，2001），但是，真正将“尺度”作为经济地理分析的核心概念工具，还要归功于20世纪80年代以来围绕“全球化与全球性”、“本地化与地方（本土）性”和“新区域主义”的争论。因为直到20世纪80年代，尺度一词在地理学中很大程度上还只是个想当然的概念，地理学家经常用“区域性”和“全国性”这样的尺度来搭建研究课题的框架并用来审视某一特定问题，但并没有将尺度这个概念本身理论化（伯特，2011）。到了80年代，随着泰勒（Taylor P.，1981）和史密斯（Smith N.，1984）有关论著的问世，人文地理学界内部围绕着开始被看做“尺度政治学”的问题展开了激烈的辩论，并伴随着有关“全球化”的争论而走向经济地理学概念的核心。

在人文地理学有关“尺度政治学”的辩论中，一个关键的问题是尺度的实体地位问题，它仅仅是将世界加以分类和条理化的一种思想，还是作为物质社会的产物确实存在？一些学者吸收康德唯心主义的哲学观点，认为尺度不过是为了将世界条理化而信手拈来的概念化机制，是表达我们对世界理解的一种方式；而另一些学者则从唯物主义理论出发，认为尺度是真实存在的东西，是政治斗争和（或）社会进程的产物（伯特，2011）。如史密斯就认为，尺度的产生源自资本内部的矛盾，社会生活组织的尺度是政治斗争的产物，资本为进行其自身的积累，一方面倾向于空间分异，另一方面倾向于空间同质化，由此形成了资本积累的不同空间尺度，如城市、区域、国家乃至全球（Smith，1984）。

显然，传统上人文地理学对尺度的理解，类似于生态学中的观测尺度或分析尺度。这种尺度概念本质上是研究者的一种思想工具或者分析事物的解释性框架，通过它将过程和实践进行限定与排序，以便将某一特定的过程或某一类社会实践的范围看做是“地方（本土）性”的，而另外一些则可以被看成是“全球性”的或“区域性”的。采取这种视角来观察当今的社会经济，空间尺度通常被划分为全球性的、（跨国）区域性的、全国性的、地区性的、地方（本土）性的等几种类型。

而“尺度政治学”对尺度的理解类似于生态学中的现象尺度。在自然生态过程中，现象尺度依赖于自然生态系统的功能；而在社会经济过程中，现象尺度则是斗争和妥协过程的社会产物，是通过各种社会行动主体在经济政治进程中积极作用创造出来的，强调的是“正在变成”的概念和对尺度形成的政治关注。

例如，对于全球性尺度，跨国公司不仅仅是将其活动扩大到了早已存在的、地质意义上的以地球为边界的全球性尺度，而且必须积极地打造它们自己全球性尺度的运作方式。如世界贸易组织（WTO）规则特别是《服务贸易总协定》（GATS）与《与贸易相关的投资措施协议》（TRIMs）的签署和实施，以最惠国待遇、国民待遇和透明度等原则作为基础，要求WTO组织成员国取消限制服务贸易的措施和与限制货物贸易有关的投资措施，赋予了成员国承担促进贸易和投资自由化的义务，从而对跨国公司全球性尺度上的扩张提供了制度保障。因此，不能将社会行动主体（如跨国公司、主权国家、地方政府等）和其运行的各种尺度同造就了这些尺度的行动主体和过程割裂开来，关键是要考证社会行动主体如何将自己变成全球性的或本土性的或者如何将自己嵌入于地方或扩张到全球的。全球性和本土性都不是社会生活展开的静止舞台，而是经常不断地被社会行动主体所重塑（伯特，2011）。这意味着社会经济活动的尺度是与社会行动者的主体性和能动性分不开的。

另一个关键问题是关于尺度的“隐喻”（metaphor）问题。受德里达、福柯、拉图尔等“后现代哲学”思潮的影响，人文地理学开始广泛使用以描述和使世界有意义的“隐喻”来理解复杂的社会经济现象。在对空间尺度的理解上，有的学者将全球性、全国性、区域性、本土性看做是有层序的梯子，全球性尺度位于梯子的最上端，而本土性尺度则位于最下端［图7-1（a）］。显然，这种隐喻的典型特征就是不同尺度之间是相互独立的，但具有等级关系。如中国的乡镇经济、县域经济、市域经济、省域经济等行政区经济，相互之间的关系就属于这种隐喻。有的学者则将全球性、全国性、区域性、本土性看做是同心圆结构，本土性被看做是最小的圆，区域性则是环绕在它外面的更大的圆，而全国性和全球性尺度则是环绕在本土性和区域性外边更大的圆［图7-1（b）］。还有的学者将这些不同尺度看做是俄罗斯套娃［图7-1（c）］。显然，这两种隐喻虽然也强调不同空间尺度相互之间的独立性，但不同尺度之间并不是“等级”关系而是“嵌套”关系，全球性尺度被看成是比其他所有更小些的尺度都要大，从而可以包容其他尺度，但本土性却不能包容全球性，而是嵌入在更大的尺度之中。本质上，这三种隐喻秉持的都是“欧几里得空间”的概念，都将空间看做是一系列有边界的区域，其中不同的经济对象可以在不同的层次上进行识别、建构和调整。

与上述三种“欧式空间”中的尺度概念相比，有的学者则追随法国社会理论家拉图尔（Latour，1993），强调世界的复杂性不能通过“水平、层次、领域和圈层这样的概念”来把握，也不应该被认为是由一层层的（即尺度）有界限的空间嵌套在一起组成的，尺度更类似于一堆钻进不同图层的蚯蚓洞或者树根那

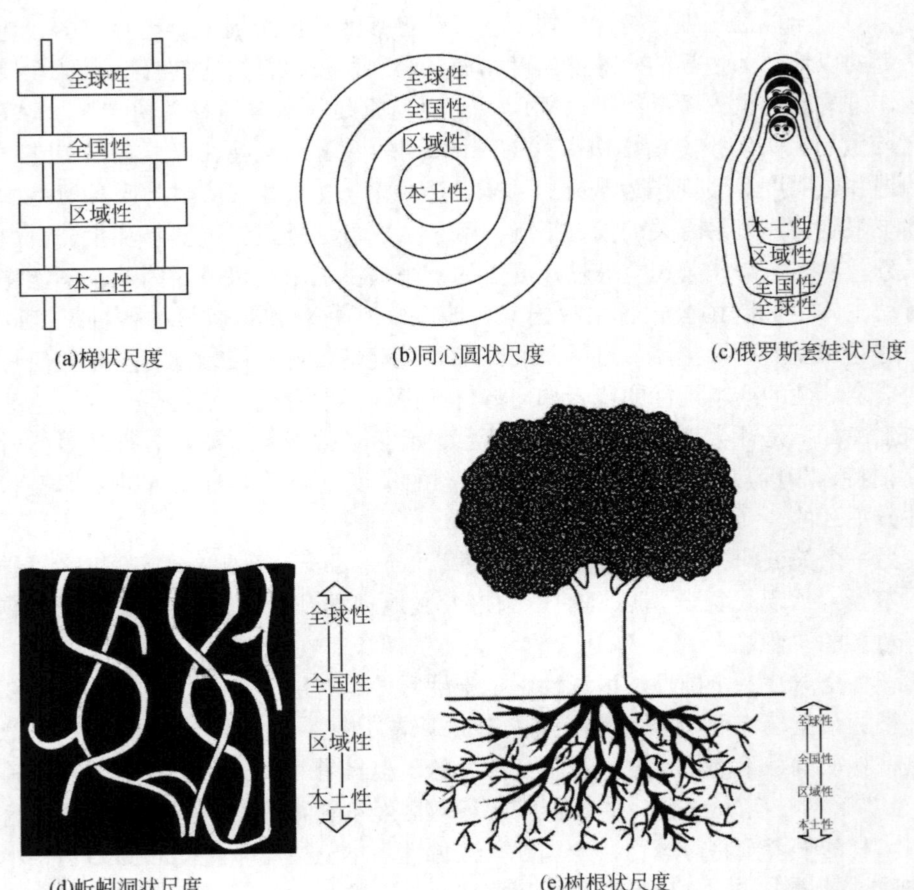

图 7-1　人文地理学关于“尺度”的隐喻

资料来源：伯特，2011

样的东西［图 7-1（d）、（e）］。这种隐喻把尺度想象成全球性、本土性以及其他尺度都不是各自独立的，也不是有界的空间，而是通过“行动者网络”（actor-networks）联系在一起的一个整体，就像生物的神经系统或者当今的电子网络。这种隐喻给我们认识尺度以及全球性和本土性之间的关系提供了革命性的创见，全球性和本土性不再被看做是尺度系列的两端，全球性不再是所谓的“更大”的尺度，本土性也不是所谓的“较小”的尺度，任何一种尺度都无法凌驾于另一种尺度之上，而是你中有我、我中有你的网络连接的相互依赖关系。正如拉图尔所言：从本质上说，网络既不本土性也不是全球性的，而是长短不一、连接程度不一的（Latour，1993）。

7.3 尺度关联与全球化

全球化和经济危机也许是 20 世纪 90 年代以来在世界各国的媒体上出现频率最高的两个词汇之一。1997 年亚洲金融危机的阴霾才刚刚散去，2008 年美国的次贷危机所引发的全球经济危机就接踵而来。全球化是一把“双刃剑”，人们深切感受到了全球化所带来的投资、贸易和增长的重要性，也深切感受到了全球相互依赖深化过程中经济危机空前的破坏力量。根据联合国贸易与发展会议统计（联合国贸易与发展会议，2011），2010 年，全球外国直接投资（直接外资）流量小幅回升至 1.24 万亿美元，但仍然比危机前的均值低 15%，比 2007 年的最高值低 37%（图 7-2）。但即便如此，跨国公司的全球生产仍带来约 16 万亿美元的增加值，约占全球 GDP 的四分之一。跨国公司外国子公司的产值约占全球 GDP 的 10% 以上和世界出口总额的三分之一（表 7-1）。对于经济全球化所塑造的新的地理-经济地图，经济地理学不仅敏锐捕捉到了这一历史性的全球性转变，而且以其独有的尺度关联与相互依赖视角，对这种全球性转变做出了有极强穿透力的解释（迪肯，2007）。

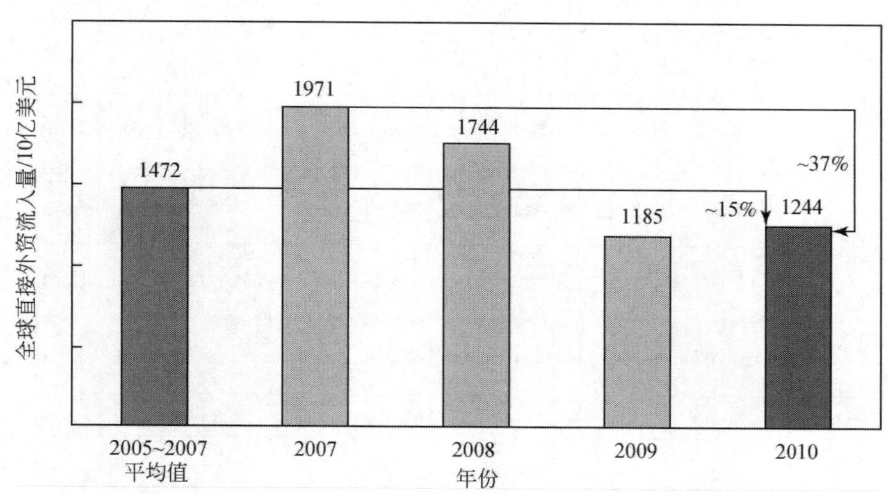

图 7-2　2005～2010 年全球直接外资流入量（10 亿美元）

资料来源：联合国贸易与发展会议，2011

表 7-1 1990～2010 年直接外资和国际生产指标

项目	按时价计算的价值（10 亿美元）					年增长率或回报率变化（%）				
	1990	2005～2007（平均）	2008	2009	2010	1991～1995	1996～2000	2001～2005	2009	2010
直接外资流入量	207	1 472	1 744	1 185	1 244	22.5	40.1	5.3	-32.1	4.9
直接外资流出量	241	1 487	1 911	1 171	1 323	16.9	36.3	9.1	-38.7	13.1
内向直接外资存量	2 081	14 407	15 295	17 950	19 141	9.4	18.8	13.4	17.4	6.6
外向直接外资存量	2 094	15 705	15 988	19 197	20 408	11.9	18.3	14.7	20.1	6.3
内向直接外资的收入	75	990	1 066	945	1 137	35.1	13.1	32.0	-11.3	20.3
内向直接外资的回报率	6.6	5.9	7.3	7.0	7.3	-0.5	0.0	0.1	-0.3	0.3
外向直接外资的收入	122	1 083	1 113	1 037	1 251	19.9	10.1	31.3	-6.8	20.6
外向直接投资的回报率	7.3	6.2	7.0	6.9	7.2	-0.4	0.0	0.0	-0.2	0.3
跨界并购	99	703	707	250	339	49.1	64.0	0.6	-64.7	35.7
外国子公司销售额	5 105	21 293	33 300	30 213	32 960	8.2	7.1	14.9	-9.3	9.1
外国子公司总产值	1 019	3 570	6 216	6 129	6 636	3.6	7.9	10.9	-1.4	8.3
外国子公司总资产	4 602	43 324	64 423	53 601	56 998	13.1	19.6	15.5	-16.8	6.3
外国子公司出口额	1 498	5 003	6 599	5 262	6 239	8.6	3.6	14.7	-20.3	18.6
外国子公司雇员（千人）	21 470	55 001	64 484	66 688	68 218	2.9	11.8	4.1	3.4	2.3
国内生产总值	22 206	50 338	61 147	57 920	62 909	6.0	1.4	9.9	-5.3	8.6
固定资本形成总值	5 109	11 208	13 999	12 735	13 940	5.1	1.3	10.7	-9.0	9.5
特许权和许可证收费	29	155	191	187	191	14.6	10.0	13.6	-1.9	1.7
货物和服务出口额	4 382	15 008	19 794	15 783	18 713	8.1	3.7	14.7	-20.3	18.6

资料来源：联合国贸易与发展会议，2011

第一，经济地理学强烈反对"国家的已不重要"、"地理已终结"这种极端全球化的观点。经济地理学认为，"尽管毫无疑问存在着正在全球化的力量，我们并没有一个完全全球化的世界经济。全球化趋势可以发生，但其结果并不是一个无所不包的终极状态，即全球化了的经济；在这个经济中，所有的不平衡和差异都被消除了，市场力量是不可控的，主权国家只能处于被动和消极位置"；"全球化是一个相互关联过程的综合体，而不是一种终极状态。这种趋势在时空上是高度不均衡的"；"我们生活在一个越来越复杂、相互关联和动荡的世界里，我们每一个人的生活和生计都与在更高层级上运行的过程紧密联系在一起"；"全球化过程在不同地方以不同方式和不同速率发生着；无论其运行还是结果，全球化过程在本质上是空间不均衡的。不同国家和不同地点的特征与更大尺度的变化过程相互作用，产生了相当不同的结果"。所以，"当我们谈及全球化时，必须牢记它是一种趋势，而不是某种最终状态。无论是在地理空间上、还是组织机构上，这些趋势都是不均衡的。既不存在既定的路径，也没有确定的终点"（迪肯，2007）。

2008 年全球金融危机发生以来，危机对不同主权国家社会经济影响的时空差异和主权国家在应对危机中的不同作用，为这个日益复杂、关联和动态的全球化过程提供了生动的说明。作为危机的始作俑者，美国的次贷危机和其世界金融与经济中心的地位，昭示了其陷入金融危机和经济危机的深度和广度。奥巴马政府虽然实施了 8000 亿美元的经济刺激计划和持续的量化宽松货币政策，使其经济增长率从 2009 年 1 月的-8.9%迅速转变为正增长，但其失业率却持续保持高位，甚至连续 44 个月达到 8%以上，政府的财政赤字不仅没有缩减，反而在 4 年间增加了 6 万亿美元。作为危机的深层次反映，欧洲部分国家则陷入了主权债务危机的困境，并有逐步向整个欧元区扩散的势头。与此相对照，中国为了应对全球经济危机导致的出口需求的锐减，在 2009 年迅速采取了 4 万亿元的中央财政刺激计划，使经济保持了 8%以上的快速增长，但也出现了资产泡沫和经济增长趋缓等问题。因此，全球化既意味着全球各区域经济相互依赖的加深，也意味着主权国家及其经济政策仍发挥着举足轻重但也存在显著差异的作用。

第二，经济地理学非常重视全球化与国际化之间的联系和本质差别。不像弗里德曼将全球化区分为 1.0、2.0、3.0 版本，经济地理学认为，尽管从数量而言，第一次世界大战之前的半个世纪（即 1870—1914），世界经济或许至少和今天一样开放——在某些方面，例如劳动力的迁移更加开放，但一体化的本质在质量上是非常不同的。1914 年之前的国际经济一体化，实际上是国际化，这主要体现为工业化国家（核心）和非工业化国家（边缘）之间在制成品与原材料方面的国际劳动分工（即产业间分工），表现为独立公司之间商品与服务的市场贸易，也体现在投资资本的国际流动，但这些过程只是经济活动跨越国境的简单扩张，本质上反映的是量的变化，它导致了更加宽广的经济活动地理格局，或者经济活动的地理范畴或广度扩大了。

今天我们生活在深度一体化越来越流行的世界里，这种一体化主要是由跨国公司生产网络组织起来的，是新的全球劳动分工格局的出现（即产业内分工）。这种新的全球劳动分工格局是通过跨国公司主导的产业内贸易实现的。目前，一半以上的世界贸易属于产业内贸易，而1962年这个比例大约只有1/4。其中，机械运输设备的产业内贸易份额最高，而食品和家禽业的产业内贸易增长速度最快；较之于最终产品，中间产品的产业内贸易增长速度最为迅速（世界银行，2009）。由此，国际经济中核心区与边缘地区以广泛的劳动分工为基础的产业之间的直接交换，已经转变为一个高度复杂的、万花筒式的结构，其中包含了很多生产过程的片段化以及它们在全球尺度的空间再配置，而这穿透了国家边界（迪肯，2007）。

如著名的苹果公司，其2012年初公布的供应商有156家，涵盖了材料、生产、代工等领域97%采购额，涉及集成电路（IC）/分立器件、内存、硬盘/光驱、被动器件等14个行业类型。其中，IC/分立器件供应商占21%，主要集中在美国，部分分布在欧洲，少数在韩国、日本等亚洲国家和地区；连接器、功能件、结构件供应商占19%，主要集中在美国、欧洲、日本和中国台湾地区；印刷电路板（PCB）供应商占9%，主要为中国台湾地区和日本的公司；被动器件供应商占6%，高端环节为日本公司所垄断，中国台湾厂商主要提供片式器件等相对标准化、成熟化产品；其他还包括内存、硬盘/光驱，为美国、日本等供应商所垄断；显示器件主要由日本、韩国和中国台湾地区的厂商提供；原始设计制造商（ODM）/原始设备制造商（OEM）则由中国台湾地区的代工厂商承担。从其产品价值构成在国家/地区的分布来看，以iPhone为例，其材料成本占21.7%，未确认利润占5.3%，苹果公司的利润占据了58.5%，非苹果美国公司的利润占2.4%，韩国公司的利润占4.7%，欧洲公司的利润占2.4%，日本公司和中国台湾地区公司的利润分别占0.5%，非中国大陆劳工成本占3.5%，而中国大陆劳工成本仅占1.8%。

在这种全球经济一体化的过程中，以亚洲“四小龙”（中国香港和台湾地区、韩国、新加坡）为代表的新兴工业化国家/地区和以金砖五国（中国、俄罗斯、印度、巴西、南非）为代表的新兴市场国家，已经成为新的工业生产中心。在前述苹果公司构筑的全球价值链中，韩国以三星、LG在半导体、面板产业中的竞争力，已占据较为高端的位置；中国台湾地区虽然一直扮演着产品组装代工的角色，但其仍处于价值链的低端；中国大陆虽然已成为台湾代工厂商的主要生产基地，但仍处于价值链的最低端，仅是靠低廉的劳动力成本而参与价值链中利润的分配。因此，全球化过程不仅仅包括经济活动跨越国境的地理扩张，而且更为重要的是包含在国际上分散的经济活动的片段化和功能一体化，本质上反映了经济活动组织方式的质变，是在不同尺度上建立起来的、不同程度的空间一体化和功能一体化，是国际化、区域化、全球化几组过程共同塑造的，存在着全球、区域、国家和地方等不同空间层级之间复杂的动力关系（图 7-3）。

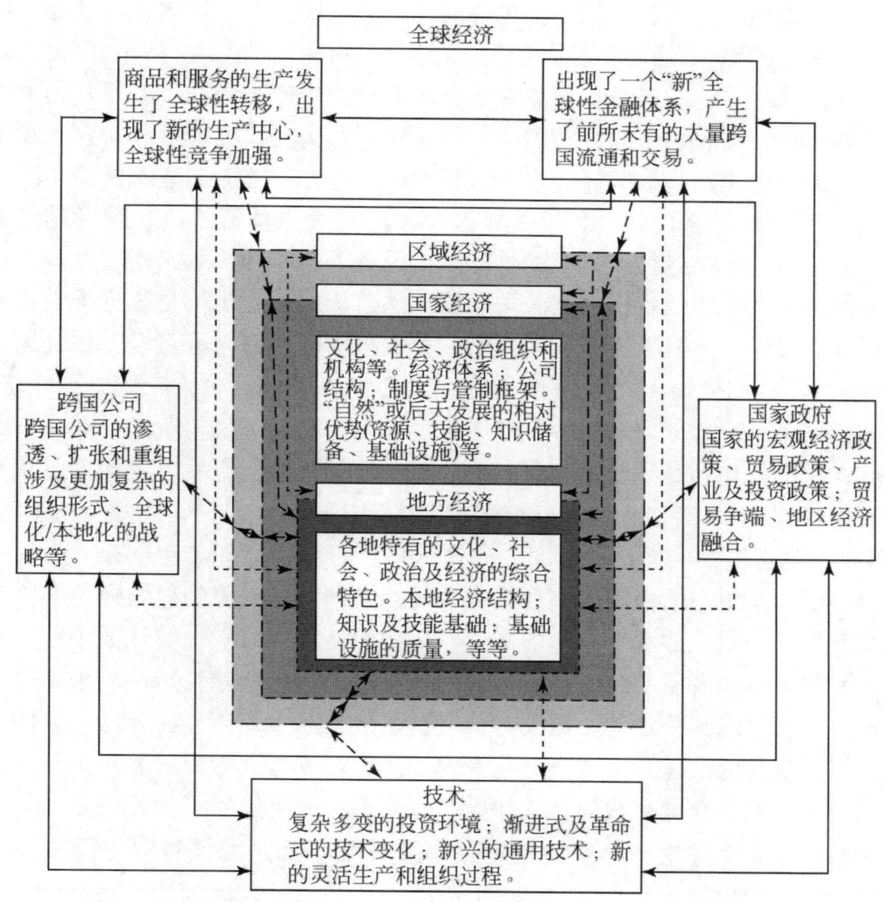

图 7-3　全球化过程：一个由相互关联的要素和空间层级构成的系统

资料来源：迪肯，2007

第三，在全球化过程中，由于国家边界不再是像过去那样的生产过程的“容器”，因此需要找到进入国家尺度之下和之上的方法，以打破传统的以“国家”为分析单位的局限性。借助于前述尺度概念的“树根”状隐喻以及拉图尔等的

"行动者网络理论"，经济地理学广泛使用"网络"概念来揭示新的地理-经济景观及其动态的复杂性（苗长虹等，2011）。对经济地理学家来说，网络是将"角色"或"机构"（企业、国家、个体、社会组织等）联系起来形成不同组织和空间尺度上的关联结构的过程，它主要包括三个方面：通过物质和非物质流实现的经济活动联系、网络被连接起来的不同方式，以及控制和协调网络的权力关系（迪肯，2007）。其中，由商业性公司通过各种各样形式的组织内和组织间关系所组成的生产网络，是现代市场经济中网络关联结构的主体。通过这种功能和运营活动相互关联的结构，特别是通过投入、转化、流通、消费等一系列交易上联系起来的功能顺序——生产链，商品和服务才能得以生产和配送，新增价值才能得以形成和维持。在这个日趋复杂的生产网络中，跨国公司在控制和协调方面起着越来越重要的作用。著名学者杰瑞菲（Gereffi，1994）将由这些跨国公司控制和协调的生产网络分为两类：生产者驱动型和消费者驱动型，认为前者是诸如汽车、大型计算机、半导体、飞机和重型电器设备等资本和技术密集型产业中跨国公司一体化生产系统的特征，其公司的权力从总部向分支机构垂直向下传递，而附加值则通过对分支机构所有权的控制从分支机构向总部向上流动，因此跨国公司的行政总部起着控制作用；后者则是诸如服装、鞋袜、个人电脑、消费电子、玩具、金属制品、部分农产品等产业中大型零售商和品牌公司所主导的生产系统的特征，这些公司乃是"没有工厂的制造商"，它们负责产品的定向、订单和营销，而生产则分散给以"原始设备制造商"（OEM）或"原始设计制造商"（ODM）等代工厂商，而这些厂商往往具有自己的供应商和分包网络。在这种商品链中，权力来源于大型零售商和品牌公司，它们通过强大的讨价还价能力对独立的贴牌生产公司施加水平方向的影响，并将商品链的高附加值环节集中在自己手中。因此，生产者驱动的商品链体现的是跨国公司在全球生产体系中垂直整合的过程，也就是跨国公司对全球同一价值链条上不同生产环节在全球整合的一个过程，包括企业的全球兼并和全球范围内资源再配置两个方面；而购买者驱动的商品链则体现的是全球采购商在全球生产体系垂直分离过程中的特殊角色，强调的是它们在推动全球生产体系运作中产品研发设计和市场销售等方面的重要性（表7-2）。

表7-2　生产者和购买者驱动的全球商品链比较

项目	生产者驱动	购买者驱动
动力根源	产业资本	商业资本
核心能力	研究与发展；生产能力	设计；市场营销

续表

项目	生产者驱动	购买者驱动
进入门槛	规模经济	范围经济
产业分类	耐用消费品；中间商品；资本商品等	非耐用消费品
典型产业部门	汽车；计算机；航空器等	服装；鞋；玩具等
制造企业的业主	跨国企业，主要位于发达国家	地方企业，主要在发展中国家
主要产业联系	以投资为主线	以贸易为主线
主导产业结构	垂直一体化	水平一体化
辅助体系	重硬件轻软件	重软件轻硬件
典型案例	Intel、波音、丰田、海尔、格兰仕等	沃尔玛、国美、耐克、戴尔等

资料来源：张辉，2006

第四，经济地理学认为，无论哪种类型的生产网络，都不可避免地具有两个基本属性：空间性和地域嵌入性。前者与生产网络构成要素的空间配置和尺度范围联系在一起。与前述尺度概念的争论相联系，有的学者认为空间尺度是连续的，生产网络或长或短，或紧密或松散，因而可以用“地方的”、“国家的”、“区域的”、“全球的”等来描绘其空间尺度（Yueng，2005）。由此，我们可以看到地方生产网络/价值链、国家生产网络/价值链、（跨）区域生产网络/价值链、全球生产网络/价值链等概念的广泛使用。有的学者则认为空间尺度是不连续的，有意将全球尺度与地方（或国家）尺度分割开来，着重强调两者的不同和相互独立性，并将全球性力量看做是比本土性力量规模更大、范围更广、更有支配力和有更高权力的东西，全球性被看做是“货币和商品无障碍流通、资本与市场扩张和创新的抽象空间的同义词，而其反面——本土性则被贴上了地点、社区、封闭、有界的实体、当地的劳动力、非资本主义的、传统的等标签”，因而是“全球”决定了地方尺度发生的事情，而不是相反（伯特，2011）。对于新自由主义者来说，这种观点起到了重要的为全球化的政治实践辩护的作用；而对于政治上的“左派”来讲，这种观点承认了资本全球化的现实，但关注到经济全球化在不同空间尺度上特别是对经济停滞国家和劣势地区所造成的灾难性影响，一些学者由此转向倡导“全球思维、本土行动”。

与前两种对生产网络空间性的理解不同，越来越多的学者认识到，生产网络的任何尺度都不是独立的，而是以复杂的方式相互联系、叠加、交织并耦合在一起，因此是一个“全球在地（本土）化”（glocalization）的过程（Swyngedouw，1992）。在这个过程中，全球的即是本土的，跨国公司实际上是跨地方的而不是全球的；而本土的也是全球的，本土乃是全球性力量“触及”地球表面时的落脚点，也是地方与全球联接的切入点；同时，本土和全球都不是固定不变的实体，而总是处于不断的重塑过程之中。透过全球—地方的复杂联系通道，本土性的创新可以传播到全世界，在多个空间地点中被采用；而跨国公司在全球化过程中，也总是与本土化联系在一起，跨国公司在对外投资经营活动中，总是把本土化战略作为其长期战略的根本（迪肯，2007）。中国汽车工业的发展，就是跨国公司“全球在地化”过程的一个典型例证。欧、美、日、韩等跨国汽车巨头，无不把进入中国投资、占领中国市场作为其全球化扩展的战略重点。在中国政府的规制下，其进入地点、合资合作伙伴和车型产品的选择以及生产和技术的当地化水平，都经历了一个日益深化的本土化过程。本土化过程做得最为出色的当属德国大众汽车。凭借着最早进入中国的先发优势以及大众对中国国情的了解和对本地消费文化的充分把握，上海大众和一汽大众这两家合资公司成为大众攫取市场份额和巨额利润的战略中心。

显然，这种依据行动者网络理论来看待生产网络空间属性的经济地理思想，乃是采取后结构主义的视角，将行动或者说实践而不是结构作为分析的核心，关注于在特定地点塑造人类行为的实践特别是日常生活的实践，将网络概念化成由人类和非人类组成的“杂合物”（hybrid collectifs），主张正是人工制品、工具和规则等非人类因素使社会存在发展和维持成现代社会关系，而这些关系通过网络横跨了在所有尺度上的空间。因此，人类社会是由多种异质的材料组成的，行动者网络既是行动者，其活动将人类和非人类的异质要素网络化，又同时是网络，它能够重新界定和转变其构成的要素（Dicken et al.，2001）。显然，这种思想拒绝将一种尺度（如全球）凌驾于另一种尺度（如地方）之上的全球—地方二元主义。

第五，与生产网络的空间性相伴生，生产网络毫无例外地具有地域嵌入性。尽管新的信息技术驱动的全球化力量促成了“流的空间”的兴起，但“流的空间”并不会替代“地点空间”，生产网络不会在无空间/无地方的世界里漂流，因为所有的市场和生产网络都是社会建构出来，并嵌入于空泛的文化结构和习俗中，受社会的管制、激励和约束（迪肯，2007）。生产网络的每个部分（每个公司、每种经济功能）都在很大程度上“落地”于一定的区位。这种落地既体现在物质层面，如沉没成本的存在不仅会阻碍企业的空间迁移和要素流动，而且往往会迫使企业在投资地点进一步追加投资；也体现在非物质层面，如本地化的社会关系，独特的制度和文化习俗，也会促进生产网络的“地域嵌入”。因此，以公司为核心的生产网络的本质和关联，深深地受到具体的社会政治、制度及文化背景的影响，它们嵌入于后者，并在其中繁衍。

由于地域空间的多尺度属性，生产网络的这种地域嵌入性在不同的空间尺度上有不同的表现。其中，国家是生产网络所嵌入的特别重要的地域形式，一方面，国家是特殊文化、习俗和制度的基本“容器”之一；另一方面，国家也是贸易、外资和产业的管制者，同时，在世界经济中，国家还是主要的竞争者和区域经济一体化过程中的合作者。由于国家在政治、社会、经济、文化特质以及国家规模、资源禀赋、发展水平等方面存在的持久的差异，而这些过程、体制和结构又以路径依赖的方式演化，因此，即使经济全球化的力量越来越强大，但并不会出现资本主义和市场经济的单一趋同，国家的多样性和“资本主义的多样性”仍是形成新的地理—经济景观和格局的基础（表7-3），而跨国公司与国家进行的各种各样的权力博弈，则是塑造生产网络和新的地理—经济景观与格局的根本力量（图7-4）。除国家之外，诸如国际货币基金组织、世界贸易组织、世界银行、亚洲开发银行等超国家机构，以及诸如欧盟、北美自由贸易区、东南亚国家联盟等区域性经济集团，也是生产网络所嵌入的重要地域形式。同时，在次国家尺度上，生产网络也深受“地方”政府和制度、文化的影响，以至于经济地理学家发明了一个新的概念“制度厚度”（institutional thickness）（Amin and Thrift, 1994），来描述和分析一地的政府机构和制度、文化对生产网络发育和区域竞争力提升的重要作用。因此，所有的生产网络都必须在多尺度管制体系中运行，受空间上不同的政治、社会和文化的影响。

表7-3　资本主义的三种主要形式：美国、德国和日本模式

项目	美　国	德　国	日　本
主要意识形态	自由企业的自由主义	社会合伙	技术民族主义
政治制度	自由民主制 独立的政府 利益集团的自由主义	社会民主制 较弱的官僚主义 社团主义传统	发展民主制 较强的官僚主义 国家与企业的交互关系
经济制度	分散、开放的市场 分散、流动的资本市场 反托拉斯传统	有组织的市场 公司分层 专门的、以银行为中心的资本市场 一些卡特尔化的市场	被引导的、封闭的、一分为二的市场 以银行为中心的资本市场 紧密的商业网络 夕阳产业中的卡特尔

资料来源：迪肯，2007

最后，由于生产网络具有空间性和地域嵌入性，经济全球化就不仅仅意味着生产要素的空间流动变得更加迅速便捷，世界日趋成为一个“滑溜的空间”或者“流的空间”，同时也意味着全球不同地域之间相互依赖性的空前增强。这种地域之间的关联性和相互依赖性，可以在不同的分析尺度上来观察。在宏观尺度

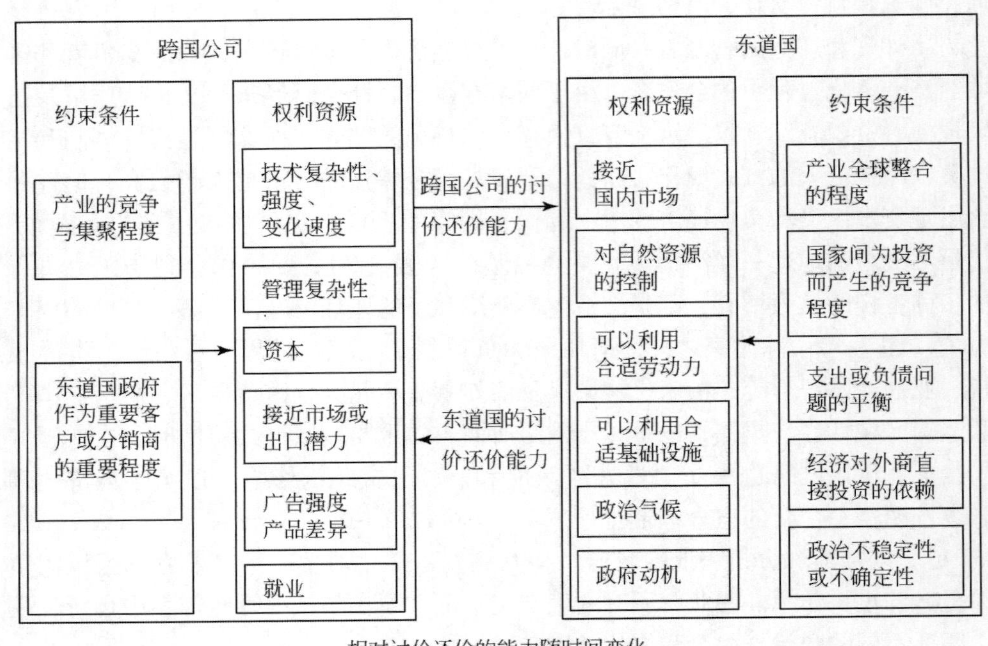

图 7-4　跨国公司与东道国之间的讨价还价关系的结构

资料来源：迪肯，2007

上，有的学者认为，全球经济在本质上是围绕“全球三极”（北美洲、欧洲和东亚）组织起来的；但也有的学者认为，当今的全球经济正转变成新的三极贸易体系：掌握创新技术的国家、有丰富劳动力的国家以及有丰富资源的国家，其中，掌握创新工艺和服务的国家用技术与拥有大量廉价劳动力的国家交换，低工资国家则和原材料拥有国之间进行贸易，同时拥有自然资源的国家也用其资源与拥有技术的国家展开贸易。由此，人们可看到人类历史上几乎未曾有过的一种三极贸易体系新模式，而三个集团各有不同的王牌：技术和工业能力，如美国、日本和德国；充足的廉价劳动力储备，如中国、印度和东盟国家；丰富的自然资源，如拉丁美洲、俄罗斯、加拿大、澳大利亚和中东。在中观尺度上，伴随着区域经济一体化进程的快速推进，无论是北美自由贸易区和欧盟，还是东亚中、日、韩三国与东南亚国家联盟所组成的自由贸易区，其中都存在着一个以功能方式组织起来的、跨越国界的经济增长轴，如从西北到东南横跨欧洲经济核心区域的欧洲增长轴，崛起中的亚太城市走廊，美国—墨西哥边境地带等。这种由跨境城市带所形成的经济增长轴，是区域经济一体化的重要依托，也是支撑全球城市体系形成与发展的根本力量。在国家内部的空间尺度上，你会发现，所谓的全球经济是由若干经济活动高度集聚的城市—区域经济以及支撑其发展的专业化产业集群所组成的，下一节我们会专门考察这种地方化的经济活动。

基于以上分析，我们可以看到，经济地理学观察全球经济，用的是“生产网络”与“地域经济”两种相互并行同时又相互交叉的思维模式。一方面，经济地理学强烈倡导网络研究方法，认为网络方法能够帮助我们更好地理解跨越不同空间尺度的、一定地域空间内的以及跨越地域空间的经济活动之间的关联性。因为在全球化的经济中，几乎任何商品的生产，无论是制造的产品还是服务，都包含跨越时空的单个活动和交易的错综复杂的联结。从跨国公司内部的生产网络来看，其一些重要的职能，如公司和地区总部机构、研究与开发机构、生产部门、营销部门，在新技术革命的推动下进一步分割开来并按照不同的空间模式布局在不同的地点，并在急剧变化的外部环境和日益强化的公司内部竞争压力下而不断发生组织与区位调整；而从跨国公司外部的关系网络看，跨国公司乃是位于关系网中心的密集网络，通过外部化和分包、建立战略联盟、发展长期供应商等外部关系联接，将不同区位、规模和类型的企业纳入到其所编织的全球生产网络之中。

另外，经济地理学仍将具有明确地理边界的城市与区域经济、国家经济、跨国区域经济合作组织等作为其考察的中心，特别是经济全球化过程中城市与区域经济的发展以及其空间组织和竞争力提升问题，自20世纪80年代以来一直是经济地理学关注的焦点，并由此形成了占主流地位的“新区域主义”理论及其相应的政策建议（苗长虹，2005）。不过，这两种在经济地理学中流行的研究方法甚至是研究范式，自进入21世纪以来，越来越走向交叉和融合（苗长虹等，2011）。一些学者强调，上述跨越不同地域的生产网络，特别是由跨国公司所主导的全球生产网络，正以不同的方式“切割”具有明确边界的国家和地方经济，建立全球生产网络与区域发展的战略协同，或者将城市与区域发展的“地方传言”与“全球通道”有机结合起来，不仅是分析空间上不均衡新的地理-经济景观和格局的需要，同时也是协调全球经济发展、提升城市与区域竞争力的政策需要。

7.4 尺度关联与地方化

在经济地理学中，区域研究是其最为悠久的一个学术传统。在整个20世纪，经济地理学的历史几乎就是一种“区域主义”运动并不断转折的历史。围绕着经济活动的空间、地方和区域差异等区域研究的核心主题，经济地理学经历了从区域地理学到空间科学、从空间科学到区域主义、从区域主义到区域主义的解构、从区域主义的解构到新区域主义的建构等四次重大的研究转向（苗长虹，2005）。在区域研究中，一个核心并引起广泛争论的概念就是“地方”（伯特，2011）。区域地理学将地方看做是地球表面上的某些地点，强调地方之间的差异，认为地方乃是由各种自然和人文要素组成的具有独特性的综合体；空间科学则强调地方与地方之间联系与相互作用的一般法则；新区域主义又重新恢复了对地方差异的研究兴趣，但它不仅秉承了人本主义地理学强调地方意识、地方感受的观念和对地方重要性的重视，同时也吸收了激进地理学所强调的地方之间不仅越来越相互联系而且还相互依赖的观点，将地方看做是人们的日常活动和交往的背景和场所，是人们通常开展自己的日常生活的尺度，强调地方既是人们日常活动和面对面交流的客观舞台，又是人们产生和表达他们自己情感的主观场景（伯特，2011）。由此，经济地理学强调，在一个相互依赖的世界里，虽然各个地方都受到共同的全球化力量的影响，但每个地方又都是独一无二的，是全球体系中的切换点或者是跨越地方的网络中的节点。

21 世纪以来，为解决“新区域主义”经典理论中“新产业区”、“产业集群”和城市与区域发展中的“路径锁定”问题，经济地理学中又兴起了一种“超越新区域主义”的理论思潮。这种思潮强调，城市与区域发展虽然要以经济活动的地方化为基础，但需要打破由于“路径锁定”而产生的竞争力衰退问题，就必须建立地方发展的跨区网络和全球通道，也就是通过生产网络的多尺度关联与相互依赖，一方面继续维持地方化经济发展的优势，另一方面则不断寻求保持动态竞争优势的源泉。因此，经济地理学对地方及地方化的认识，强调的是地方之间的差异、联系与相互依赖，突出的是“地方的全球化意识”，意味着彼时彼地发生的事情可以对此时此地的变化产生重大影响，也意味着在全球化的世界里地方总是处于不断的变化中，与全球性相互联系和相互依赖相伴的是地方之间的不平等和不均衡的发展。

那么，经济地理学如何看待并解释地方经济的崛起和这个日益不平等、不均衡发展的世界呢？

首先，与经济学持续强调规模经济的重要性不同（表 7-4），经济地理学一方面承认规模经济的重要性以及其对生产技术和生产地点的依赖性，如重工业、高科技产业的内部规模经济较大，而传统的轻工业内部的规模经济则相对较小，并注意到由于大规模的业务需要大市场和适当的生产要素投入，为降低成本或提高效率和生产率，一个公司就会在生产过程的不同点上寻求规模经济，从而导致公司活动在不同生产区位的布局与转移；另一方面，经济地理学对新技术革命和经济全球化对产业组织所形成的革命性影响则十分关注，认为伴随着以信息技术为主导的新技术革命和经济全球化的快速推进，传统的以纵向或横向一体化为依托的大规模、标准化福特主义生产模式已被弹性生产系统或者后福特主义生产体系所替代。由于经济情况的改变会引起生产的高度不确定性和不稳定性，还会使最终市场竞争加剧，公司内部规模经济和范围经济瓦解，整个生产系统有强烈的水平分工和垂直分工的趋势。于是，这种分解大大增加了资本和劳动部署的灵活性，外部交易联系的增加，使外部规模经济变得更深、更宽，而市场的扩张使得越来越多的专业化服务和中间投入品供应商可以在整体生产系统内部找到有利润的专业化市场。

表7-4　近30年来经济学研究对规模经济重要性的发现

主题	主要观点
工业组织20世纪70年代	规模报酬递增和不完全竞争可以纳入规范的经济模型
城市经济20世纪70年代	城市中的外部经济和城市体制；集聚程度因城市功能而异
国际贸易20世纪80年代	规模报酬递增和不完全竞争解释了禀赋相似国家间的产业内贸易；通过贸易和专业化，初始禀赋可能影响长期增长率，贸易同时启动了趋同和分化
经济地理20世纪90年代	规模报酬递增以集聚和不完全竞争为特征，而收益不变的活动保持分散和竞争状态，这有助于解释经济活动地区分布和城市的增长
内生增长20世纪80年代	完全竞争和与知识相关的或与人力资本相关的外部性不仅意味着累积回报的增加，而且解释了增长率不会下降和国家间富裕水平不会趋同的原因
内生增长20世纪90年代	不完全竞争解释了研发开支不会下降的动力，知识外溢解释了研发成本下降，带来更多更好的产品刺激经济增长的原因
内生增长21世纪初	不完全竞争和熊彼得的公司进入或退出市场，新来者带来了新的技术，解释了一国的增长和最佳政策如何随着与技术前沿距离的不同而变化；城市的知识积累促进了增长

资料来源：世界银行，2009

此外，新的产业细分部门一个接一个地出现，引起了社会劳动分工的持续扩张。只要外部经济扩张，个别的生产者就可以在综合体的组织结构中以更低的价格有更多的选择；综合体因为其内在的降低生产成本的动力而持续扩张（Scott，1988）。这种新的生产模式的兴起使生产活动趋向于信息密集而不是能源或原材料密集；高的生产率不再依赖大量的标准化产出，而是通过多样化或者大规模定制来实现；生产过程中的专业化程度越来越高、越来越精细，使得生产过程可以拆解为一系列操作过程并逐步外包化、外部化；而单个操作过程越来越标准化和常规化，使得可以广泛使用半熟练或非熟练个人；生产过程的灵活性越来越高，改变了生产规模与成本之间的关系，缩短生产周期，增加产品多样性，为细分市场而不是大众市场服务，使生产活动日益嵌入到本地化的网络与社会文化中。由此，经济地理学对规模经济的关注，从经济学抽象的内部规模经济以及经济增长理论中的规模报酬递增，而走向弹性生产系统下新产业空间的兴起以及对外部规模经济的经验研究（Scott，1988）。

其次，新区域主义认为，经济活动的全球化并没有走向绝对的空间分散和去地域化、去地方化。相反，经济活动在多种空间尺度上，其集中趋势却得到了进一步的加强。地域化的经济发展跟经济活动的区位或位置虽然相关，但相互之间有很大差别。地域化的经济是由依赖于地域特定资源和关系的经济活动构成的，它总是跟生活中所特定的相互依赖密切相关。这种资源可以是仅出自某一地方的特殊要素，也可以是只能从某种特定的组织内部或企业—市场关系中获得的要素，包括地理邻近性所形成的有价值的特殊要素——集聚经济。如果某一项经济活动的成长能力嵌入于某种特定的要素（包括资源和关系），而这种要素在其他地方都无法获得，也难以创新创造或者被其他地方所模仿，那么这种活动就是完全地域化的（Storper，1997）。

在经济地理学看来，经济活动在地方尺度上，其地域化的方式最常见的有两种类型：产业多样化所形成的一般化集聚和同一或相关产业集中所形成的专业化集聚，前者往往被称为地理集中，其最典型的集聚形式就是城市，因而这种多样化经济活动在特定空间集聚所带来的好处——基础设施的共享和不同思想之间的相互学习，也被称为“城市化经济”；后者往往被称作产业集群，战略管理学家波特（Michel Porter）将其定义为在一个既竞争又合作的特殊领域内，由相互联系的公司、专门供应商、服务提供商、相关产业的公司和关联机构在地理空间上形成的集聚（Porter，2000），地理学家认为其最典型的集聚形式就是所谓的“新产业区”或“新产业空间”，这种相同或相近产业中的经济活动在特定空间的集聚所带来的好处——中间投入品共享、劳动力市场匹配和知识溢出，也被称为“地方化经济”（表7-5）。

表7-5　规模经济的类型与构成

规模经济类型			案例
内部	1. 金钱		购买中间投入资料时可以得到巨额回扣
	技术	2. 静态技术	工厂经营中固定成本降低带来的平均成本的降低
		3. 动态技术	学习更有效的经营工厂

续表

规模经济类型				案例
外部或集聚	地方化	静态	4. “购买”	购物者被吸引到有更多消费者的地方
			5. “亚当．斯密”专业化	外购使上游投入资料供应者和下游公司均从专业化带来的生产率的提高中受益
			6. “马歇尔”劳动市场共享	具有特定工业技能的工人被吸引到生产较为集中的地区
		动态	7. “马歇尔－阿罗－罗默”边做边学	一段时间内反复持续的生产活动引起成本下降，并在统一地方产生影响
	城市化	静态	8. “简．雅各布斯”创新	一个地区从事的生产活动的种类越多，从别人那里观察和学习新知识、新观念的基于也就越多
			9. “马歇尔”劳动市场共享	某一产业的工人为其他产业的公司带来创新；和第六条相似，但是效益源自同一地方产业的多元化
			10. “亚当．斯密”劳动分工	和上述第五条相似，主要区别在于同一地方众多不同的购买产业的存在使劳动冯巩成为可能
		动态	11. “罗默”内生增长	市场越大，利润就越高，地区对公司的吸引力就越大；工作越多，劳动力就越多，市场就越大，等等
			12. “纯”集聚	将基础设施的固定成本摊到更多的纳税者身上；拥挤和污染增加了成本

资料来源：世界银行，2009

但是，无论是城市化经济，还是地方化经济，其外部经济均来自于空间邻近性的两大方面：可交易性相互依赖与不可交易性相互依赖，前者通过减少运输成本或者降低消费—供给的不确定性而降低交易成本，后者则通过面对面的交流、社会的和文化的相互作用、知识和创新活动的增强而促进技术学习和创新。由于集聚经济在经济活动中如此重要，我们就不难理解，1900～2000年，全球生活在工业与服务业占主导地位的城市地区的人口比例从15%上升到47%；1900年，世界上最大100座城市的总人口仅占世界人口的4.3%，而现在最大100座城市的总人口，几乎占世界人口的10.5%；在法国、英国和美国，75%～95%的生产活动实现了地方化集聚，分散生产活动的比例不足15%；在美国，1/3以上的航空航天器械是由三个城市生产的，哈特福德雇用的人数约为雇用总量的18%，辛辛那提和菲尼克斯的雇用人数之和为18%（世界银行，2009）。

第三，如果将经济活动集聚放在不同的空间尺度上来考察并从单一的城市或产业区扩展到更大的空间尺度，我们就会发现，规模大小不同、发展水平各异、类型更加多样的城市、都市区、都市圈、城市群和多中心巨型城市区域等，已经成为集聚经济活动的重要平台。研究表明，城市规模扩大一倍将使生产率增加3%～8%；与密集城市中心的距离每增加一倍，生产率将降低15%；大城市倾向于以服务业为主导，通过创新、发明、培育新公司而多元化发展，并将成熟产业驱逐出去；而小城市倾向于发展专业化产业，制造产品并接受和重新安置多元化城市驱逐出来的产业；中等规模的城市倾向于成熟产业而非新产业的专业化。例如，法国的所有新公司中，84%创建于多元化水平中等以上的城市中；而大约72%的公司是从中等以上多元化水平的地区搬迁到中等以上专业化水平的地区的。在美国，几乎所有的产品创新都由大城市地区提供。在日本，试验性工厂设在大城市，但大规模生产厂家则位于小城市或农村地区。这样，不同领域公司的总部和商业服务集中在少数大城市中，而每一领域的生产厂家聚集在某一规模较小的专业化城市中；大城市以管理和信息密集型活动见长，主要进行服务业、非标准化制造业和研发等生产活动，是公司试验多种生产工艺的“温床”，而伴随着基础设施的改善和运输成本的下降，小城市则从事专业化、标准化的生产活动（世界银行，2009）。

与经济学家围绕专业化的或多样化的城市哪个更能促进增长这一问题而争论不休不同，经济地理学家则将不同规模、不同类型的城市放在都市圈、城市群、大都市带、多中心巨型城市区域乃至全球城市体系中进行观察和研究，认为由若干大城市和众多经济功能相异的小城市在特定空间集聚并相互之间竞争与合作，就形成了具有独特社会经济效应的城市功能地域。法国地理学家戈特曼（Jean Gottmann）在关于都市带的先驱研究中，将美国高度城市化的东北海岸地区最早界定为大都市带，认为在美国东北海岸地区，支配空间经济形式的已不再仅仅是单一的大城市或都市区，而是集聚了若干都市区并在人口和经济活动等方面密切联系而形成的一个巨大整体，并预言“大都市带”是城镇群体发展、人类社会居住形式的最高阶段，具有无比的先进性，而必然成为人类文明的标志（Gottmann，1961）。

在中国和日本，围绕一个大都市及其邻近城镇和地区而形成的具有密切社会、经济联系和一体化功能的“都市圈”，则成为一种空间尺度相对较小的城镇群体。20世纪80年代以来，伴随着全球化和信息化的快速推进，高端经济由制造、加工转向服务生产，高端生产者服务业的生产地点和物质性产品的生产地点的日益分离，在当今世界高度城市化的地区，则出现了一种被看做全新现象的多中心巨型城市区域，如英格兰东南部的大伦敦地区、荷兰的兰斯塔德地区、中国的长江三角洲和珠江三角洲地区、日本的京阪走廊、印尼的大雅加达地区等。这种巨型城市区域由形态上分离但功能上相互联系的众多城镇，集聚在一个或多个较大的城市周围，通过新的劳动分工显示出其巨大的经济力量。这些城镇既作为独立的实体存在，同时也是广阔的功能性城市区域的一部门，它们通过高速公路、高速铁路和电信电缆所传输的密集的人流和信息流——“流动空间”——联接起来（霍尔和佩恩，2009）。

美国区域规划协会和林肯土地政策研究所制定美国面向 2050 年的规划时，按照环境与地貌、基础设施、经济联系、聚落形态和土地利用、历史与文化 5 个方面，勾划了 11 个巨型城市区域，将其看做是大都市区通过客货运输、经济联系、自然资源共享和社会历史共性联接而成的网络系统，认为全球化和技术的发展将促使物力、人力、信息以更低的成本、更密的频率和更高的速度流动，从而使巨型城市区域变得更具凝聚力，进而构成了从现在到 2050 年美国经济增长的主要地区，汇集了美国的全球性港口、机场、通信中心、金融和市场营销中心，成为美国与全球经济联系的门户。

第四，如果从经济活动空间集聚的规模、等级和相互之间的联系在全球经济中的重要性来考察，一方面，我们将看到，全球化和信息化共同导致了全球城市体系和全球生产网络的形成；另一方面，我们也将看到，位于全球等级体系顶端的城市——所谓的世界城市或全球城市、全球城市区域的出现，以及其重要性的大幅提升。萨森（Sassen，1991）、弗里德曼（Friedmann，1986）等一些学者强调全球性支配和控制功能以及高端生产者服务业在全球城市的进一步集聚。如弗里德曼认为，伦敦、纽约、东京成为全球性的金融节点，而迈阿密、洛杉矶、法兰克福、阿姆斯特丹、新加坡等成为“跨国节点”，巴黎、苏黎世、马德里、墨西哥城、圣保罗、首尔、悉尼等则成为“重要的国家节点”（Taylor，2004）。

由彼得·泰勒（Peter Taylor）领导的拉夫堡大学的“全球化和世界城市”（GaWC）研究团队和网络，则按照全球性的“流空间”或者“世界城市网络”来认识全球城市（Hall，2001）。他们根据全球经济的组织结构来分析城市间的关系，将世界城市看做连接到一个单一的世界范围网络的“全球服务中心”，认为全球化世界里的城市不仅相互竞争，更为重要的是它们还有合作关系，正是位于全球城市里的多重商务网络间的联系，赋予了世界城市网络以合作关系。由此，他们将处于全球城市体系最顶端的世界城市——伦敦、巴黎、纽约和东京，看做是首位世界城市（表 7-6），在它们的行政边界内通常有 500 万甚至更多的人口，腹地人口更多达 2000 万，能够提供有效的全球服务。紧随其后的是次全球城市或者第二级、第三级世界城市，通常拥有 100 万～500 万人口以及 1000 万的腹地人口，履行一系列与全球城市基本相似的职能；在这以下是区域性城市，被称为“具有形成世界城市迹象的城市”，人口在25万~100万（霍尔和佩恩，2009）。

表7-6 拉夫堡团队GaWC研究的世界城市目录

A 首位世界城市
11 *伦敦*、*巴黎*、纽约、东京
10 芝加哥、法兰克福、香港、洛杉矶、米兰、新加坡
B 第二等级世界城市
9 圣弗朗西斯科、悉尼、多伦多、*苏黎世*
8 *布鲁塞尔*、*马德里*、墨西哥城、圣保罗
7 莫斯科、首尔
C 第三等级世界城市
6 *阿姆斯特丹*、波士顿、加拉加斯、达拉斯、杜塞尔、多夫、*日内瓦*、休斯敦、雅加达、约翰内斯堡、墨尔本、大阪、*布拉格*、圣地亚、哥台、北华盛顿
5 曼谷、北京、罗马、*斯德哥尔摩*、*华沙*
4 亚特兰大、*巴塞罗那*、*柏林*、布宜诺斯艾利斯、*布达佩斯*、*哥本哈根*、*汉堡*、伊斯坦布尔、吉隆坡、马尼拉、迈阿密、明尼、阿波利斯、蒙特利尔、*慕尼黑*、上海
D 具有形成世界城市迹象的城市
i 有相当强的迹象
3 奥克兰、*都柏林*、*赫尔辛基*、*卢森堡*、*里昂*、孟买、新德里、费城、里约热内卢、特拉维夫、*维也纳*
ii 有一些迹象
2 阿布扎比、阿拉木图、*雅典伯明翰*、波哥大、*布拉迪斯拉发*、布里斯班、*布加勒斯特*、开罗、克利夫兰、*科隆*、底特律、迪拜、胡志明市、*基辅*、利马、*里斯本*、*曼彻斯特*、蒙德维的亚、*奥斯陆*、*鹿特丹*、利雅得、西雅图、*斯图加特*、*海牙*、温哥华
iii 有微弱迹象
1 阿德莱德、*安特卫普*、奥尔胡斯、巴尔的摩、班加罗尔、*博洛尼亚*、巴西利亚、卡尔加里、开普敦、科伦坡、哥伦布、*德累斯顿*、*爱丁堡*、*热那亚*、*格拉斯哥*、*哥德堡*、广州、河内、堪萨斯城、*利兹*、*里尔*、*马赛*、里士满、*圣彼得堡*、塔什干、德黑兰、提华纳、*都灵*、*乌得勒支*、惠灵顿

注：每一城市根据从1到12的世界城市发展程度排序，斜体的为欧洲城市

资料来源：霍尔和佩恩，2009

著名经济地理学家斯科特（Scott A.）和城市学家霍尔（Peter Hall）等则认为（Scott，2001；Marston，2000），与其把世界城市仅仅看做是简单的核心，还不如将其看做成更加复杂的、包括若干城市的、多中心网络结构的城市区域，这种巨大尺度上的城市区域，在其外部链接全球网络，在其内部跨越数千平方英

里，因而是城市组织的一种新尺度——全球城市区域或多中心巨型城市区域。由于信息可以以两种方式移动：电子传递和面对面交流，而高度发展的电子交流系统，则潜在地允许两种类型的交流高度弹性的混合（Scott，2001）。这样，一方面传统的密集型中央商务区由于在基于面对面交流的高端生产者服务业集群发展方面的优势，依旧提供着巨大的聚集经济；另一方面，由于信息技术和高质量交通网络的发展，许多需要集聚的面对面交流的功能正在经历一个“集中式的分散”的复杂过程：它们在广阔的城市区域尺度上扩散着，但是同时又在这个城市区域内的特殊节点上重新集聚，只受到连接的时间距离关系的约束。由此，一种逐渐形成的多中心的城市结构：传统的 CBD、二级 CBD、三级 CBD 或“内部边缘城市”，甚至在许多城市开始出现“外部边缘城市”，使越来越多的专业化功能随着时间的迁移重新布局在更为分散的位置，从而使城市区域成为一种通过多元的节点和链接所构成的新型劳动地域分工网络，但在更大的区域尺度上仍然存在着一种清晰可辨的城市等级（霍尔和佩恩，2009）。如在中国的珠江三角洲地区，核心的支配和控制功能集中在香港，其他服务功能集中在广州，而其他常规的制造业和服务功能则散步在三角洲内的各个城市，但整个区域在全球尺度上则是高度集中。

7.5 小　　结

经济地理学是一门基于空间尺度和尺度关系来分析经济活动组织模式的学科。在全球化和信息化迅猛发展的今天，全球经济地图已经在根本上被重绘。而这一学科对多种尺度经济活动实践的关怀，使其将分析塑造和重塑这个全球地图的过程并识别这些过程给全球经济体系中处于不同位置的人们和地点的经济福祉带来的主要影响作为基本目标（迪肯，2007）。对于拥有悠久的区域研究传统的经济地理学来说，地点、地方和地区的独特性和差异，无疑是透视经济活动空间组织的一个基本出发点；但经济地理学也拥有空间分析传统，地点、地方、地区之间的关系和相互依赖则构成了透视经济活动的另一个基本出发点。在全球化和信息化的共同推动下，以前被看做事先给定了空间尺度的地点、地方、地区，如今被看做是社会关系建构的产物，其空间尺度仍处于不断的变化之中。同时，以前没有得到充分认识和研究的一些空间尺度：如全球尺度、（跨国）区域尺度、城市群、全球城市、多中心巨型城市区域尺度等，如今已成为经济地理学研究的热点和核心。

对经济地理学来说，当今的经济活动是在全球化和地方化交互作用下进行的，全球化和地方化就像一枚硬币的两面，是相互依存、相互转化的。正是经济活动的全球化和“流的空间”的兴起，全球生产网络、世界城市网络等全球尺度的分析，才成为经济地理学理解全球经济地图的一个透镜；而正是经济活动的地方化和“地方空间”重要性的凸显，集聚经济、产业集群、制度厚度、贸易与非贸易相互依赖等地方尺度的分析，才成为经济地理学理解全球经济地图的另一个透镜；同时，正是经济活动全球化与地方化的相互依赖与相互转化，“流的空间”和“地方空间”的相互作用、全球—地方关系联接、全球管道与地方流传（global pipeline and local buzz）等跨尺度的分析，才成为经济地理学理解全球经济地图的一个复合透镜。正如马斯顿（Marston）所说：特定的地理尺度可以看作“包括空间、地方和环境的复杂混合体中的一个关系要素，正是它们的交互作用构成了我们生活和研究的地理”（Marston，2000）。

第 8 章 空间管理[①]

8.1 引言

前面几章介绍了区位、地方综合、区域差异、空间结构、地区间相互作用、尺度间相互依赖等经济地理学基本思维模式。这些思维工具之间并不是相互独立的，而是相互贯穿的。例如，成熟的经济地理学者在考虑地区间相互作用时一定会想到尺度问题、区位问题、区域差异和空间结构，在分析某个地区的发展问题时一定会考虑区位、综合性（人地关系）、地区间相互作用和尺度间相互关联。当我们能够不自觉地运用多个思维工具进行思考时，我们就拥有了多维、立体的思维能力，具备成为“系统工程师”的知识基础。但是，要运用这些思维工具解决复杂的现实问题，我们还需要树立（地域）空间管理的意识。这是经济地理学走向社会实践的关键“通道”，也涉及这个学科的定位。需要特别强调的是，这里把空间管理加上“地域”这个术语，是强调空间管理仅指地表空间，不包括太空和外太空。

我们使用“空间管理”这个词代表经济地理学者面向社会实践时所具有的一种信仰，即相信基于理论知识的干预手段可以让空间秩序更符合人们的理性需要，从而使空间得到更有效、公平和可持续的利用。空间管理并非是一个很成熟的理论概念，与它近似的一个概念是空间管治。前者侧重自上而下的管理，而后者强调多方参与，特别是自下而上的参与，但其核心都是人为地对自发的市场行为进行干预。当然，空间管理不是经济地理学的“专利”或天然领地，但却是经济地理学最适宜生长的“土壤”。过去十多年中国经济地理学者在一系列国家战略决策中所发挥的作用，已经很好地说明了这一点。

毫无疑问，我们强调树立空间管理的思维意识，是希望将经济地理学更加紧密地与社会实践相结合，同时也是为了将经济地理学的实践工作置于学术研究基础之上。对于这一点，我们确实需要花一些笔墨来阐述。长期以来，人们习惯于将学术活动划分为纯学术的基础研究和面向实践的应用研究（practice-based），之后又延伸出所谓的应用基础研究。在一个学术团体内部，基础研究和应用研究

---

① 本章作者：刘卫东。

往往是对立的。基础研究的理想是自由探索，发表学术论文，其重大成果可能会改变社会和历史；应用研究往往以解决现实问题为目标，强调社会贡献和认可。在地理学这个学术团体中，包括经济地理学，这样的对立是存在的。相互竞争、相互看不起的学术生态，并非夸大其辞。这样的学术生态影响着学科的定位和发展。

事实上，几乎每个学科都存在基础研究和应用研究，而且相互之间并无明确的分界线。更重要的是，在科学研究越来越功利化的大背景下，多数学科都需要证明自己“有用”才能生存下去。研究真实世界的经济地理学更无法让自己“例外”。在中国，对于多数经济地理学者而言，不需要游说他们就能深刻地理解面向实践的研究工作的重要性，因为这已经是一个传统。理论与实践紧密结合，或者说“学以致用”，是过去半个多世纪以来中国经济地理学发展的重要特征。在美国，这个被认为是学术研究天堂的国家，过去 20 年中地理学也在经历着转变。2000 年美国科学院出版的《重新发现地理学》，充分展示了地理学研究对社会和决策的重要贡献，而地理学之所以能够被“重新发现”也是由于这些贡献。2010 年该院出版的《正在变化的星球：地理科学的战略方向》，更加强调了地理学面向社会需求的十一个战略研究方向①。我们或许可以声称，让学术研究更加靠近社会实践是我们这个时代的趋势。对于经济地理学而言，树立空间管理的思维意识，是让研究工作靠近社会实践的关键环节。

其实，让研究工作靠近社会实践有时候只需向前走一小步，而关键是有没有这样的意识。这里举一个简单的例子。2012 年在纽约举办的美国地理学家联合会（AAG）年会上，著名经济学家杰弗瑞·萨奇斯（哥伦比亚大学地球研究所所长）应邀作了一个大会演讲，主题是自然地理与经济学研究。演讲中他提到了一个无关紧要的例子：当今的世界人口流动越来越频繁，特别是发展中国家人口向发达国家的移民。对于一般经济地理学者而言，研究清楚移民的流向或者移民的生存、教育、收入等内容或许就结题了。萨奇斯则继续讲到，移民与本地居民之间往往存在着矛盾，而这是当地社会或者城市的市长最头疼的事情。这给我们的启示是，研究再深入一小步，我们就可以更加靠近社会了。

---

① 这十一个战略研究方向包括：a. 我们如何改变地球表面的自然环境；b. 我们如何更好地保持生物多样性与保护濒危的生态系统；c. 气候和其他环境变化将如何影响人与环境耦合系统的脆弱性；d. 一百亿人在地球上如何生存和分布；e. 我们如何在未来十年或更长时期内可持续地养活每一个人；f. 人口居住地是如何影响人类健康的；g. 人口流动、物资交流及思想传播如何改造世界；h. 经济全球化如何影响不平等；i. 地缘政治变化如何影响和平与稳定；j. 我们如何更好地观察、分析和可视化这个不断变化的世界；k. 公民制图和绘制公民地图的社会影响是什么。

当然，对于中国经济地理学而言，确实需要防止另外一种倾向，即重“用”轻“学”。也就是说，长期忙于实践工作，忽视学术研究。长此以往，就会混淆实践任务和学术研究的区别。一方面，实践工作缺少扎实学术研究的支撑，水平难以提升；另一方面，很容易给刚刚进入本领域的年轻人造成错觉，误认为实践工作的方法就是学术研究的方法。这两者都不利于学科的发展。因此，不能让实践工作替代学术研究，而是需要将理论与实践紧密结合。空间管理的思维意识正是这样的一个结合点。

在当今的世界，空间管理正在显示出越来越重要的价值。我们生活在地球表层，我们的每一项活动都需要占用地表空间。对生存空间（特别是土地）的开拓、争夺、分配和使用一直贯穿于人类数千年的文明史之中。通过战争掠夺和地理大发现曾经是一个国家开拓生存空间的主要手段。近一百年来，地球的人口密度迅速上升、人类活动强度越来越高、对自然界改造程度日益加大，而再也没有“新大陆”供人们去发现和挥霍了。利用好自己的生存空间对于多数国家而言都是必然的选择。因而，空间管理对于人类的生存和可持续发展具有重要的意义，其研究具有巨大发展空间。牢固树立空间管理的思维意识，对于经济地理学的长远发展具有十分重要的意义。

空间是一个尺度连续可变的概念，因而空间管理也是一个宽泛的概念。一个家庭居室空间的利用，或者一个住宅区的建筑布局，都可以算作空间管理的范畴。但是，经济地理学需要关注的空间管理，应该是中观和宏观尺度的，包括城市的、区域的、国家的和全球的。当然，空间管理的内容也是丰富多彩的。本章我们仅简单地介绍一些经济地理学所擅长的空间管理思维，包括区域划分思想、地域空间规划、区域发展战略与区域调控、主体功能区划等。

8.2 区域划分的思维

区域划分是空间管理的基础性工作之一。人们进行空间管理，实际上潜在地承认了地表空间存在差异性。如果各地区都一样，也就不需要进行空间管理了。区域划分就是将地表空间划分为若干区域，其目的是为了反映区域内的共同性和区域间的差异性。这些划分出来的区域，自然就是空间管理的对象了。如第1章所述，在20世纪30年代，区域成为地理学的主要研究对象。自那时起，如何划分区域就是地理学关心的基本问题。以经济地理学者的眼光看，区域是由人为界线圈定的土地以及相应的资源、人口、经济活动等。它是人们从空间侧面认识世界和进行空间管理的一种手段，也可以理解为世界或地表空间的组成单元。任何区域的划定都代表着某一种看待世界的方式，因而不可避免地带有特定的背景或目的。也就是说，区域划分并不是客观的，而是具有高度的主观目的性。

人们最熟悉的区域划分就是行政区划。几乎每个现代国家都有复杂程度不一的行政区划体系，以便进行行政管理。其他类型的区划还包括以认识自然界为主要目的而划分自然地带（区）、以解决特定发展问题而划分政策区、以组织经济活动为主要目的而划分经济区等等。虽然实践中有多种区划，但从划分方法来看，一般认为有三种基本区域类型，即均质区域、功能区域和行政区域。

1）均质区域是以共性特征来划分的，如自然条件（气候、土壤、植被等）、经济特征、政治文化等。但所谓的“均质”并非是绝对的相同，而是相近的程度。典型的均质区域如气候带、农业区、经济区等。

2）功能区域是以相互依赖性或互补性来划分的，即区域内各组成部分协同完成或实现特定的功能。典型的功能区如城市的通勤区、市场区等。近年来，学术界和政府部门经常使用的城市—区域（city-region）、大都市经济区（EMR）、都市圈等区域概念，实际上也是典型的功能区域。

3）行政区域是具有政治性的一种区域类型，其划分是以权力结构、历史传承、自然条件（行政管理的方便性）等为基础的，具有高度的稳定性。例如，中国有些县界在长达千年的历史过程中基本没有变动。另外，行政区域还具有明确的等级性，增加或减少层级都牵涉巨大的政治经济变革。

从其定义和划分方法可以看出，区域是一个空间尺度可变的概念。在国际尺度上，有时北美自由贸易区、东盟这样的跨国空间单元也被称为区域。在国内尺度上，数个省、一个省、几个市等构成的空间单元，都可以被称为区域。由于区域有这样的特点，无论就空间管理（如实施区域政策）而言，还是就学术研究中的国际比较而言，应特别注意区域尺度的一致性问题。区域大小过于悬殊，不具可比性。例如，在欧洲的法国、意大利等国家，也有像中国的“省”这样的行政单位。但是，无论就国土面积还是人口规模而言，实际上两者间并不完全可比。人们经常犯的错误是观看印刷品上两张大小差不多的地图并进行比较分析，而完全忘记了地图的比例尺！这就是没有尺度思维带来的问题。实际上这个“误区”已经深入我们的生活甚至是研究工作之中。

区域划分可以分成两大类。一是区划，如综合自然区划、气候区划、农业区划、经济区划等等。这种区域划分的突出特点是全覆盖和不重叠，即划分结果覆盖全部研究对象，而且划分结果之间没有交叉和重叠。二是类型区划分，如贫困地区、重点开发地区、生态保护区等。其主要特点是非全覆盖，以及不同类型区之间存在交叉重叠的可能性。此外，根据所考虑的因素多少，区域划分可以分为单要素区划和多要素综合区划。当然，区域划分不仅仅是经济地理学的重要工作，实际上也是地理学这个学科的重要研究内容。例如，20 世纪 50 年代所做的综合自然区划，以及后来所作的气候区划、水文区划、土壤区划等，都在学术界产生了深远的影响。郑度主编的《地理区划与规划词典》对地理学参与的各种区划进行了比较系统的记述（郑度等，2012）。这里我们仅简单介绍几种中国经济地理学者参与的区划，以及新中国成立以来中国主要的政策类型区划分。关于主体功能区划，将单独介绍。

8.2.1 综合农业区划

综合农业区划是进行空间管理的一个典型案例，也是计划经济时期中国经济地理学者广泛参与的主要空间管理工作之一。一大批经济地理学者借此在当时的政府相关部门产生了重要影响，并推动了经济地理学的发展，如周立三、邓静中、吴传钧等。

西方国家的农业区域划分工作的主要目的是认识农业生产活动的地域分异规律（郑度等，2012）。例如，可以根据农业生产门类的地域集中程度划分农业区域，从而认识农业生产的地区专业化情况（如美国的“玉米带”）；也可以根据生产条件评价来进行区划，从而认识不同地区的特点和潜力。在计划经济国家，农业区划工作则主要是为了因地制宜地指导农业生产，也就是进行空间管理。原苏联在20世纪20年代就进行了农业区划工作。中国在建国后先后进行了三次农业区划工作，包括1955年的《中国农业区划初步意见》，1962年的《全国农业现状区划（草案）》和80年代初的《中国综合农业区划》。而且，绝大多数省、市、县都编制了各自的农业区划方案。

根据邓静中（1982）的定义，综合农业区划是综合地揭示和反映农业生产条件、特点、潜力、方向和途径的区间差异性与区内一致性的地域单元系统。进行农业区划所遵循的基本原则是：农业生产部门结构和集约化特征的相似性；农业自然资源和社会经济条件及其开发利用途径的一致性；农业生产远景发展方向的共同性；基本保持县级行政区界的完整性（郭焕成等，1992）。其方法和步骤为：①通过编制各种分布图和分析研究实地调查资料，揭示农业生产的地域分异现象；②分析地域分异的形成因素，通过抓住主要因素来考虑划区的基本轮廓；③对比不同区域的特点，并根据特点和发展方向拟定区划系统；④分析论证各区发展方向和建设途径，并在讨论比较中订正分区界线。

这些原则和区划方法实际上反映了经济地理学的区域差异和地区综合两个视角。农业生产是所有经济活动中对自然条件和自然资源依赖程度最高的部门之一；由于自然条件的不同，各地农业生产有着巨大差别。要进行农业生产的空间管理或制定计划，首先需要考虑的就是农业地域差异的规律性。同时，农业生产又不完全是由自然条件决定的，技术和经济的合理性以及文化因素也起着重要作用。因而，农业区域的划分需要综合地考虑各种相关因素及其相互影响，是一种综合思维。此外，进行区划必然要考虑尺度因素，进行相应的分级。在大尺度上相似的区域，在小尺度上可能展现更强的差异性。1955 年的《中国农业区划初步意见》将全国划分为 6 个农业地带和 16 个农业区；1962 年的《全国农业现状区划（草案)》将全国划分为 4 个一级区、12 个二级区、51 个三级区和 129 个四级区；1982 年的《中国综合农业区划》则分 10 个一级区（含海洋）和 38 个二级区。

尽管在 20 世纪 80 年代之后随着向市场经济的转型，服务于计划经济的综合农业区划失去了原本的意义，但这项工作为如何进行有效的空间管理留下了很多有参考价值的东西，特别是经济地理学思维在空间管理中的重要价值，包括差异性、综合性和尺度思维。当然，作为计划经济的产物以及受所处时代的影响，农业区划没有考虑市场和贸易问题，以及由贸易所反映的地区间相互作用和尺度间的相互关联。例如，全球农产品贸易规则对地区农业生产的影响，以及来自美国大豆进口对中国东北地区大豆生产的影响。

8.2.2 综合经济区划

综合经济区划也是计划经济时期进行空间管理的重要手段，是比农业区划更为宏观和综合的区域划分。所谓综合经济区划是指基于区域经济特点和劳动地域分工而对一定空间范围（如全国）进行的区域划分，其主要目的是明确各地区在劳动地域分工中的地位，并进行相应的生产布局。同样，经济区划最早也是出现在原苏联。在 20 世纪 20 年代，苏联的经济区划问题委员会就进行了全俄经济区划，其目的在于最合理地组织全国领土、经济和管理（邓静中，1984）。我国在新中国成立后也进行了若干次经济区域划分，主要是服务于原国家计划委员会的计划管理和生产力布局工作。例如，60 年代曾将全国划分为六大经济区，包括东北、华北、华东、中南、西南及西北经济区。

新中国成立初期的经济区划主要考虑的是在一定区域范围内建立相对完整的经济体系，以及区域内相互协作的可能性。如 1958 年提出的七大经济协作区（与 60 年代的六大经济区基本一致，只是中南区分开为华中区和华南区）。之后的经济区划越来越多地考虑劳动地域分工和发挥地区优势，目的是因地制宜地指导各地区的经济发展。根据杨淑珍等（1990）主编的《中国经济区划研究》，经济区划需要综合地考虑经济、生态（自然）和社会等因素。在经济因素方面，主要考虑地区经济专业化、国家发展与地区发展的关系、现状与长远发展的结合、核心城市的作用、国民经济管理体制、国际劳动分工等。生态因素方面则需要考虑资源环境与发展的关系；社会因素方面要考虑文化、民族、国防等。

改革开放后，学者们曾提出过多种经济区划方案。如杨淑珍的十大经济区方案（东北、华北、华东、华中、华南、西南、西北、内蒙古、新疆和西藏）。尽管一些方案有官方的背景（如原国家计划委员会的参与），但国家并未正式出台全国综合经济区划方案，而是逐渐转向采取政策类型区来进行空间管理，如东、中、西三大地带，以及西部、东北、中部和东部“四大板块”。后面我们还将专门介绍这些区域划分。“九五”时期的七大经济区①，具有类型区和综合经济区的双重特征，不是一种经济区划方案。“九五”计划纲要提出，“按照市场经济规律和经济内在联系以及地理自然特点，突破行政区划界限，在已有经济布局的基础上，以中心城市和交通要道为依托，逐步形成七个跨省区市的经济区域”，其主要目的是打破地方保护主义、促进地区间合作。

经济区划经常被与各种经济区或政策类型区混淆。在地理学家看来，区划一定是将所研究的范围进行完整覆盖而又不重叠的区域划分，而且区划也是要分级的（尺度），如一级区、二级区和三级区。而经济区或政策类型区可以不完全覆盖研究范围（如全国或一个省），而且各区域还可以有所重叠。“九五”时期的七大经济区和目前的“四大板块”都有重叠问题，因而均不属于经济区划之列。

从综合经济区划的目的及所考虑的因素可以看出，尽管区域差异是经济区划的基础，但这种区域划分所重视的因素是区域间和区域内的联系，乃至区域与国际的联系。这些联系用经济地理学的地区间相互联系、尺度间相互关联、空间结构（城市与区域的关系）、区位（地区专业化）等视角可以得到很好的透视。与综合农业区划一样，在中国转向市场经济之后，综合经济区划逐渐失去了在空间管理中的作用。但是，综合经济区划的一些思考方式，可以用来分析宏观的区域差异及其形成原因。

8.2.3 地表综合区划

地表综合区划或综合地理区划是当今这个时代认识区域差异规律和进行空间

---

① 包括长江三角洲及沿江地区（东起上海，西至四川和重庆，涉及8省市）、环渤海地区（辽宁、河北、山东、山西、北京和天津，以及内蒙古中部的7个盟市）、东南沿海地区（福建和广东）、西南和华南部分省区（四川、贵州、云南、广西、海南和西藏，以及广东西部的湛江和茂名）、东北地区（辽宁、吉林和黑龙江，以及内蒙古东部的4个盟市）、中部五省（河南、湖北、湖南、安徽和江西）、西北地区（陕西、甘肃、宁夏、青海和新疆，以及内蒙古西部的3个盟市）。

管理的重要基础。在这个时代，一方面人类活动正在成为自然环境变化的主要驱动力量，如当前饱受争议的气候变暖问题；另一方面人类活动也越来越受制于资源和环境，面临日益突出的可持续发展问题，如环境污染、资源短缺。这重新将“人”（人类活动）与“地”（自然环境）的关系带入地理学包括经济地理学的核心位置，使从人地关系的视角综合地认识区域差异性变得越来越重要。在这方面，过去的综合自然区划或综合经济区划都无法发挥作用。

过去100年来，同其他学科一样，地理学经历了不断分化和细化的发展过程。对各种地理要素的研究促成了很多分支学科的出现和发展。例如，在人文—经济要素研究方面，出现了经济地理、城市地理、社会地理、文化地理、人口地理、旅游地理、政治地理、军事地理等；在自然要素研究上，则有水文、地貌、气候、植物、土壤、化学、环境、生态等分支学科。随着人类活动面临的地理问题越来越复杂，这个领域的学者们都认识到了进行综合研究的重要性。早在20世纪90年代初，黄秉维、吴传钧等老一代地理学家就不断强调开展自然要素和人文要素的交叉集成研究。但是，由于多年的分化发展，各分支学科已经形成了自己的研究范式和传统，要进行综合集成研究确实不是一件简单易行的事情。中国地理学家已经为之奋斗了多年，如陆大道主持的“中国区域发展地学基础的综合研究”。尝试的结果表明，只有在特定区域平台上围绕重大问题才能有所“综合”和“集成”。这正如中国的航天工程可以凝聚多个学科的力量并进行有效整合。地表综合区划其实就是这样一个集成平台。

在20世纪80年代，黄秉维就提出了综合地理区划的问题，主张将自然与经济结合，叠加上流域划分区域，其目的是为制定区域可持续发展战略服务（郑度等，2003）。之后，一些学者进行综合区划的尝试。例如，郑度等从区域可持续发展的角度，提出了综合地理区划的原则，包括自然和人文地域分异规律相结合、综合分析和主导因素相结合、发生统一性、宏观区域框架与地域类型相结合（郑度和傅小峰，1999）。吴绍洪等尝试了生态地理区划（吴绍洪等，2002）。

谈到自然要素与人文要素的结合，或曰“人”与“地”的关系，地理学家其实是有所顾忌的，担心落入地理环境决定论的“陷阱”。在地理学发展的早期，受达尔文生物进化论的影响，以拉采尔为代表的一些学者认为人类作为环境的产物，其活动、发展和分布受到环境的严格限制，即地理环境对人类文明具有决定性作用。这就是所谓的“地理环境决定论”。在整个20世纪里，这个理论遭到了批评和摈弃，被“或然论”、人类生态学、文化景观论等代替。但是，随着人类活动面临的全球环境问题越来越突出，人们需要重新思考地理环境决定论。例如，最近研究表明，在大尺度上自然地理（气候和临海性）仍是影响社会经济发展的至关重要的因素，证据就是全球GDP的80%仍然分布在距海岸线

100km 以内的沿海区域（Mellinger et al.，2000）。这里其实出现了尺度问题：人们或许在小尺度上可以彻底改造自然环境，但是在大尺度上无法摆脱自然环境的制约。

因此，根据上述认识，人地关系特征随尺度发生变化是进行地表综合区划的关键之处。基于这个思路，吴绍洪等尝试了新的地表综合区划方法（吴绍洪和刘卫东，2005）。这个区划方法的等级单位采用五级制。零级单位为大区，反映基本的地质构造，是现有技术条件下人类无法大规模改变的自然基础；一级单位为生态带与生态亚带，反映大规模温度状况的区域差异，也是人类目前无法改变的；二级单位为地—人区，自然因素为水分状况，人文因素为人口密度，以反映“地”的载荷；第三级单位为生态经济地区，使用中级地貌单元、植被群系和土壤亚类以及经济的结构特征（对自然的依赖程度）作为划分依据，反映人地之间相互作用的特点；四级单位为经济小区，反映区域的发展水平，这是人类自身创造的发展条件的长期积累。随着尺度的变化，所考虑的自然要素从人类无法改变的地质构造逐渐深入到人类比较容易改造的植被要素，而考虑的人文要素从简单的人类存在逐渐到人类活动的特征与财富积累。尽管还没有出现基于这个思路的全国综合地理区划，但在综合区划上考虑人地关系特征随尺度的变化，确实符合地理学特别是经济地理学的思维方式。

8.2.4 中国主要的政策类型区划分

新中国成立初期，中国采取的区域划分是“沿海”和“内地”。“一五”期间，“沿海”和“内地”的概念正式出现在中央计划文件中，成为国家进行经济布局的空间框架。当时所考虑的主要因素包括原有工业基础和地区平衡发展，以及国防因素。新中国成立前中国的近现代工业主要分布在沿海地区、东北地区以及沿江少数城市。“一五”计划提出“为了改变原来地区分布不合理状况，必须建立新的工业基地……”。这一时期“沿海”与“内地”的划分与改革开放之后的“沿海—内地”划分是有区别的。当时的沿海地区包括具有海岸线的省区市外，还有河南东部地区。基于这种划分，中央政府贯彻了以沿海地区工业为出发点，大力发展内地工业的方针，使工业接近原燃料产区和消费地区，逐步改变了新中国成立前工业高度集中在沿海的不合理状况。

20 世纪 60 年代初期，随着中苏关系的恶化和国际政治军事形势的日趋紧张，中央政府将战略重点由国民经济建设转变为国家防御和国防建设。因此，立足于国防建设和安全的需要，区域划分由“沿海—内地”调整为“一线、二线、三线”三类地区。其中，“一线”地区指战略前沿地区，包括东部沿海地区和东北地区；“三线”地区为全国的战略后方，包括西南的四川、贵州、云南三省，西北地区的陕西、甘肃、宁夏和青海四省区，中南地区的河南西部、湖南西部和湖北西部，华南地区的广东北部、广西北部，华北地区的山西西部和河北西部地区；“二线”地区为是指“一线”和“三线”之间的区域，包括内蒙古、新疆、西藏等边疆省区。“三线”战略的实施在很大程度上促进了内地经济发展，特别是大西南、大西北地区这些少数民族集聚区的经济发展，使中国工业过于集中在沿海地区的状况得到进一步改善。

从1978年开始，中国开始采取一系列改革开放政策。这些政策的实施是由沿海地区开始，逐步向内地推进的。1980年设立了四个经济特区，1984年设立了14个沿海开放城市。与此同时，国家投资重点也由“三线”地区为主转向以沿海地区为重点。“六五”计划提出，要积极利用沿海地区的现有基础，“充分发挥他们的特长，带动内地经济的进一步发展”。因此，“六五”期间（1981～1985年），“沿海—内地”重新成为中国最重要的类型区。与“一五”时期不同，此时沿海地区仅包括有海岸线的省区市，不再包含河南东部。

伴随沿海地区的高速经济增长，地区发展不平衡问题突显出来。为平衡各种呼声，并为解决地区平衡发展问题奠定基础，国家提出了东、中、西三大地带的区域划分。“七五”计划提出，中国经济发展水平客观上存在东、中、西三大地带的差异，“我国地区经济的发展，要正确处理东部沿海、中部、西部三个经济地带的关系。‘七五’期间至90年代，要加速东部沿海地带的发展，同时把能源、原材料建设的重点放到中部，并积极做好进一步开发西部地带的准备”。此后，一直到90年代末，三大地带是中国最基本的类型区（图8-1）。

1999年中央政府决定实施西部大开发战略，2003年决定实施东北等老工业基地振兴战略，2006年决定实施中部崛起战略。与此相适应，“十一五”规划明确提出，“继续推进西部大开发，振兴东北地区等老工业基地，促进中部地区崛起，鼓励东部地区率先发展，形成东中西优势互补、良性互动的区域协调发展机制，形成以东带西、东中西共同发展的格局”。由此，中国形成了新的类型区划分，即沿海、东北、中部和西部四大区域（图8-2）。这四大区域在区域范围上有重叠的部分，即一些地区可同时享受两种甚至多种政策。

在这些宏观尺度类型区的基础上，改革开放以来中国还逐步设立了经济特区、沿海开放城市和开放区、沿边开放城市、沿江开放城市等一系列特殊类型地区。当然，随着国家的全方位开放，这些类型区已经逐步失去了“特殊性”。此外，为了扶贫的需要，中国在不同时期也划分了不同的贫困地区，如“国家八七扶贫攻坚计划”确定的592个贫困县，以及最近确定的14片集中连片贫困地区。

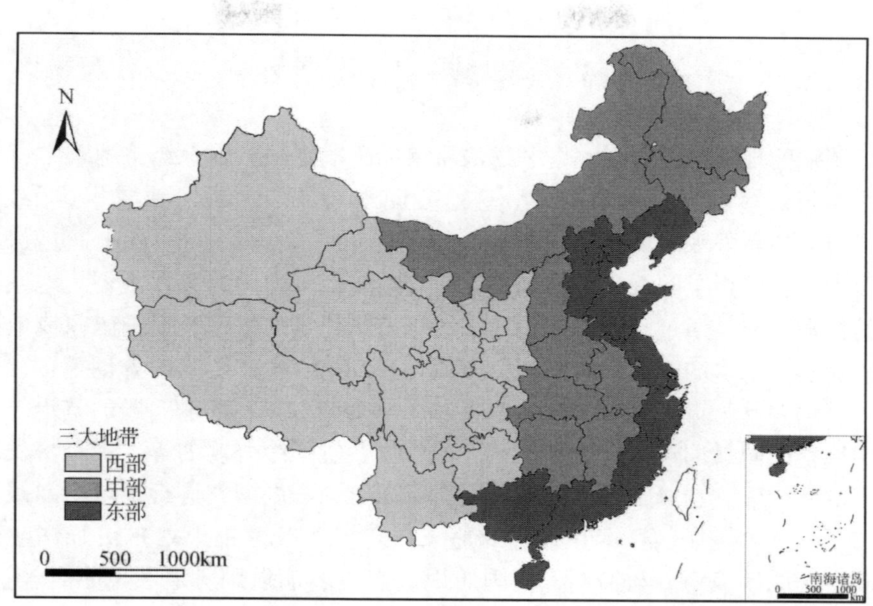

图 8-1 中国的三大地带划分图

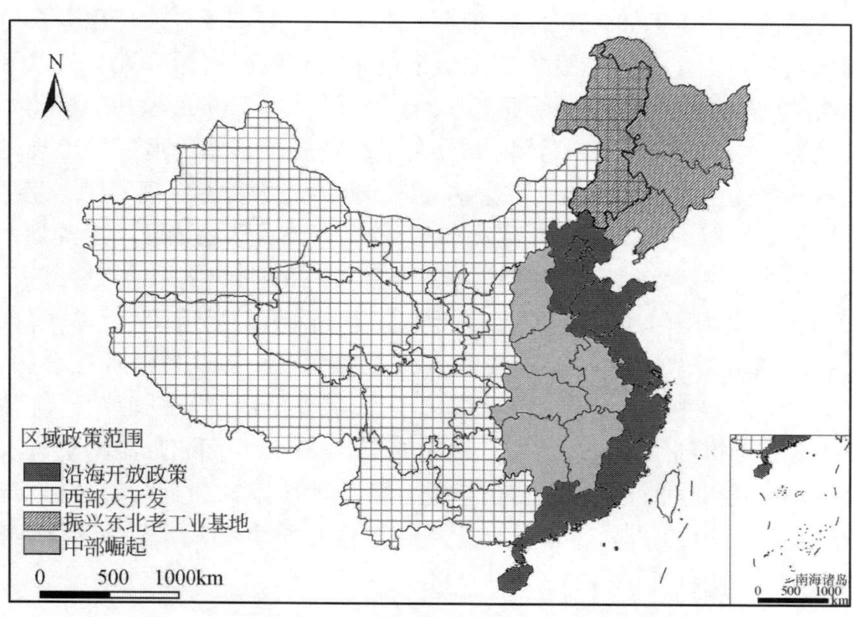

图 8-2 中国的四大政策类型区划分图

8.3 （地域）空间规划

地域空间规划是进行空间管理的最重要的手段之一，也是经济地理学者作为主力军参与最多的空间管理工作。这里空间规划被加上了“地域”这个定语，是为了与太空和外太空所指的“空间”以及建筑“空间”有所区别。也就是说，经济地理学者所指空间规划是地球表层一定地域范围内的综合性规划。地域空间规划的根本目的是通过政府调控手段来纠正市场力量的偏差，促进国家或地区的可持续发展。基本的调控手段包括资源的合理利用、生产要素的合理配置、公共服务的合理安排、重大基础设施的合理布局、重大生态和环境问题的整治等。地域空间规划的同义词包括国土规划、区域规划、空间综合规划等。受经济发展机制、政治和行政体制以及基本国情等因素的影响，不同国家进行地域空间规划的内容有所差别。例如，日本和韩国的地域空间规划（国土规划）更强调空间发展方向和功能区域划分与控制，美国的规划则更多地强调房地产、能源、就业、投资、教育等内容。

在中国，地域空间规划曾是计划经济时期生产力布局的重要手段，是一项地区性综合经济工作。例如，20 世纪 50 年代后期中国曾广泛开展了以联合选厂为基础的区域规划工作，主要服务于大型企业布局和地区资源开发。改革开放之后，当时的国家领导人在考察原西德和日本进行空间管理的经验后，提出了国土规划的任务。80 年代初，国家计划委员会组织开展了京津唐地区国土规划试点工作，对地区的空间发展方向、重大基础设施布局、水资源合理利用、京津城市分工等进行了规划。1985 年国务院发布 44 号文，要求开展全国国土规划纲要编制工作（陆大道等，2011）。国家计划委员会在 1987 年向各省（自治区、直辖市）发布了“全国国土规划纲要（试行本）”[①]。同时，全国 23 个省（自治区、直辖市）和 200 多个地区（市）编制了国土规划。经济地理学者在全国、省、地区三级国土规划中都发挥了重要作用。陆大道提出的“点—轴”系统理论在各级国土规划中得到了广泛的运用，提出的“T”字形空间布局结构被写入“纲要”，获得了广泛认可。可以说，80 年代的国土规划工作是经济地理学思维在空间管理中发挥作用的一次重要契机，使经济地理学者在相关政府部门获得了认可。

① 国家计划委员会于 1989 年将“全国国土规划纲要”上报国务院。但是，由于种种原因（包括人事变动），此规划并未获得国务院正式审批。

1992 年开始，国务院组织了全国“七大区”规划，期望尝试新的空间管理方式。但是，这些规划基本上是依托计划经济体制编制的，所起到的作用十分有限。此后的十年间，由于被认为是计划经济的残留，地域空间规划被打入“冷宫”。事实上，这是“过分”相信市场力量造成的一个误区。在发达市场经济国家，产业发展一般靠市场机制来决定，但空间管理必须有政府调控的介入。即使在美国这样经济高度自由化的国家，也有大量的区域发展机构、法案以及相应的规划工作，而且近年来呼吁进行区域规划的声音越来越多。

近年来，随着经济高速增长带来的跨区域性问题越来越突出和国家宏观调控手段的变化，宏观管理部门开始重新重视地域空间规划工作。2004 年，国家发展和改革委员会（简称发改委）决定将区域规划作为“十一五”规划的重要内容，并启动了京津冀地区和长江三角洲地区区域规划两项试点工作。此后，全国各地进行了数十项区域规划，其中 20 多项获得了国务院批复。可以说，区域规划出现了一定程度的“乱象”。在这个背景下，政府相关部门和学术界普遍认识到一个全国性的地域空间规划的重要性。“十二五”初，国务院布置开展新一轮国土规划纲要编制工作，目前国土资源部正在牵头编制该规划。从中国地域空间规划所经历“轮回”可以看出空间管理的重要性。对于中国这样一个地域差异巨大的大国，处理好地区发展与全国发展的关系、地区发展之间的关系、经济发展与资源环境的关系、经济发展与社会公平的关系，都离不开科学合理的空间管理。当然，中国目前的规划体制还没有理顺，即各种地域空间规划之间的关系不清，影响着空间管理的科学性和有效性。这一点不在我们这里的讨论之列。

尽管从“十一五”开始中国政府重新认识到地域空间规划在空间管理中的重要性，并恢复进行了大量规划尝试，但这并不意味着可以照搬过去计划经济时期的做法。过去 20 年，中国已经从一个计划经济体转变为一个市场经济体，市场机制成为配置资源的主要力量，因而进行空间管理必须考虑政府所拥有的调控及引导手段（如土地、信贷、财政等）。此外，中央和地方关系、国家整体发展阶段、发展模式、地缘政治经济环境等也发生了巨大变化，客观上要求地域空间规划的内容要有所不同。总体上，新时期地域空间规划的核心任务是通过发挥政府的引导和管制作用，纠正市场力量的偏差，塑造可持续的空间发展格局。从经济地理学综合思维的角度来看，主要包括三个方面的内容：一是空间开发效率（特别是培育和加强全球竞争力），二是空间开发的均衡性（维护社会公平与和谐），三是国土空间的安全性（加强生态安全、资源保障和地缘稳定）。

一个完整的地域空间规划一般包括以下基本内容：发展的背景分析、总体发展定位与发展战略、空间结构与功能分区、产业发展、基础设施建设、生态建设与环境保护、社会发展（公共服务）、保障措施等。实事求是地讲，地域空间规划的最终方案并不简单是科学研究的结果，而是在研究基础上由各利益攸关方协商并达成一致的结果。这最后一步是政府部门的工作。因此，经济地理学者在广泛参与的地域空间规划中扮演技术支撑的角色；而且，这个角色也并非包办所有，而是起到“系统工程师”的作用（见第1章）。在具体工作中，往往要组织其他学科的人员参与研究。在形成规划方案过程中，经济地理学者的优势在于拥有“立体”思维能力，把握尺度间的关联、地区间的相互作用、不同要素或参与者之间的关系、区域差异性、发展过程等，发现关键问题或矛盾，提出经过综合权衡的解决方案。而各学科参与人员则起到各自领域“代理人”的角色，在综合过程中“讨价还价”，促成解决方案。

在组织地域空间规划研究中，经济地理学者需要综合地运用本书所介绍的各种思维，把空间管理问题放到“立体”思维框架中去思考。具备这样的综合思维能力不仅仅需要较长时期的理论知识学习和训练，而且也需要大量的“实战”经验，也就是一个理论与实践紧密结合的过程。一个规划方案的好与坏、优与劣，就取决于这一点。当然，经济地理学确实有一些自己的分析方法和工具可供学习。下面我们就简单地介绍几种在地域空间规划中经常使用的一些空间结构思维，其中主要是空间结构中“点”、“线”、“面”的分析。

8.3.1 “点—轴”分析

“点—轴”系统是经济地理学者进行地域空间规划时最常用到的一种分析视角。所谓“点—轴”系统是对现实的社会经济空间的一种抽象，它反映了社会经济空间组织的客观规律（详见第4章）。即在市场条件下，一个区域的经济活动总是倾向于集中在特定的位置，也就是“点”与“轴”上（陆大道，1995）。“点”指各级中心城市，是各种空间尺度的集聚点，也是带动各级区域发展的“龙头”。“轴”则是在一定方向上由若干不同级别的中心城市形成的相对密集的人口和经济带；连接这些中心城市的是线状基础设施束。“轴”首先是空间结构或空间重点的一种抽象，其次是不同地点之间空间联系的载体（刘卫东等，2003）。轴线上集中的社会经济要素通过产品流通、信息传播、技术扩散、人员流动等形式对附近区域发生扩散和带动作用。轴线具有等级性，不同等级的轴线的作用有差别。

总体上，“点—轴”系统描述了一种有效的区域空间结构模式。在开发初期，区域内需要确定重点发展的“点”，这些点在区域发展过程中成为扩散源，并且沿着“轴线”逐次扩散，通过各种生产要素的流动，带动形成一些新的“点”，以此达到区域发展的最佳状态（陆大道，1995）。“点—轴”系统理论曾是20世纪80年代中国进行各种尺度的国土规划所广泛应用的理论工具。由于它实质上总结的是市场条件下的有效空间组织模式，因而也适用于新时期我国的地域空间规划工作，是进行空间结构分析和空间规划的重要基础和手段。当然，受这个理论创建时宏观条件的影响，“点—轴”系统理论对区域开放程度的处理还不能很好地适应当前经济全球化的趋势，这主要体现在对于“点”的发展机制及其与周围地区的劳动分工的认识上。下面我们将要谈到的“大都市经济区”的研究方法在一定程度上弥补了这个缺陷。

进行地域空间规划的空间结构分析，第一项工作往往是确定发展轴。根据“点-轴”系统理论，发展轴线应该是综合交通运输通道经过，且附近有较强社会经济实力和开发潜力的地带。发展轴线的选择首先应考虑如何确立区域开发的空间重点，其次要考虑如何促进不同区域间的交流。在具体工作中，重点轴线要么是由目前的综合运输通道联系起来的经济中心所在，要么是根据宏观发展环境应该着重建设且具有发展条件的地区。也就是说，重点轴线的选择既是对现状的分析，也是规划思想和战略的反映。

基础分析工作包括区域从战略定位出发所需要的主要空间联系方向，以及区内及区际综合运输通道的现状与前景。战略空间联系的主要指向是海洋或更高空间层级的经济中心（门户）、或边境口岸等，而综合运输通道由同一方向上的铁路干线、高速公路、国道干线和水运航道等组成。现状能力低但战略联系方向十分重要的通道，也应作为发展轴线来规划。轴线的确定需要在定量分析基础上进行战略性定性判断。具体的定量分析一方面是铁路的客货流密度、公路的折算运输量、水运能力等运输能力的计算（图8-3和图8-4）；另一方面也要对综合运输通道上城市的经济实力进行测算和汇总。定性判断必须与规划目标紧密结合，并服务于后者。关于详细的分析方法可参见《中国西部开发重点区域规划前期研究》（刘卫东等，2003）。

8.3.2 大都市经济区的思维

“点—轴”分析揭示了区域发展过程中的由“点”到“线”再到“面”的集聚和扩散过程，可以帮助我们很好地把握地域空间规划中的战略重点。但是，“点—轴”系统中的“点”没有考虑区域的开放性问题，特别是“全球”与“地方”的联系，也就是说缺少了尺度间相互关联的思维。在经济全球化日益加深的趋势下，区域正在成为全球竞争的基本单元。如何培育区域竞争力是地域空间规划必须考虑的因素。“大都市经济区”就是经济地理学者对全球化下区域发展机制的一种理解，涉及区位、尺度间关联、地区间相互作用等思维。

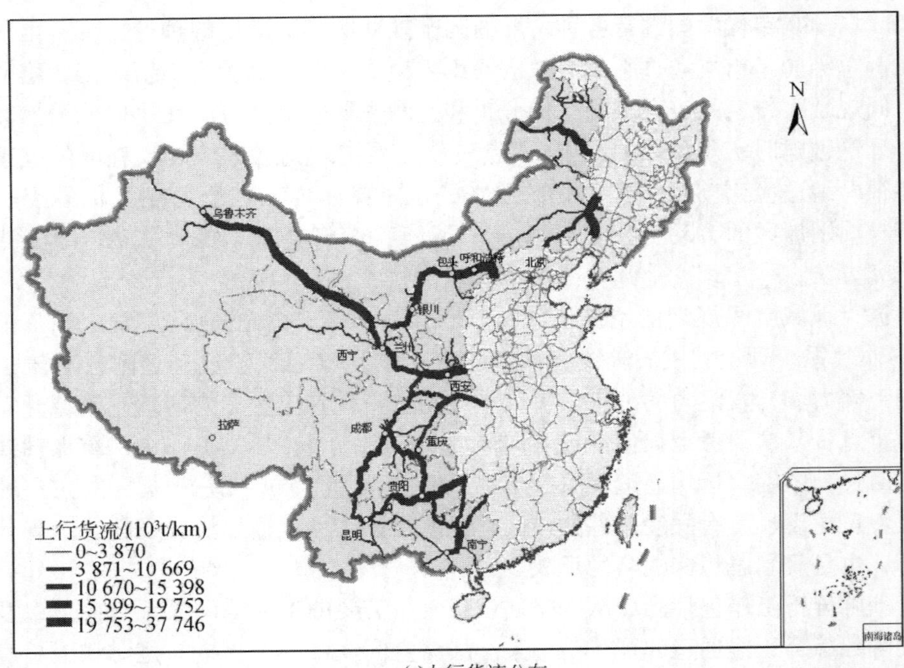

(a)上行货流分布

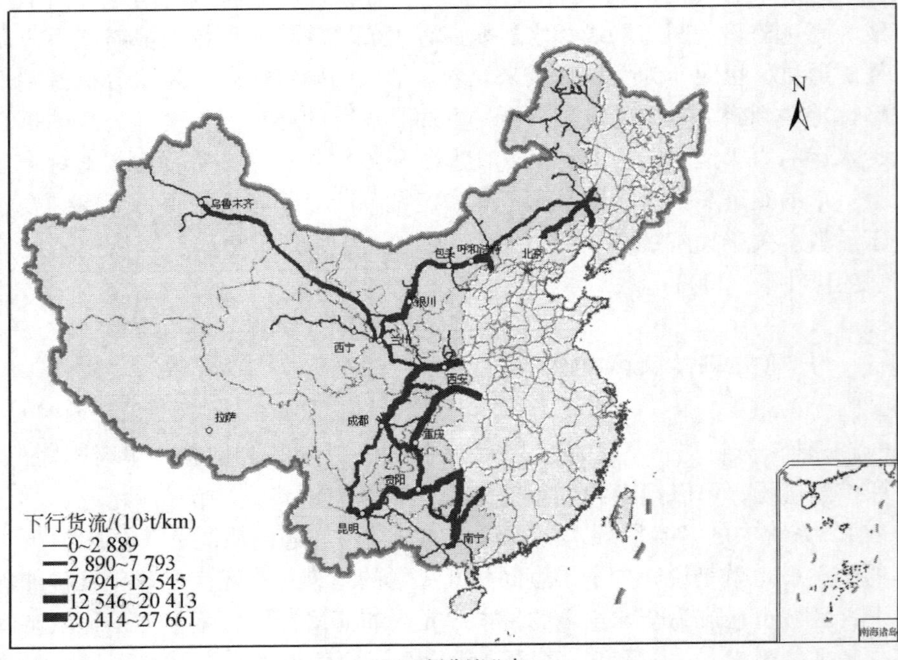

(b)下行货流分布

图 8-3 中国西部主要铁路上、下行货流分布图（2002 年）

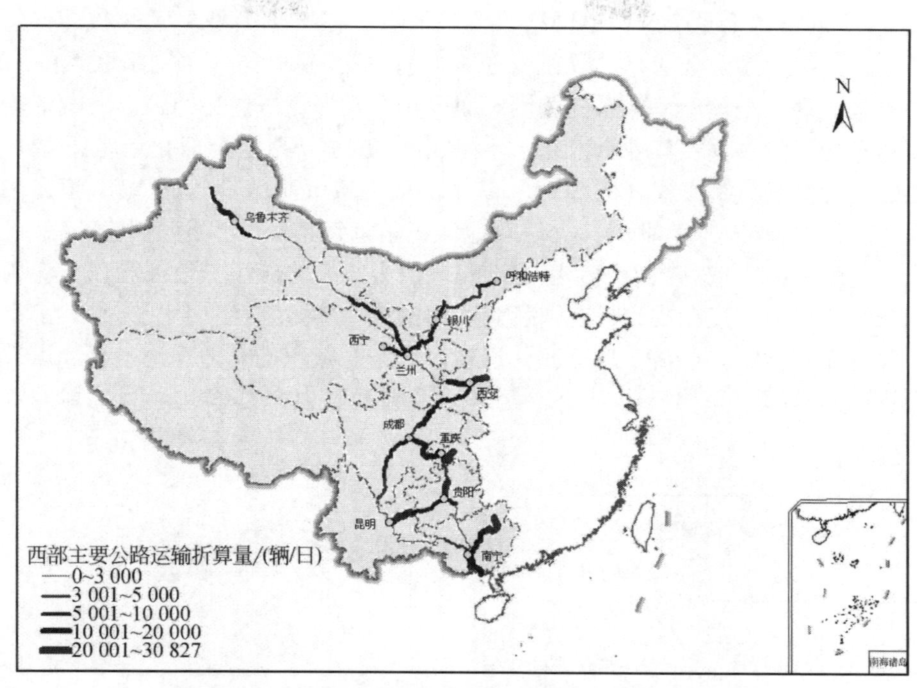

图 8-4 中国西部主要公路折算运输量分布图（2002 年）

在经济地理学者看来，经济全球化就是空间上分散于全球的经济活动开始综合和一体化的现象，是在全球范围内进行劳动地域分工的现象（迪肯，2007）。其突出特征是发达国家经济体系中的传统制造业部分逐步转移到发展中国家，形成了以跨国投资为基础的复杂的全球生产网络。在这个过程中，经济活动的各种要素在全球范围内的流动加快，使曾经相对稳定的经济活动空间变化越来越快。也就是说，当前世界体系的空间结构是建立在“流”、连接、网络和节点的逻辑基础之上的（卡斯特，2001）。全球化过程中的各种“流”（特别是资本流）并非“漂浮”在空中，而是要以各种各样的形式、选择特定区位来“落地”。一方面，这些“流”的“落地”与一个地方的区位及生产条件、市场规模、社会及制度环境、政府政策等密切相关，是地方的吸引力和排斥力彼此消长的结果；另一方面，外来资本的流入会通过生产网络的延伸给地方带来乘数效应（包括供应关系和知识的溢出），促进地方的发展。

在上述理解之下，学者们发现，在经济全球化和知识经济的大背景下，经济活动越来越被世界城市及其构成的“控制和命令”网络控制。这类核心城市在经济上是命令和控制中心（通过高级生产者服务业和跨国公司总部等载体来实现)、在空间结构上是全球城市网络重要的节点、在文化上是多元的和具有包容性的、在区域层面是全球化扩散到地方的“门户”。建立与这个网络联系的“门户”是地区融入全球经济体系的关键。而以具有某种竞争优势的核心大城市为依托、具有密切内部垂直产业分工的“大都市经济区”则是全球化趋势下最具竞争力的一种空间组织方式（图 8-5）；其中的核心城市就是“门户”（刘卫东和陆大道，2005）。在全球范围内，大伦敦地区、东京都市圈、多伦多大区等就是这类最具竞争力的区域。在中国，以香港和广州为核心的珠江三角洲和以上海为核心的长江三角洲，正在成为具有国际竞争力的大都市经济区。因此，“大都市经济区”这个视角，是经济全球化时代透视区域空间组织的有力理论工具。以大都市经济区的空间形态构建应对全球竞争的区域竞争力，是地域空间规划的重要内容。

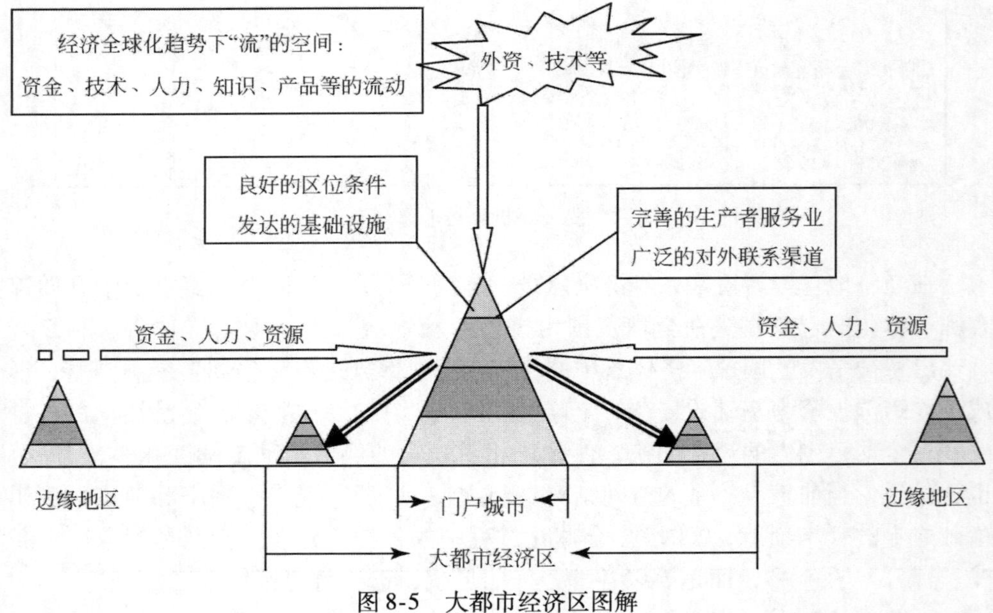

图 8-5　大都市经济区图解

规划大都市经济区，首先是确立“门户城市”。对于不同区域而言，“门户城市”的战略层次是不一样的。有的是全球性“门户”，有的是国际性“门户”，有的则是区域性“门户”。但无论如何，“门户城市”选择的核心因素是对外联系的广度和强度以及对内服务功能的强度。一般地，对于发展中地区而言，“门户城市”的选择应考虑如下原则：①发展水平高、经济实力强、人口规模足够大；②中心性强，即为腹地的服务功能强；③有广泛的国际、国内联系；④是外来投资（特别是外资）青睐的投资地；⑤有广大而且基础较好的腹地。根据这些原则可以对规划区内城市进行中心性评价。具体指标的选择要体现出城市的规模与综合实力、对外经济联系强度、基础设施水平、参与全球/全国产业分工的能力、服务功能五个方面。在获得中心性评价结果后，还要结合区域的战略定位来最终确定区域的各级“门户城市”。

选定“门户城市”之后，需要定量确定大都市经济区的空间范围。具体做法是，在所确定的重点轴线和中心城市的基础上，利用数学模型确定直接吸引范围（如可达性模式或重力模型），而后利用地理环境的遥感数据进行修正，剔除不适于发展的用地范围（如山地、生态脆弱区等）。如果利用重力模型计算空间范围，还需要运用交通线进行范围修正，即需要考虑不同级别交通线的影响。另外，还可以运用重力模型计算各级中心城市之间的相互作用，来验证发展轴线上“点”之间的联系强度。目前，应用较多的方法是将重力模型和时间距离结合起来进行空间范围划分，而时间距离取决于既有和规划的交通设施（特别是城际快速交通线），一般以 2 小时可达范围为界。

8.3.3 “流”分析

进行较大尺度的空间管理一般需要分区，如遴选出重点经济区给予特殊支持，因而确定区域空间范围是地域空间规划（特别是较大尺度的规划）中的一项重要工作。实际上，这也是一种区域划分工作。在这项工作中，除了考虑区域内一致性和区域间差异性之外，最重要的是要考虑空间联系（关于空间联系思维请见第 6 章）。

空间联系本身是个复杂的概念，可以包括位置关系、经济联系、政治关系等。其中，空间经济联系对于确定重点经济区尤为重要。它可以被理解为不同的空间位置（如城市）在经济活动中产生的相互依存、相互制约的关系，其联系的内容既可以是物质交流，也可以是信息和技术等非物质交流。物质交流通常是通过空间运输联系完成的，后者则通过通信网络或知识溢出（spillover）等来完成。经常用来反映空间经济联系的概念还包括：生产配套与协作、供应链、劳动地域分工、商品流、资本流、信息流等等。不同地点间的空间经济联系可以表现为互利关系、依附关系、互斥关系等。

在经济全球化和信息化的作用下，“流”已经成为理解地区间相互作用和尺度间关联的核心要素。很多学者认为，在新的信息技术支撑下，伴随全球化过程，世界经济的“地点空间”正在被“流空间”所代替（关于“流”的解释见第 1 章）。于是，理解地区之间的空间关系就不能再以地理位置关系为出发点，而应该着重了解和分析地区之间各种“流”的联系及其方式和强度。在实际研究中，运输流、电信流、资金流、能源流等可以很好地反映空间经济联系。同时，也可以使用复合指标利用数学方法定量分析不同地点之间的空间联系和相互作用。

尽管“流”对于地域空间规划非常重要，但是获得“流”的数据通常比较困难。一般而言，具有较好统计基础的是铁路和公路部门的客、货流数据。将其制成空间分布图可以很直观地观察地区间联系的一个侧面（图8-6和图8-7）。铁路客流是不同地区之间日常社会经济交往的表现，特别是中长距离交往的体现。对于距离较近的城市，由于公路客流占主导，铁路客流很难反映它们之间日常交往强度。大的核心城市的客流联系空间范围比较广，显示出很强的中心性。不同于客流联系，货流联系仅反映地区间物质产品联系。它与城市的产业结构特征密切相关，只在一定程度上反映城市间的日常社会经济联系，这一点是需要注意的。此外，电信部门的电话流量数据也可以直观地反映地区间的总体社会经济联系（图8-8）。需要注意的是，电信流不仅仅反映经济联系，也包含行政联系。与各级行政中心和全国性经济中心的长途电话一般都占各城市的长途电话流的一定比例。

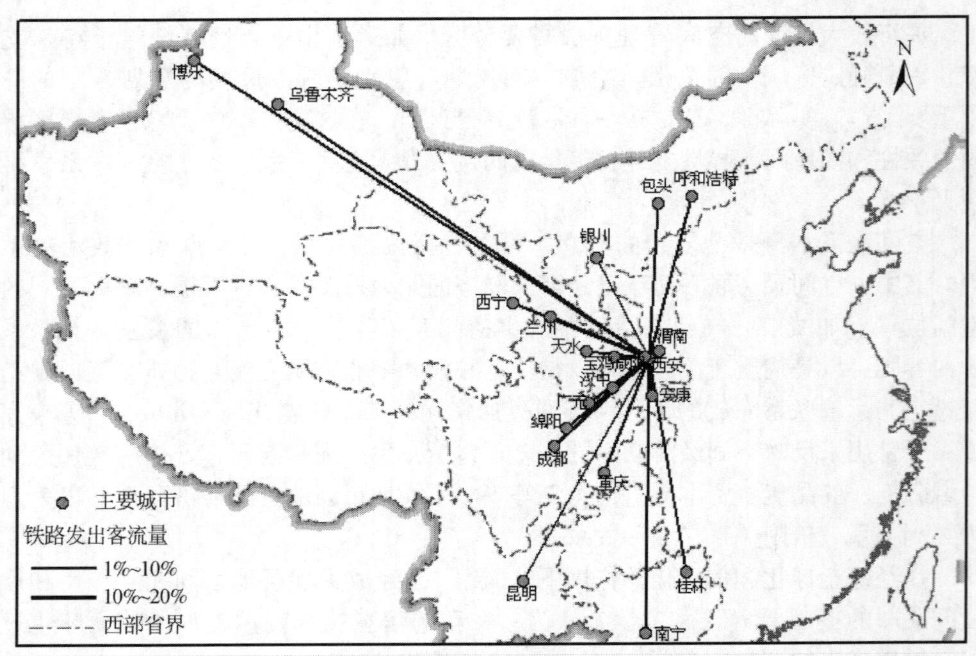

图8-6 西安铁路发出客流分布图（2002年）

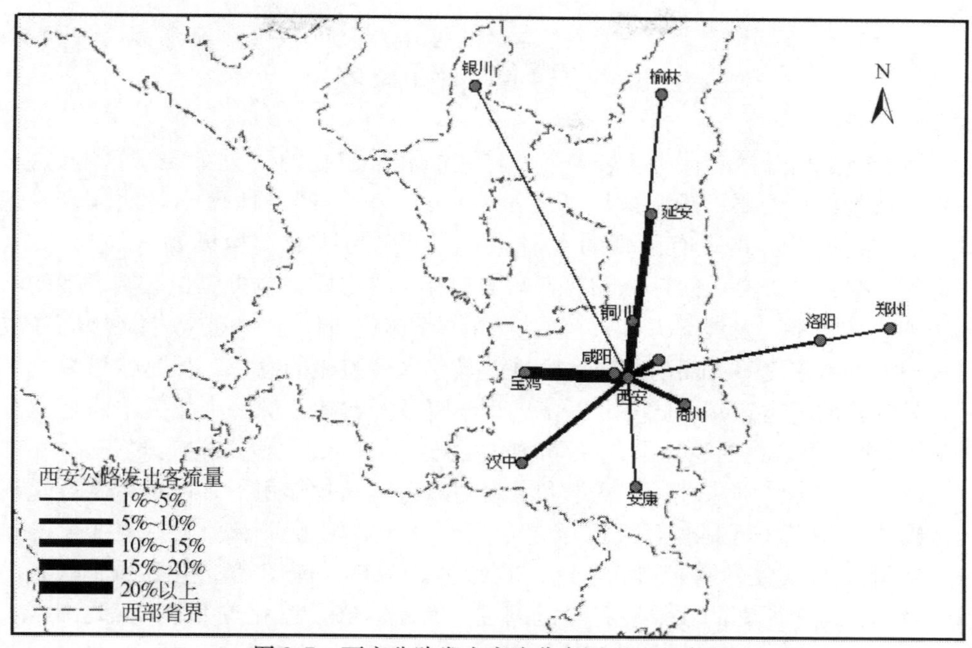

图 8-7　西安公路发出客流分布图（2002 年）

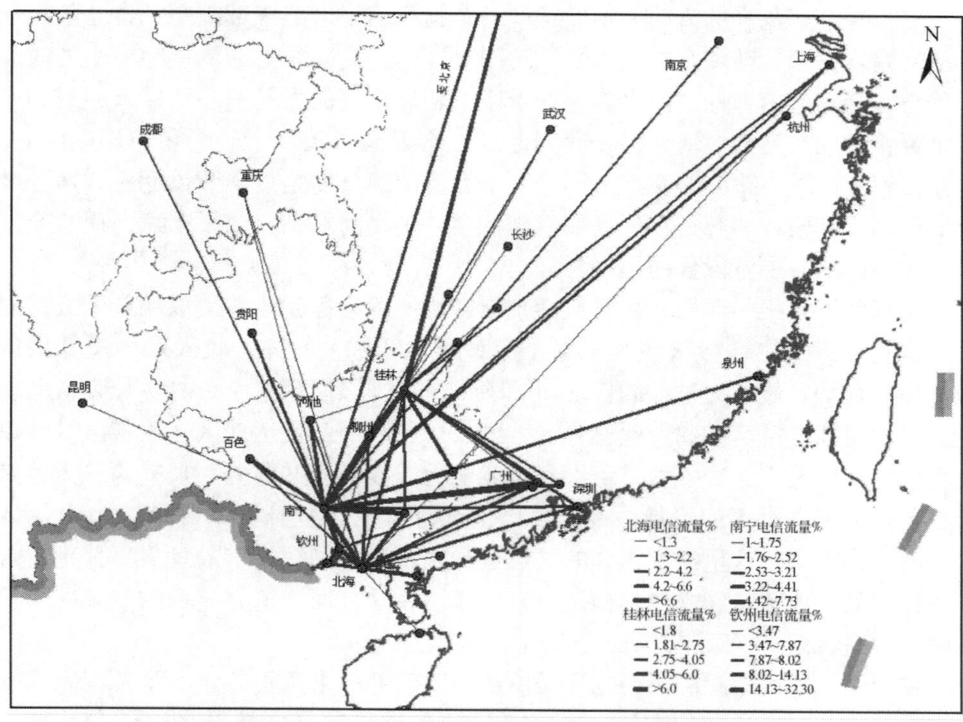

图 8-8　广西的呼出电话流分布图（2002 年）

8.4 区域差距调控

尽管经济地理学者认为区域差异是持久的和常态化的（见第3章），但这不表明区域差异不需要干预。这里需要说明一点，对于经济地理学者而言，“差异”和“差距”是两个有区别的术语。差异可以指区域的构成要素（自然的、经济的、社会的、文化的等）和要素间的相互作用方式，也可以指区域发展的状态（如收入水平、发展活力等）。而差距的内涵更加明确，一般特指区域间在收入水平、发展速度等方面的差异。区域差异包含着差距的意思，但是区域差距无法涵盖差异的所有意义。此外，经济地理学者还经常使用的一个相关术语是“分异”。这个术语表达的意思是差异随时间而发生的变化，是一个动态过程。

按照区域经济学原理，在资本和劳动力双向流动的作用下，区域差距会呈现收敛趋势，即市场机制会解决区域差距问题。威廉姆逊关于区域差距变化的倒“U”字形曲线假说，阐述的就是这个收敛性。但是，现实经济生活远非这么简单。第一，这个所谓的收敛性有尺度问题。是不是在所有空间尺度上都会收敛，还没有人去验证。第二，在经济全球化的趋势下，产业转移经常发生在跨国尺度。资本在全球范围的流动能不能帮助一个国家缩小内部区域差距，也是值得研究的问题。第三，即使存在收敛性，时间尺度也是个问题。区域差距缩小的时间过程与社会容忍的弹性之间可能存在矛盾。依靠市场的力量解决区域差距或许是一个百年时间尺度的事情，但差距引起的社会矛盾可能以十年为单位不断激化。因此，解决区域差距问题实际上不是一个经济问题，而是一个政治问题，需要政府的干预。其核心内容是在市场效率与社会公平之间找到一个平衡点，而这个平衡点在不同的发展阶段偏向不一样。

进行区域差距的调控，需要科学判断区域差距的程度，并采取相应的战略对策。这些对策往往是特殊性的，主要针对两种区域，一种是收入水平过低的区域，另一种是发展活力过低的区域（即所谓的“问题区域”）。主要对策指向包括：增加当地经济活动和就业机会、鼓励人口流向经济发达地区、改善区域性以及当地的基础设施、加强教育培训和就业能力、提供公共服务、扶贫等。无论是差距的评估还是对策的选择，都需要经济地理学的“立体”思维能力以及深入实际的工作方式。这里需要强调的是通过深入调研来了解真实的世界，并把发现的问题放到一个综合和立体的框架中来思考。在这方面，饱受病诟的是某些大机构的“直升飞机”式工作方法。

在中国，区域差距的调控主要是由两个政府部门来负责的。一个是国家发改委，主要是地区经济司的职能；另一个是国务院扶贫开发领导小组（简称扶贫办）。前者主要负责制定区域发展战略，出台区域政策，既关注欠发达地区、也关注发达地区可持续的竞争力；后者主要负责制定贫困地区经济开发的方针、政策和规划，组织各部门对最不发达地区进行支持和援助。此外，为了推动西部大开发战略的实施，中国曾建立了国务院西部开发领导小组办公室（简称西部办），也是一个涉及区域差距调控的政府机构，后精简为国家发改委的一个司，即西部开发司。相应地，为推动东北振兴战略的实施，在国家发改委成立了东北振兴司。在确立中部崛起战略时，没有成立单独的司局级机构，而是挂靠国家发改委地区经济司成立了促进中部地区崛起工作办公室（简称中部办）。

2000 年以来，经济地理学者广泛参与了上述政府部门进行区域差距调控的各种工作，发挥了学科的优势。例如，连续出版了 8 期《中国区域发展报告》，参与了西部大开发、东北振兴和中部崛起战略的实施。下面我们简单介绍经济地理学者在区域差距评估、区域发展战略制定等方面的一些做法和思路。

8.4.1 区域差距的测度①

区域差距问题一直是地理学家、经济学家以及政府管理者所关注的重要问题之一。研究区域差距的方法很多，一般可分为两大类。一是采取统计学方法对区域差距的总体性及其趋势进行评价（过程分析），以及对差距的分解分析。具体方法包括基尼系数法、变异系数法和加权变异系数法、赛尔指数法等。另一种方法是采取横向比较法，即选择一系列指标对各地区的收入水平和发展状态进行比较（格局分析），判断具体差距、而不是总体差距。无论采取什么方法，进行区域差距的分析都会受到空间尺度和时间尺度的影响。一般分析全国区域差距所使用的空间单元包括大区（如东中西三大地带）、省和地市。

经常使用的统计学方法（差异过程测度）如下：

1. 变异系数（CV）

变异系数又称标准差系数、变差系数等，是以全国的平均值作为标准，计算各地区对于平均值的相对差距，即所有地区对于这个标准的加权偏差的平均程度。其公式为

$$CV = \sqrt{\sum_{i=1}^{n} (y_i - u)^2 / n} / u \tag{8-1}$$

① 中国科学院地理科学与资源研究所刘慧研究员（刘慧，2006）为本部分提供了资料，特此致谢。

式中 y_i（$i=1, 2, 3, \cdots\cdots, n$）是第 i 地区人均 GDP，u 是全国平均人均 GDP，n 为地区个数。考虑到人口规模的影响，通常采用加权变异系数，其表达式为：

$$\mathrm{CV}(w) = \sqrt{\sum_{i=1}^{n} (y_i - u)^2 p_i} / u \tag{8-2}$$

式中 p_i 是第 i 地区人口占全国人口的比重，其他同公式（8-1）。

2. 基尼系数（G）

基尼系数是收入不平等的一种度量方法。其原始公式为

$$G = \left[\sum_{i=1}^{n} \sum_{j=1}^{n} | y_j - y_i | / n(n-1) \right] / 2u \tag{8-3}$$

后来应用于地区间差距衡量时考虑了不同地区的人口比重，改写为

$$G = \left[\sum_{i=1}^{n} \sum_{j=1}^{n} | y_j - y_i | p_i p_j \right] / 2u \tag{8-4}$$

从中可以看出，基尼系数是以每一地区的平均值分别作为标准，先计算所有地区对这一标准的加权偏差值，然后对这些加权偏差值再加权求和，最后除以全国平均值的 2 倍。

3. 塞尔指数

$$I_{\mathrm{theil}} = \sum (y_j/Y) \times \log[(y_j/Y)/(x_j/X)] \quad c=1 \tag{8-5}$$

或者
$$I_{\mathrm{theil}} = \sum (x_j/X) \times \log[(y_j/Y)/(x_j/X)] \quad c=0 \tag{8-6}$$

式中 y_j 和 x_j 分别是第 j 个地区的经济总量和人口总数，Y 和 X 分别代表全国的经济总量和人口总数，c 为综合熵指数中的灵敏度系数。

上述各种方法各有优缺点。基尼系数的最大优点是可以将总的区域差距（收入差距）分解成不同来源（因子）的差距，从而分析不同因子对总的区域差异的影响。而塞尔指数则可以将区域总体差距分解为不同空间尺度的内部差异和外部差异。例如，全国的总体差距可以分解为东部、中部、西部和东北之间的差距，以及这四大板块内部的差距。变异系数不能进行因子分解和空间分解，但是计算方法及其意义简单明了，而且给予最发达地区和最落后地区较大的权重。从较长时间尺度看，几种方法所揭示的区域差距变化趋势基本相同，但是在不同时间段变化趋势确实有差别。

对区域差距变化趋势测度的作用在于揭示发展的不公平程度，有助于判断效率与公平的平衡点应该如何放置。但是，对过程的判断无法解决调控对象的问题，即趋势的测度无法回答那些区域落后、落后到什么程度的问题。这就需要对

空间格局进行分析，即对区域发展态势进行横向比较。

区域发展是一个复杂系统，包括多个侧面，衡量指标很多。早期的区域发展概念一般被等同于经济增长的过程，并用人均收入水平或 GDP 等简单指标来衡量。到 20 世纪 70 年代，其内涵被拓展为收入的持续增加、技术进步、产业结构升级、对外经济联系的扩大、需求结构变化、制度变革等一系列过程。总体上，区域发展是区域财富增加和生活水平提高的过程。因而，其发展状态应包括财富的存量、创造财富的能力及这种能力的变化、财富分配结构等内容。相应地，评价指标包括发展水平、发展活力、社会发展、基础设施和生活质量。

1）发展水平是区域在某一时期创造财富或获得财富的综合能力，通常以人均国民生产总值（GNP）或 GDP 来衡量。GDP 是一个国家或地区所有常住单位在某一时期所创造的财富总和，包括分配给国外单位（如外资方）的财富。而 GNP 指一个国家或地区所有常住单位在某一时期的原始（净）收入的总和，包括来自国外的收入。外资比重较高的地区，人均 GDP 可能略高估了实际收入水平。

2）经济发展活力是区域创造财富能力的变化，也是区域内部最终消费需求和区际比较优势的反映。它与经济发展水平并不一定正相关。活力最直接的表现是经济增长速度，深层次的因素还包括投资能力与效果、经济效益、管理水平和体制因素等。

3）社会发展实质上是区域财富存量和积累的一种体现，是持续发展的必要条件。从长期过程来讲，社会发展水平与经济发展水平密切相关，但短期内两者未必完全同步。社会发展主要体现在城镇化水平、社会保障以及公共服务水平（如教育、医疗等）。

4）基础设施是区域发展的结果，也是区域社会经济持续发展的基础和保障。完善的基础设施是发达社会的重要标志。基础设施包含很多内容，在区域尺度上主要包括交通、通信、能源、供水、环境设施等。

5）生活质量不断提高是区域发展的最终目的。经济发展水平、社会发展水平以及区域性基础设施等指标，都在一定程度上反映了一个地区居民的生活水平。但是，受物价水平和外部收入来源的影响，这些指标还不足以完全反映居民的真实生活水平。可以从日常消费支出、家庭资产拥有量和自然环境等方面衡量居民真实生活质量。

上述五大指标可以单独进行横向比较（与全国平均水平或全国最高水平），也可以通过权重方法整合后进行综合比较。比较的结果可以判断哪些区域需要特殊干预，才能缩小区域差距。因此，总体上，利用统计方法进行的区域差距趋势分析有助于判断要不要干预，而发展状态的区域差距分析有助于确定干预对象。

两者是相辅相成的关系，都是区域差距调控所不可缺少的分析工具。

8.4.2　区域发展战略

区域发展战略是进行区域差距调控的有力手段。所谓区域发展战略是指处理地区之间发展关系以及地区发展与国家整体发展关系的特殊性制度安排，其基石是区域政策（给予某些区域的特殊政策）。总的来看，制定区域发展战略的主要目的有三点，即培育区域竞争力、促进欠发达地区的发展和支持“问题区域”的振兴。也就是说，区域发展战略并非以缩小区域差距为唯一目的。在一定阶段，它可能以培育竞争力和总体效率为目的。即便如此，将区域差距控制在一定范围内也是区域发展战略所必须考虑的。根据所考虑的效率与公平权重的不同，区域发展战略可分为“锦上添花”和“雪中送炭”两大类型。

制定区域发展战略的关键之处是把握市场效率与社会公平的平衡点。一般来讲，一个国家或地区在发展初期都会强调“效率优先”，到一定发展阶段再重视社会公平问题。在这两个不同的阶段，国家区域发展战略的侧重点也有所不同。为了保障“效率优先”，就要鼓励一部分条件较好的地区先发展起来，战略侧重点是“锦上添花”。改革开放以来，中国绝大部分区域战略和政策都是“锦上添花”类型的，如沿海开放战略、经济特区和沿海开放城市的设立等。这对促进我国经济效率的提升和经济的快速发展，起到了不可估量的积极作用。而要做到“公平优先”，就需要“雪中送炭”类型的区域政策，即将欠发达地区的发展问题置于优先的位置来考虑。“锦上添花”与“雪中送炭”之间的平衡，应该根据发展阶段的变化而变化。及时调整两者间的平衡关系，是制定合理区域发展战略的基础。

制定区域发展战略需要考虑发展方式问题。长期以来，为了追求高速 GDP 增长，加大投资（包括吸引外资）和刺激出口一直被置于优先地位。这种发展模式逐步导致了我国经济增长的区域性失衡和结构性失衡，使我国正在付出巨大的社会代价和资源环境代价。长期实施这样的发展模式，对于像我国这样的大国势必会使内陆地区处于发展的“边缘”，导致经济增长过度集中于少数地区，出现区域性失衡。每年大规模流动的农民工和沿海城市密集区环境持续恶化，就是经济增长区域失衡的表现。此外，这种发展模式还导致了经济增长的结构性失衡，特别是第三产业比重上升缓慢，强化了我国经济高能耗和高污染的特征。作为“世界工厂”，我们从事的主要是价值链上属于第二产业的部分。因此，依靠商品出口带动的高速经济增长会导致“结构畸形”，即第二产业比重偏高、而第三产业比重偏低。

制定区域发展战略也必须考虑体制因素。改革开放三十多年来，我国经历了从传统计划经济到社会主义市场经济的转变。在这个转变过程中，不断减少计划经济的成分和逐步“放权”是重要的特征。这导致了中央——地方关系的变化，并使中央政府如何进行区域管治和调控一直处于探索之中。总体趋势是在区域管治中“自下而上”的力量越来越强。尽管过去十年我国的区域发展战略和规划大多可以被视为“自上而下”和“自下而上”相互结合的结果，但是可以观察到，来自地方的影响和压力在一些战略和规划制定中占据了主导位置。这无疑加大了中央政府进行区域管治的难度。

逐步“放权”以及增加地方发展经济的积极性和自主性，是改革开放以来我国实现经济高速增长的重要基础。我国地方政府及其领导在发展经济上的积极性和主动性，在全球范围内是绝无仅有的。这固然与政绩考核和干部升迁制度有关，但更重要的是“事权”下放迫使地方政府必须通过发展经济获得更多的“办事”资源。问题在于地方政府不仅仅是经济发展的监管者，而且还是最重要的参与者之一。其发展经济的“雄心”不但难以被市场力量及时调控，往往也难以被中央政府规范性经济手段调控。在我国，可能制约地方政府的最有效调控手段是政治手段——动辄就需要地方政府签“军令状”就是一个表现。在这样的客观情况下，既要维护地方的发展权和积极性，又要避免地方不合理的发展损害国家整体利益，是难度非常大的工作，也是制定区域发展战略的难点所在。

制定区域发展战略还需要考虑区域发展格局的变化趋势。长达三十年的高速经济增长，使我国沿海地区生产成本日趋上升，传统制造业正在丧失竞争力。这将迫使沿海地区加快产业升级和产业转移的步伐。一般来讲，产业升级必然以适当降低速度为代价。可以预期，如果不再刻意刺激出口，沿海省份的经济增长速度将逐渐趋于平稳。而产业空间转移则为中西部地区经济发展增添了动力，使中西部省份具备较快增长的条件。因此，合理地把握区域发展格局的演化，对于科学制定区域发展战略至关重要。

20世纪90年代后期，我国开始真正重视区域差距问题。实施西部大开发战略是其中的重要标志。之后，国家又分别实施了东北振兴战略和中部崛起战略。但是，从这几个区域发展战略的实质内容来看，并不是完全转向重视公平的体现，而是“效率优先、兼顾公平”。战略实施的重点仍可视为“锦上添花”，即在中、西部地区选择条件较好的地区给予支持。在处理“公平”问题上，仅强调基本公共服务的均等化，没有将居民收入水平置于合理的位置。事实上，基本公共服务和收入水平，是解决“公平”问题的两个相辅相成的组成部分，不可偏废。应该把“富民”和“惠民”放到同等重要的位置上。总体上，目前我国需要一个以民生为核心、以解决地区间收入差距为目标的区域发展总体战略。这个战略要通过产业升级和产业转移的机制，将提升发达地区的竞争力与促进欠发达地区的发展有机结合起来。

8.5 主体功能区划

主体功能区划是近年来我国加强空间管理的一项重大举措，经济地理学者参与其中并发挥了重要的作用（见第1章）。自20世纪90年代中期开始，在探索向市场经济改革的过程中，空间管理工作被视为计划经济的遗留而遭到弱化。可以说，“九五”和“十五”几乎是我国空间管理的“空白期”。从“十五”开始，中央政府越来越感受到难以调控地方对GDP高速增长的极端热情。一些违规、违法投资项目在地方政府的庇护下不断滋生；一些地区的资源环境问题日益突出，接近崩溃的边缘。如何加强“自上而下”的空间管理，成为国家宏观调控面临的难题。在此背景下，中央政府决定采取主体功能区划来加强空间管理。按照国家发改委官员的解读，进行主体功能区划是为了挑战地方政府对GDP的盲目崇拜①。

《中华人民共和国国民经济和社会发展第十一个五年规划纲要》提出推进形成主体功能区，即“根据资源环境承载能力、现有开发密度和发展潜力，统筹考虑未来我国人口分布、经济布局、国土利用和城镇化格局，将国土空间划分为优化开发、重点开发、限制开发和禁止开发四类主体功能区，按照主体功能定位调整完善区域政策和绩效评价，规范空间开发秩序，形成合理的空间开发结构”。2006年，国务院正式启动全国主体功能区划工作。国办发〔2006〕85号文《国务院办公厅关于开展全国主体功能区划规划编制工作的通知》指出，编制全国主体功能区规划是“十一五”规划的一项新举措，涉及各地区自然条件、资源环境状况和经济社会发展水平，涉及全国人口分布、国土利用和城镇化格局，涉及国家区域协调发展布局。经过五年的编制与衔接工作，2011年初国务院原则批准《全国主体功能区划》。与此同时，全国绝大多数省（自治区、直辖市）都制定了省级主体功能区划方案。《中华人民共和国国民经济和社会发展第十二个五年规划纲要》进一步提出实施主体功能区战略，使其成为与区域发展总体战略同等重要的国家战略。

在主体功能区划酝酿和制定过程中，经济地理学者发挥了重要的技术支撑作

① 引自“发改委官员解读：四大功能区构想挑战GDP崇拜”，国企，2006-11-15. http://news.QQ.com.

用。尽管在“十五”初期国家发改委就提出要增强规划的空间指导，但按照功能区来加强空间指导的具体想法来自经济地理学者的咨询建议。2004 年，受国家发改委的委托，以经济地理学者为主体的研究团队开展研究并提交了“全国功能区域划分及其发展的支撑条件”咨询报告。研究报告建议了都市经济区、人口-产业集聚区、能源-资源重点开发区、农业综合开发区，以及需要进行重点保护和综合治理的生态类型区等功能区。之后，功能区思想在被纳入“十一五”规划过程中，演化成了优化开发、重点开发、限制开发和禁止开发四类主体功能区。这样的词汇给主体功能区划带上了一些理想主义色彩和“计划”色彩，传递出宏观调控部门对于加强“自上而下”空间管理的迫切心理。

主体功能区划带有某种程度的“区划”思维，但是由于在实际工作中并未做到全覆盖，还不能称之为标准的区划。另外，虽然带有“功能”这个词，但这种区域划分并不等同于我们之前提到的三种基本区域类型之一，即功能区域。功能区域指由各组成部分协同完成或实现特定功能的一个完整区域（如通勤区），其核心工作是找出这样的区域并划定边界，而这样的区域空间尺度不会太大。主体功能区则是指不同的区域在更大区域范围内发挥不同的功能，其核心工作是识别区域的功能。从这个角度看，主体功能区划确实是一个新的思维和新的空间管理方法。当然，正是由于“新”，所以这个方法还有很多不完善之处。

主体功能区划这种空间管理方式来自地理学的空间分异和空间结构思维（樊杰，2007）。按照经济地理学者的理解，我们所处世界的各个区域之间存在差异性，而且这种差异性会随着时间过程按一定规律进行变化，即地域分异规律。在社会经济方面，这种分异规律就是经济活动会在特定地点集聚，到达一定程度后产生空间扩散。伴随这种地域分异，社会经济活动会形成一定的空间结构（见第4章）。在理想的市场机制作用下，空间结构的演化不断趋向有序化。地域分异和空间结构有序化导致不同区域间的相互依赖性增强，将多个区域“绑”在一起成为一个整体。在现实中，可以简单地理解为区域“专业化”程度的加深，不同区域只有通过“交换”才能维系自己和整体的活力。这些都是经典的经济地理学思维。主体功能区划之所以是一种新的方法，核心之一就在于将生态功能作为可以进行交换的“产品”。

另外，主体功能区划也基于地理学的综合思维，特别是人地关系思维。如前所述，进行主体功能区划主要想解决所有地区不顾条件盲目追求 GDP 增长的问题，即区域发展的可持续性问题，因而其核心技术问题是资源环境承载能力评价。评价工作考虑的主要因素包括水资源、土地资源、生态脆弱性、生态重要性、环境容量、自然灾害，以及社会经济发展水平、人口集聚程度、交通优势度和战略地位①。这些指标实际上检验的是人类活动与自然环境的协调程度。当然，由于承载能力不仅涉及总量，而且还与结构密切相关（即承载什么活动），因此绝对客观的资源环境承载力评价几乎是不可能完成的。但是，这个评价是指向性的，有一定的指导意义。

应该承认，目前的主体功能区划方案是不完善的。特别是，四大类主体功能区的命名带有过于强烈的计划性（优化、重点、限制、禁止），实际上没有直接表达主体功能的含义。其分类体系与地区功能的多样性不符合，给制定和实施相应的配套政策措施带来难处。使用“限制”和“禁止”这样的词汇，从管理的角度似乎简单，但实际上让主体功能区划变成了“解决了一个问题、背上了一个包袱”。“限制”和“禁止”的背后是对发展权的补偿。中央政府有没有能力长期背负或者在多大程度上背负这样的财政包袱，是值得深思的事情。正是这一点让主体功能区划的实施面临困难。

另外，从目前主体功能区划方案可以看出，其重点是保障地区发展的可持续性，没能正面处理地区间协调发展问题。主体功能区划很大程度上回避了限制开发地区和禁止开发地区的就业与收入问题，寄希望于生态补偿和促进人口流出解决整个问题。而这两个办法都是有待检验的措施，特别是人口流出。按照区域经济学原理，人口流出与资本流入是解决欠发达地区收入问题两个相辅相成的途径。另外，文化传统使中国国民不可能像西方国家那样轻易迁移，更不用说发达地区城市生活成本迅速上升对人口迁移的阻碍作用了。可以说，主体功能区构想没有处理好“公平”问题，而且如果实施上补偿力度不够，还可能恶化“公平”问题。

总体上，主体功能区划是经济地理学思维与我国政治及管理体制结合所产生的一个空间管理尝试。这个方法与其他空间管理方法之间的关系还没有厘清。特别是，它与地域空间规划（国土规划）以及区域发展战略的衔接，还存在不少问题。无论如何，它都为今后更加科学的空间管理提供了基础和经验。

8.6 小　结

经济地理学是一门理论与实践紧密结合的学科。过去十多年，我国经济地理学者在国家及各地区的地域空间管理上发挥了重要作用，做出了不少有“显示度”的应用性工作。这些实践工作犹如一座冰山露出海平面的那部分，在阳光照

---

① 樊杰等. 2009. 国土空间评价与主体功能区划分. 中国科学院地理科学与资源研究所印刷资料。

射下闪耀着光芒，以至于很多人误以为经济地理学就是这些实践工作。殊不知，一座冰山能够立在大海，必须有海面以下更为庞大的部分来支撑！这些水下的部分就是默默无闻的学术研究。本章在介绍经济地理学者从事的一些空间管理工作时，试图把其中的一些具有特色的思维阐述出来。当然，由于作者能力所限，对这些思维的阐述未必到位。而且，受篇幅所限，也只能介绍一部分主要的工作。

经济地理学思维在进行地域空间管理上确实具有优越性。首先，进行空间管理必须要划分不同的区域，而这是经济地理学的传统工作领域。尽管人们可以随意在一张地图上画出各种区域，要合理确定各种区域及其界线需要科学研究来支撑。这其中所涉及的尺度问题、区域间联系与相互作用、空间分异规律、空间结构等，并不是每一个人不经过学习和训练就能把握的。其次，经济地理学思维在地域空间规划中具有不可替代的作用。如对于“点”、“线”、“面”（即核心城市、发展轴线、重点区域）的理解和确定。另外，经济地理学者所具有的“立体”思维能力使其在地域空间规划中经常扮演空间管理“系统工程师”的角色，组织其他相关学科人员或知识来解决重大空间管理问题。最后，经济地理学者在参与区域差距调控上所考虑的因素远远超过其他学科。对自然、社会、经济、文化、地缘安全等众多因素及其相互作用的关注，是经济地理学综合思维和立体思维的体现。主体功能区划则是经济地理学思维与我国特殊的政治及行政体制相结合的产物。

（地域）空间管理为经济地理学的发展提供了广阔的天地，也为这个学科提出了很多有意义的研究议题。用好这个关键平台，经济地理学就能用“两条腿走路”。关在房间“死读书”，会让这个学科缺少发展空间；低头做实践工作，让这个学科丧失竞争力。关注空间管理的重大需求并做好相关的学术研究，这个学科才有生命力。

第9章 “经世”与“致知”

——经济地理学思维转变[①]

现代性，意味着过渡、短暂和偶然；它是艺术的一半，另一半则是永恒和不变。

波德莱尔，《现代生活的画家》，1863

9.1 引　言

哈维（2003）引用波德莱尔对现代性的阐述，我想将“艺术”换做“学术”也没错。所有身处现代化旋涡中的人都能深切体会到其短暂、变化、破碎和混乱，但理想的追随者从未放弃理解和把握关于永恒和不变的另一半。经济地理学方法论思潮的流变可以说是这种现代性的矛盾特质的某种折射。不到50年间，西方地理学界学科范式频繁而迅速地发生着一系列令圈内人瞠目的转向，其哲学基础和方法论随着不同时期社会科学思潮的跌宕而转换，成了从其他学科借鉴观点和方法的最大的舶来者。在追求现代化的过程中，中国经济地理学科发展更是跟随国家意识形态的转变，而在不同的学科体系下经历了“过山车”般的起伏转折。

相比于学术思潮令人眼花缭乱的变化，中国经济地理一件有意思的事是某种穿越世纪的传承，或者说“不变”。今天当我们翻开孙中山先生的《实业计划》，会惊异的发现，这部写于20世纪初，民主中国刚刚诞生，尚立基未稳时期的国家工业化战略，不仅包含了对未来中国经济空间布局的基本蓝图构想，而且从国际和国内形势的大背景出发，提出了发展的基本原则和实施的具体途径。而更令人惊异的是，在此后一百多年里，国内外形势风云变幻，中国经历了翻天覆地的社会经济变革，《实业计划》中的很多发展布局的思想却被逐步实施了。尽管细节有所变化，但孙中山先生提出的基本原则和国家经济发展的宏观格局却令人惊异的得到继承和实施。这种传承的基础到底是什么？学术思想、意识形态的“变”，与现实发展趋势和格局的某种“不变”之间到底有着怎样的联系？在中

① 本章作者：童昕。

国经历了三十多年市场经济改革,"去管制","少干预","让市场发挥作用"的思想已经成为某种"滥觞"的时代,针对长远未来的建设性规划,如何能在充满不确定性的历史长河里付诸施行?这恐怕是当今中国经济地理学在面对西方各色学术思想的引进、消化,并付诸实践的过程中,需要认真反思的议题。

中西方经济地理学的一个显著差别在于其"知"与"行"的侧重点不同。西方地理学的学科建构起于地理大发现,探索新知与新奇发现在学科发展中起到引领作用。当然,就其实用性而言,西方经济地理学可以追溯到19世纪的商业地理学,通过整理世界各地的经济生产活动的相关知识,对欧洲殖民地开拓有所助益(Barnes,2000)。显然,随着学术职业化,学科圈子对这种经验主义的研究方法并不满意,西方经济地理学日益推崇理论建构,成为人文地理领域不断探索和引介新方法、新理论的主力,著述日丰。而中国从引介西学之初,就强调"师夷长技以制夷",重视应用实践,服务于富国强兵的现实目的,有着很强的社会使命感,在学术渊源上师承西方的现代经济地理学也不例外。上至20世纪前半叶,无论是任美锷、陈振汉等早期西方区位论的引介者,还是林超等正统区域主义的传承者,尽管师承不同的西方学术流派,但皆以中国实业振兴为首任。特别是在抗日战争时期,经济地理学者一方面在大后方参与西北煤矿、钢铁、西南盐业等资源调查的基础工作,另一方面为战后重建的工业布局筹划论证(张雷和陆大道,1999)。新中国成立后,意识形态和社会体制发生根本改变,但长期以来,中国经济地理学界参与国家重大资源调查与开发,服务国家区域发展与经济空间布局决策的传统并未改变,其参与的深度和广度是西方经济地理学界所难以企及的。这种参与超越了政党变换,意识形态更迭的表象,使学术传承在实践领域呈现某种连贯性。

9.2 "经世济用":学科发展的社会嵌入性

9.2.1 面向实践的学科发展

中国经济地理学重实用的特点是与学科发展的社会环境息息相关的。经济地理学界总结新中国成立后经济地理学的发展往往用"以任务带学科"来概括(刘卫东等,2011;陆大道,2009),即学科发展的首要目标和驱动力是满足国家需求,同时以实践任务促进学科的理论发展和建设。这种发展模式的基础首先在于政府是主导国家经济建设的核心主体。特别是在计划经济时代,生产力空间布局是各级政府计划部门必须完成的工作,因此我国经济地理学者广泛参与了地区综合考察、铁路选线、工厂选址、工业基地规划、农业区划等具体工作。由此形成的经济地理学理论体系也是围绕实践工作发展起来的经验总结，如工业布局的技术经济论证方法、农业区划方法、工业成组布局等。由于密切接触实践，经济地理学者对区域发展中的现实问题非常敏感，很早就关注和研究经济发展中的环境保护问题、技术创新等后来成为更多学科普遍关注的热点研究议题。

中国经济地理学引介西方理论方法也往往从实践需要出发。改革开放之后，随着市场经济的发展，经济决策主体日趋多元化，政府从大量具体的企业布局决策中退出，转而将重点转向如何把握宏观经济格局的变动趋势和影响驱动因素。中国经济地理学者因为早期参与过大量具体工厂选址和技术经济论证分析实践，在转向关注宏观格局的过程中，对宏观空间格局形成的微观地理基础具有较好的理解和把握，因而能够在国家和区域层面提出具有建设性的空间布局思路，如借鉴西方增长极理论提出的中国国土开发和经济布局“点—轴”系统空间结构理论（陆大道，1987）。而主体功能区研究也同样立足于地理学因地制宜的区划方法在国家战略层次的应用（樊杰，2007）。

同时，传统经济地理学有依产业部门和地域范围划分研究领域的传统，一些研究者往往结合实践经验和个人兴趣，逐渐形成各自关注的特定产业部门和地区。经济地理学者在因地制宜，将经济学一般理论和方法与特定产业的技术经济特征相结合方面，具有一定优势。在改革开放初期，以经济地理学者为主导引介翻译和编撰的一批行业发展布局文献，如《世界钢铁工业地理》（陈汉欣，1989）、《苏联钢铁工业地理》（陈汉欣，1982）、《化学工业布局》（梁仁彩，1982）等，对当时新形势下的工业布局实践具有现实参考意义。一些新兴产业门类和地域产业组织，如出口加工区、高科技产业、高新技术园区等也引起一些经济地理学者的关注（陈汉欣，1989；魏心镇和王缉慈，1993）。

另外，针对经济决策主体日趋多元化，经济地理学研究从关注生产活动及生产力的空间布局，转向关注不同的决策主体的行为和动机，由此逐步引入西方经济地理学的理论和研究方法（魏心镇，1982；王缉慈，1994）。应用西方经济地理学理论考察企业空间策略（李小建，1999），以及新兴的乡镇工业（樊杰和陶普曼，1998）和外资企业的区位特点与产业联系（薛凤旋和杨春，1997；魏后凯等，2001）。在市场经济转轨的过程中，经济地理学者由于扎根实践，对企业经济活动的社会嵌入性有着特殊的体认。企业并不仅仅是产生经济数据的基本单元，更是相关利益方进行博弈和战略决策的场所，还是诸多社会关系交织影响的空间。企业地理研究力图透过产业空间分布的表象，发现企业实际上是如何运作的，其市场是如何组织的，竞争对手在干什么，由此更加深入的理解特定的区位结果形成的原因。这对研究方法产生了深刻影响，仅仅从统计数据并不足以解释企业空间行为及策略的变动，必须设计更加复杂的调查，通过访谈企业家和经理，梳理企业报告，开展工人调查等多种途径，再现企业决策过程中的多元主体互动过程。

中外学术对话加深了西方经济地理学思潮对中国地理学研究的影响，在解决中国快速发展过程中所面临的关键问题这一基本目标下，跟踪国际前沿成为学术研究的潮流。从中国政府开展的一系列重大科技专项计划，如科技支撑计划等的研究内容中就可以看出，项目选题涉及气候变化、地表过程、土地利用、自然灾害等广泛议题（樊杰等，2011）。而议题的引领者和研究方法范式依然主要借鉴西方。由此形成了 20 世纪 90 年代中期以来中国经济地理学发展的三个基本特点：“规划”导向——经济地理学者的日常工作主要是参与各种尺度的空间规划；“综合”导向——人文要素与自然要素的综合交叉；“区域主义”导向——强调区域发展中地区差异的形成和演化机制（蔡运龙，2007）。实用导向的特点使得中国经济地理学者在方法上追求 GIS 的模拟分析和可视化表达，在理论上通过与国际接轨实现“理论拿来主义”。

9.2.2 “全球化”下的新挑战

以实践为导向的学科发展历程尽管获得来自政府和应用部门的认可，但缺乏理论基础成了学科发展的内在危机。这种危机在“全球化”的背景下，更多体现在学术交流的不对等，以及对学科内部身份认同的怀疑。改革开放三十多年，中国总体上是全球化的受益者。全球化给许多地方带来投资和市场，带来工业化的加速动力，带来市场经济改革的外部激励。以西方发达资本主义市场经济国家为师，不仅中国的许多新兴工业化地区从西方引进技术设备、开辟广阔的市场，而且中国的企业和政府都在管理模式、产业政策等诸多方面借鉴西方市场经济发展的经验。然而随着全球广泛的通货膨胀、经济放缓等危机逐步显现，反全球化的声浪正在越来越多的国家空前高涨，国际势力阴谋论滥觞，民族主义者则在环保和公正的旗号下宣扬新保护主义。三十多年的世界范围内经济自由化的繁荣景象似乎又一次面临危机的挑战。在这样的挑战面前，世界对中国的期望突然间超越了中国对自身的认识，中国经济地理不再能够局限于中国一隅，而需要以全球视角参与对话。中国经济地理的任务不仅仅在于借鉴西方经验，服务本土建设，而是需要更多的将视野转向国际，帮助走出去的中国理解世界，帮助关注中国的世界理解中国。

1. 全球资本主义生产体系的两面性

改革开放以来，中国的快速工业化，导致了一场史无前例的巨大规模的人口移动和新城市化运动，其规模是欧美、日本、东南亚等地工业化快速发展时期所经历的人口移动所不可比拟的。促使人口移动的原发动力是人们对现代生活模式的渴望，是人们对更高收入水平的追求。这股巨大的能量，冲破种种历史遗留的制度障碍，以及宏观政策层面的犹疑，爆发出来。中国正在发生的工业化与城市化过程在国家、区域和城市的多个层面带来深刻的社会结构转型。而开放和融入全球化经济体为这样的大规模的人口移动和社会经济转型提供了巨大的外部拓展空间。外向型制造业是中国过去三十多年高速增长的非农就业岗位的重要来源。而与世界发达国家工业化和城市化发展的水平相比较，中国的这一转型过程还远远没有结束，在未来的 30 ~ 50 年内，可以预见还将有数以亿计的人口将从农村转向城镇，大部分从事农业的劳动力将会继续转移到工业和服务业部门，这一转型需要强大的产业支撑以及更加细密的劳动分工，社会不仅需要为转移的人口提供更多优质的就业岗位，而且要在更加复杂而变动的产业系统的扩张条件下，探求自然、社会与人类文化发展的诸多平衡。

在跨越维持温饱的基线以后，经济系统的含义日益超越物质产品生产加工的本身，而将越来越多的非物质因素体现在价值的创造之中——包括对个人更高层次的多元化的精神需求和社会认同的满足、对人类和自然生态系统长期未来的关注，以及对社会公平与正义的要求等。这些原本看似和经济生产联系并不紧密的因素，越来越强烈的在全球价值链的控制与反控制的斗争中发挥话语导向的作用。而当中国的生产者力图从廉价的制造环节向更高端的增值环节攀升的时候，无不切身体验到全球价值链系统中的无处不在的意识形态控制力量。

对全球化或乐观或悲观的看法，总是与地方层次的日常体验密切联系的。后现代地理学力图从一个个地方和个人的多样化的经历中折射出危机与繁荣交替的历史背景。资本主义产业革命两百多年来，从纺织工业到机械工业，到钢铁工业、石油化学工业，到电气工业、汽车工业，再到今天的电子工业、信息服务业，技术变化的节奏逐渐加快。每一次技术变化无不是在种种矛盾冲突、危机和挑战的冲击下走向嬗变与重生。在第一次世界大战以前，欧洲作为世界经济的中心，其核心工业化国家保持了马歇尔式产业区的组织特点，相对分散的市场和高筑的国际贸易壁垒，给地方化的以中小企业为主的产业区留下相对隔绝的生存空间，较为独立的小工厂主，前店后厂式的经营模式，高度本地化的供应网络，构成了这类产业区的基本特征。然而大资本的积累与扩张打破了旧产业区田园牧歌式的生存状态，两次世界大战成为资本主义积累方式内在危机最终的外在表现。

第二次世界大战以后，以福特制大规模生产为特征，以及在此基础上形成的福利国家的管制体系，有效地缓解了西方发达资本主义国家的内部矛盾，高度垂直一体化的大企业集团与垄断资本结合，成为福利国家的经济支柱。人们雄心勃勃的展开对产业和经济的大规模干预，力图优化和控制生产系统，实现最有效的生产和配置。这时区域产业政策的代表是增长极理论，寄希望于通过庞大的外来投资和产业综合体项目，推动区域发展，促进区域平衡。

直到 20 世纪 70 年代的石油危机以前，在福特制积累方式和相应的管制政策框架之下，小企业和地方产业区被边缘化。然而，危机改变了这一切，局限于经济系统内部调整的产业发展政策在巨大的危机面前显得僵硬而难以有效应对。在许多传统工业区衰落的同时，一些具备中小企业集群特点和灵活专业化分工形式的新的产业空间迅速崛起，引起世人瞩目，被誉为"第二次产业发展的分水岭"（the second industrial divide）（有关两次工业分水岭的经典评述可参见 Piore 和 Sabel，1984；关于从福特制到灵活积累模式的转变的论述可参见 Scott，1988）。这些成功区域被赋予新产业区、新的产业空间、高技术产业综合体、创新区域等不同的名称（参见王缉慈等的系统综述，2001）。

不过，回顾西方经济地理学文献，伴随少数几个耳熟能详的成功案例的恰恰是发达国家大范围工业化地区面临的普遍的危机。正是危机，而非成功的故事，激起了理论研究的深刻反思，并引发经济地理学界，乃至更大范围内社会科学的范式革命。当我们从汗牛充栋的研究文献中，检视西方工业社会产业转型的历史，20 世纪 70 年代，欧洲和北美工业化核心地区广泛出现的去工业化（deindustrialization），工厂关闭、社区衰落、社会矛盾激化，是当时产业和区域发展研究的主背景（Bluestone and Harrison，1982；Messay and Meegan，1982；Harvey 1982）。繁荣与萧条的历史变更，表现在地理上则呈现为一个个地方的兴起与衰落，由此引发的忧虑至今依然是西方发达国家全球化研究中最具代表性的话语之一，正如迪肯（2007）在他的《全球性转变》一书中所述：

> "在工业化国家，存在着一个实实在在的恐惧，即技术变化和经济活动空间转移的双重力量（相互关联的），正在使很多人的就业前景恶化，……发展的鸿沟在扩大，……在特定地点上发生的很多事情，越来越成为更高空间层级上运行过程的结果……"

日益广泛而深入的相互联系，使竞争更像在同一个舞台上，而不是彼此隔绝的世界里。曾经那个壁垒森严的世界体系仿佛变成了"平坦的世界"（Friedman，2006）。原本处于世界体系"核心"地位的发达国家的消费者一边享受着数千公里以外中国这样的发展中国家和地区生产的廉价工业品，或印度提供的廉价的外包服务，一边忧虑着自己的工作岗位和稳定的薪资及福利预期。而刚刚从“边缘”，或者说价值链的低端，进入全球市场的新兴发展中国家和地区，似乎还来不及欢庆自己的发展成就，就开始了类似的忧虑，担心刚刚获得的发展机会、工作岗位和财富又将无情的流走。

在产业转型的阵痛面前，少数成功区域的确给人们带来新的希望，让人们看到在更加开放和变动的经济环境下，维系地方产业活力的可能性。但开放带来的发展机遇似乎并不能确保总是将我们带往繁荣。有关全球化的讨论似乎负面的忧虑常常占据上风。其中，克鲁格曼（1999）在1998年东南亚金融危机前后所著的《萧条经济学的回归》一书，代表了对经济系统本身不稳定性的关注。尽管今天回顾，东南亚金融危机事实上给中国沿海的外向型经济带来的机遇大于冲击。在金融风暴席卷东南亚新兴工业化国家之后，中国沿海迎来了又一波制造业快速增长，并最终奠定了中国“世界工厂”的地位。克鲁格曼当时所预言的全球性萧条似乎并没有发生。然而，在经历了快速增长之后，当下中国所面临的种种压力和挑战，倒令他当时的许多担忧和批评看上去又重新具有了现实意义。

在全球化的时代，地方真正面临的挑战在于对自身命运的不可控制和某种无奈。在这个意味上，贝克（2004）的《风险社会》似乎更全面地展示了工业化在全球扩张的内在风险，现代社会的一大特点是将人类置于自己所制造的风险之下，并且日益制度化。这种风险不仅仅包含着克鲁格曼所提到的现代经济系统自身的不稳定性，更体现为现代工业系统对自然生态系统、社会文化系统的结构性冲击。在这种似乎遥远、模糊而又难以捉摸的全球系统变迁面前，地方何以应对？

2. “开放—激变”：地方应对

中国工业化发展的过程是全球生产体系变迁的一部分，上述繁荣—危机交替的变化均在中国的区域发展历程中有所折射，然而这种日益紧密的联系似乎加剧了我们对中国未来发展的忧虑。现代交通通信技术的发展，催生了国际间产业日趋复杂紧密的横向联系与纵向联系，为分工细密的价值链不同环节在全球范围选择更好的区位布局，同时给部分规模经济显著的活动实现高度的空间集聚提供了良好的条件。中国从最初最基本的加工组装进入这样的分工网络，在外部市场的拉动下，出现飞跃性增长。历经二十多年持续的发展，地方产业链的分工网络逐步形成，本地企业不断开拓国内外的市场渠道，并积累自身的技术能力。产业区表现出来的欣欣向荣、蓬勃向上的发展动力，令研究者和政策制定者的目光都聚焦在全球化带来地方成长的一面。在借鉴西方经济地理研究的文献中，有关区域发展的主导话语也为第三意大利、硅谷等成功地方的故事所充斥。中国产业要不断向上攀登，产业集群从最低的劳动密集型加工环节走向全球价值链的高端环节，成为众多地方发展战略所共有的雄心抱负。

不过，打开市场、融入开放的全球生产网络也给本地带来巨大的社会转型压力。人口在从内地农村向沿海城市转移的过程中，对于劳动力人口流失的乡村地区和快速工业化的城市地带都带来巨大的冲击。大规模流动的"民工"、"北漂一族"的年轻人，这些失去了传统社会稳定生活环境的人们，成了新一批成长在充满不确定与潜在危机的雇佣市场中的劳动力大军。转型中的社会失范、身份认同缺失影响着构成社会最基本的元素。而对于快速发展的地区而言，产业和人口的大规模流入带来的冲击也是空前的，工业区蚕食了乡村，失地农民社区的管理，当地人与外来人口的矛盾……种种矛盾在快速发展的光环笼罩之下相对不太显眼，但当危机袭来，产业面临可能的衰退的时候，就有可能进一步激化。

在这样一种充满变动和不确定性的现实面前，仅仅从西方借鉴理论和方法，越来越不能满足面向实践的服务需求。后现代多元化带来的困惑淹没了中国语境下的关于国家现代化的明确方向，我们似乎才刚刚体会到马克思所说的，"一切固定的东西都烟消云散了"。

9.3 "格物致知"：困惑皆因知难行易

当我们在西方学术思潮的变幻流转和中国社会结构的巨大转型中困惑不已的时候，回想孙中山先生关于"知难行易"的论述，也许对我们今天重新审视和理解《实业计划》所呈现的传承性会有所助益。没有实践探索，没有行动的勇气和动力，就不会获得相关的知识积累；而没有求知求真的执着，没有对行动的方向和意义的深刻理解，知其然不知其所以然，则行动上难免会有随风转舵的轻率浮躁。

对"知"的理解变化正体现了对整个人类知识和社会发展的深切反思。特别是涉及"人"及其所构成的人类社会的研究方面，这种争论尤其激烈，其焦点在于作为主体的"人"与人所构成的"社会结构"之间的关系。社会结构与个人的能动性一直是社会科学研究试图理解人类社会变迁的两个相互对立的研究视角，由此导致社会决定论与方法论个人主义的内在矛盾。这种矛盾出于主—客体二分的认识论哲学。为了打破这一矛盾，社会学与经济学各自从不同的方向构建基于个体的理论。社会学以社会网络联接主体性和社会结构，通过对主体及其联系的丰富内涵和外延，将经济活动嵌入社会制度，文化和历史传承的丰富背景之中。而经济学也不断修正新古典主义有关个体及其决策环境的种种假设。在保留正式模型语言的形式基础上，试图不断借助新的计算机技术逼近现实社会经济系统演化的真实轨迹。

在这种方法论多元化的大潮流下，经济地理学在定性和定量两条路上分别引入了不同的方法途径。一边是主体行动网络理论（ANT）和商品链方法，为了适应跨界社会经济网络的高度动态性，更好的说明贯穿整个商品链从资源开采到最终消费的跨国比较、大规模流动、跨文化的主体的知识交流等复杂的过程，主体行动网络理论将个体与其所处的社会结构联系起来，并纳入浓厚的、多样的、非线性的和动态的关系。随后，产业网络定义的塑造又进一步让位于社会学概念，转向嵌入性和治理（Grabher，2006）。此中的洞察力在于网络中要素之间的关系是由一系列制度性规范、实践和规则控制并嵌入其中的。另一边是演化经济地理学作为经济地理新锐的发展，力图借鉴演化经济学在演化和自适应模型方面的分析技术和研究思路，模拟和检验地域系统的发展演化过程（Boschma and Martin，2010）。两条道路在“地方”这一地理景观通过人类经验而产生意义的空间层次汇聚。

“即使在全球化的世界里，经济活动在空间上也是地方化的。”（迪肯，2007）

人们对全球化发展在概念上的争论与共识，总是建立在地方层次的日常生活与工作中获得的具体感知之上。从马歇尔产业区研究以来，经济地理有关新产业区、产业集群、新的产业空间等这类领域的研究都传承了对地方生产关系、制度、环境和社会网络的关注。而将地方产业区放到全球化的背景下分析，应该看作对这一传统的重要发展。如何将抽象的全球化联系与具体的地方生产系统变迁联系起来，很多学者都从各自的角度进行了尝试。迪肯（2007）试图从三个侧面将全球生产网络与地方层次的经济活动及其变迁联系起来：管治——它们是如何被协调和管制的；空间性——他们在空间上是如何配置的；地域嵌入性——他们与特定的政治、制度和社会背景联系起来的程度。而近年来，全球价值链思想被进一步引入经济地理研究，全球商品链或者价值链的核心是围绕着价值在不同生产环节的分配及其背后的权力关系（Gerriffi and Korzeniewzica，1994），由此，分散的各个地方产业集群的竞争和升级就被嵌入到全球价值链权力争夺和利益分配的整体框架之中（Humphrey and Schmitz，2004）。

在建立从全球到地方的联系的努力中，上述两种研究视角所采用的方法途径有所不同。前者更侧重于对经济活动在大尺度层次上的空间格局变迁的研究，力图描绘和跟踪经济活动空间集聚扩散的状态及其演变，并在总体上力图把握影响这一空间格局变迁的各种影响因素。当然，相比于以往将经济活动的个体抽象为单一的点，或按照既定的工业分类标准考察产业部门和区域的空间格局，网络分析思想的引入提供了一种能够跨越传统断裂的尺度结构的思维框架，力图串连起全球—区域—国家—地方直至个人的不同尺度的贸易与非贸易的交往和联系。

而后者则更多秉承了结构主义分析的传统，力图分析和揭示经济活动空间集聚扩散表象之下的结构性运动，直指资本主义积累方式的内在逻辑，从中揭示资本循环和价值分配中的矛盾及其引发的社会再生产和阶级斗争在不同空间过程中的体现。在此，被全球价值链所串连起来的一个个地方成为研究的焦点，经济活动分布、产业组织形式、集群演化的种种独特路径，所有这些外在表现的多样性只有放在特定地方的制度文化、特定产业的竞争环境、特定的机遇窗口等等历史背景之下，才能与结构分析的抽象概念结合起来，建构起经验表象之下的社会结构的深层运动机制。

两种研究方法殊途同归，都在全球化的视野之下，将我们的目光聚焦在地方的发展路径之上，而通过网络化的联系（或者价值链）将地方织入全球的背景之中。对发达国家现代化道路的历史经验和现实反思激起人们对新兴工业化经济体发展前景的担忧。即便贸易自由化总体来看并非一场“零和游戏”（Krugman，1994），但国家和区域之间的竞争仍然是实实在在发生着的，而且这种竞争在很大程度上发生在地方层次而非国与国之间。关键是我们如何将对来自外部区域的威胁的焦虑转变为对本地长期福利和根本价值的关注，由此，就需要理解跨越不同层次的地域空间的广泛的经济活动的真实的发生过程，理解身处这些复杂经济联系中的，感受着、思考着和行动着的人。

9.4 结论：“知–行”合一，回到研究者自身

中国改革开放以来，学术风向再次西风东渐，西方经济地理学界这种哲学思潮与方法论的频繁更迭带给我们的既有新奇，又有困惑。研究实践中，方法论的多元化和实用倾向一方面解放了研究者的视野和手脚，另一方面又带来学科自身认同的内在危机。反观西方经济地理学对这一危机的应对是在承认和尊重多元化的前提下，将明白深入的方法论对话作为学科自身重构的关键一环。正如《经济地理学中的政治与实践》（蒂克尔等，2007）开篇所论：“……研究方法很重要——它们是经济地理学者（及其他人）面对和解释世界的途径；使研究发现更透明和易于交流；界定研究对象并亲涉其中；定位立足点；引入政治和道德观点；汇集相关实践者的团体；并为所建构的学科立言。”（p. xiii）研究方法已经不再局限于局外人的描述和解释，研究者在整个亲涉过程中，有立场、有行动、有激情、有转变，正是这些个体研究者层面的转变，汇集成了整个学科的一次次嬗变。

相比于自然科学现象，人文科学中的“发现”更偏重于不同时期不同时代背景下，人们对自身社会现象不断发展的新的理解，这些新的理解总是围绕人类生存与发展的核心问题不断更新，很多时候甚至是轮回。在思想流派的转换与方法技术日新月异的发展中，作为个人的研究者只有通过不断的反思，来加深自己对研究方法的理解，从而也更加深刻地理解我们所关注的研究对象，更加清醒的理解我们行动的意义。我们往往怀着改变世界的抱负启程，然而终点回到起点，往往改变的只是自己。不过，在这个人类行为对地球环境的影响日渐加深的时代，改变自己何尝不就是在改变世界？“人-地”关系在微观层面的表现如同地理环境本身一样丰富多彩，人对微观环境的感知和相应的行动使生活的各个方面都可以成为研究的议题。我们可以在日常生活中不断发现新的现象，做出新的解释。这样的发现也许不再具有“地理大发现”时代的轰动性。科学革命时代“发现永恒真理”的雄心壮志也似乎随着人本主义在善变的人性面前渐趋褪色。当研究的“反思性”逐渐在当代人文地理学者中流行起来时，我们不禁要“反思”一下，我们自身的变，有多少是出于求真求知的理解深化？有所少是出于对行动结果的反思改进？又有多少是追逐时尚的后现代游戏？在人文地理倡导个性化和多元化的今天，我们可能渐渐失去了“地理大发现”时代的荣耀，也失却了真理唯一性的评价标尺。但我们获得了更多个人独立探索周遭世界的“自我发现”的自由。只要我们的话语还可以相互交流，相互的理解可以不断增进，这样的自由无疑是学术之幸。

参考文献

安虎森．1997．增长极理论评述．南开经济研究，1：31-37

邦焦尔尼．2007．离开中国制造的一年：一个美国家庭的生活历险．闾佳译．北京：机械工业出版社

贝克．2004．风险社会．何博闻译．北京：译林出版社

伯特．2011．尺度：自然地理学中的尺度放大与缩小//霍洛韦，赖斯，瓦伦丁．当代地理学要义．黄润华，孙颖译．北京：商务印书馆

蔡运龙．2007．地理科学发展报告：2005-2006．北京：科学出版社

陈汉欣．1982．苏联钢铁工业地理．北京：冶金工业出版社

陈汉欣．1989．关于我国高技术开发区建设与布局的几个问题．地理学报，44（4）：400-406

陈汉欣．1989．世界钢铁工业地理．北京：冶金工业出版社

邓静中．1982．全国综合农业区划的若干问题．地理研究，1（1）：9-18

邓静中．1984．中国农业区划的性质、任务和进一步深入问题，农业区划，（1）：57-68

迪肯．2007．全球性转变：重塑21世纪的全球经济地图．刘卫东等译．北京：商务印书馆

杜能．1986．孤立国同农业和国民经济的关系．吴衡康译．北京：商务印书馆

樊杰．2004．地理学的综合性与区域发展的集成研究．地理学报，59（增刊）：33-40

樊杰．2007．我国主体功能区划的科学基础．地理学报，62（4）：339-350

樊杰．2008a．“人地关系地域系统”学术思想与经济地理学．经济地理，28（2）：177-183

樊杰．2008b．京津冀都市圈区域综合规划研究．北京：科学出版社

樊杰，刘卫东，金凤君，等．2011．中国重大科技计划中人文—经济地理学研究进展．地理科学进展，30（12）：1548-1554

樊杰，千庆兰．2004．我国东部沿海重点地区经济发展与资源—环境关系的比较研究．自然资源学报，19（1）：96-105

樊杰，陶普曼 W．1998．中国乡镇企业外向型经济发展的基本态势及省际差异．地理学报，53（1）：13-21

弗里德曼．2006．地球是平的：21世纪简史．何帆，肖莹莹，郝正非译．长沙：湖南科技出版社

顾朝林．1992．中国城镇体系：历史．现状．展望．北京：商务印书馆

郭焕成，姚建衡，任国柱．1992．中国农业类型划分的初步研究．地理学报，47（6）：507-515

哈特向．1996．地理学的性质．叶光庭译．北京：商务印书馆

哈维．2003．后现代的状况．北京：商务印书馆

赫罗德．2011．尺度：本土性和全球性//霍洛韦，赖斯，瓦伦丁．当代地理学要义．黄润华，孙颖译．北京：商务印书馆

胡兆量.1986. 论经济地理学的综合性. 经济地理，(2)：83-85
胡兆量等.1987. 经济地理学导论. 北京：商务印书馆
华熙成.1982. 上海市郊农业区位模式及农业生产问题探讨. 经济地理，3：175-180
黄秉维.1959. 中国综合自然区划草案. 科学通报，(18)：594-602
霍尔，佩恩.2009. 多中心大都市：来自欧洲巨型城市区域的经验. 罗振东等译. 北京：中国建筑工业出版社
霍洛韦，赖斯，瓦伦丁.2011. 当代地理学要义. 黄润华，孙颖译. 北京：商务印书馆
基钦，泰特.2007. 人文地理学研究方法. 蔡建辉译. 北京：商务印书馆
金凤君.2012. 基础设施与经济社会空间组织. 北京：科学出版社
金凤君，王姣娥.2004. 20 世纪中国铁路网扩展及其空间通达性. 地理学报，59 (2)：293-302
金凤君，张平宇，樊杰，等.2006. 东北地区振兴与可持续发展战略研究. 北京：商务印书馆
卡斯特.2006. 网络社会的崛起. 夏铸九，王志弘译. 北京：社会科学文献出版社
卡斯特里.2011. 地方：相互依存世界里的联系与界限//霍洛韦，赖斯，瓦伦丁. 当代地理学要义. 黄润华，孙颖译. 北京：商务印书馆
克拉克，费尔德曼，格特勒.2005. 牛津经济地理学手册. 刘卫东，王缉慈，李小建等译. 北京：商务印书馆
克拉瓦尔.2007. 地理学思想史（第 3 版）. 郑胜华等译. 北京：北京大学出版社
克里斯塔勒.1998. 德国南部中心地原理. 常正义，王兴中等译. 北京：商务印书馆
克鲁格曼.1999. 萧条经济学的回归. 朱文晖，王玉清译. 北京：人民大学出版社
寇，凯利，杨伟聪.2012. 当代经济地理学导论. 刘卫东等译. 北京：商务印书馆
李莉.2011. 中欧区域经济发展差异对比研究. 北京：中国科学院地理科学与资源研究所
李小建.1999. 经济地理学. 北京：高等教育出版社
李小建.2001. 公司地理论. 北京：科学出版社
李旭旦.1979. 欧美区域地理研究的传统与革新. 南京师院学报（自然科学版)，(1)：1-7
李旭旦.1985. 人文地理学概说. 北京：科学出版社
联合国贸易与发展会议.2011. 世界投资报告 2011
梁进社，贺灿飞，张华.2007. 旅行分布的重力模式与交通模型的关系. 地理学报，62 (8)：840-848
梁仁彩.1982. 化学工业布局概论. 北京：科学出版社
刘慧.2006. 区域差异测度方法与评价. 地理研究，25 (4)：710-718
刘卫东，柴彦威，周尚意.2009. 地理学评论：第 1 辑. 北京：商务印书馆
刘卫东，陆大道.2004. 经济地理学研究进展. 中国科学院院刊，19 (1)：35-39
刘卫东，陆大道.2005. 新时期我国区域空间规划的方法论探讨，地理学报，60 (6)：894-902
刘卫东，金凤君，刘彦随，等.2011. 2011 中国区域发展报告. 北京：商务印书馆
刘卫东，金凤君，张文忠，等.2011. 中国经济地理学研究进展与展望. 地理科学进展，30 (12)：1479-1487
刘卫东，陆大道，张雷，等.2010. 我国低碳经济发展框架与科学基础——实现 2020 年单位

GDP碳排放降低40%-45%的路径研究．北京：商务印书馆
刘卫东，樊杰，等．2003．中国西部开发重点区域规划前期研究．北京：商务印书馆
刘卫东，刘红光，等．2012．地区间贸易流量估算方法研究：产业-空间模型的构建与应用．地理学报，67（2）：147-156
刘燕华，葛全胜，张雪芹．2004．关于中国全球环境变化人文因素研究发展方向的思考．地球科学进展，19（6）：889-895
刘志高，崔岳春．2008．演化经济地理学：21世纪的经济地理学．社会科学战线，（6）：65-75
陆大道．1987a．我国区域开发的宏观战略．地理学报，42（2）：97-105
陆大道．1987b．我国新时期经济地理学的区域综合研究方向．地理研究，6（1）：1-9
陆大道．1988．区位论及区域分析方法．北京：科学出版社
陆大道．1992．大型港口-钢铁工业基地的综合开发：河北省王滩地区国土开发总体规划．北京：科学出版社
陆大道．1995．区域发展及其空间结构．北京：科学出版社
陆大道．2009．关于人文—经济地理学的性质及方法．地理学评论：第1辑．北京：商务印书馆
陆大道．2009．向100年来为国家和人类做出贡献的地理学家致敬——纪念“中国地理学会”成立100周年．地理学报，64（10）：1155-1163
陆大道，樊杰，刘卫东，等．2011．中国地域空间、功能及其发展．北京：中国大地出版社
陆大道，刘卫东．2003．区域发展地学基础综合研究的意义、进展与任务．地球科学进展，18（1）：12-21
陆大道，薛凤旋，等．1997．1997中国区域发展报告．北京：商务印书馆
陆大道等．2003．中国区域发展的理论与实践．北京：科学出版社
陆玉麒．2002．区域双核结构模式的形成机理．地理学报，57（1）：85-95
陆玉麒，董平．2004．中国主要产业轴线的空间定位与发展态势．地理研究，23（4）：521-529
陆玉麒．1998．区域发展中的空间结构研究．南京：南京师范大学出版社
吕一河，傅伯杰．2001．生态学中的尺度及尺度转换方法．生态学报，21（12）：2096-2105
马润潮．1999．人文主义与后现代化主义之兴起及西方新区域地理学之发展．地理学报，54（4）：365-372
马润潮．2004．西方经济地理学之演变及海峡两岸地理学者应有的认识．地理研究，23（5）：573-581
美国国家科学院．2002．重新发现地理学．黄润华译．北京：学苑出版社
美国国家科学院国家研究理事会．2004．重新发现地理学．黄润华译．北京：学苑出版社
美国国家科学院国家研究理事会．2011．正在变化的星球：地理科学的战略方向．刘毅，刘卫东，等译．北京：科学出版社
苗长虹．2005．从区域地理学到新区域主义：20世纪西方地理学区域主义的发展脉络．经济地理，25（5）：593-599
苗长虹，魏也华，吕拉昌．2011．新经济地理学．北京：科学出版社

莫辉辉，王姣娥. 2012. 复杂交通网络：结构、过程与激励. 北京：经济管理出版社
年福华，姚士谋，陈振光. 2002. 试论城市群区域内的网络化组织. 地理科学，22（5）：568-573
诺思. 2008. 理解经济变迁过程. 北京：中国人民大学出版社
皮特. 2007. 现代地理学思想. 周尚意等译. 北京：商务印书馆，
申玉铭，毛汉英. 1999. 区域可持续发展的若干理论问题研究. 地理科学进展，18（4）：287-295
世界银行. 2009. 2009年世界发展报告：重塑世界经济地理. 胡光宇等译. 北京：清华大学出版社
斯科特. 2005. 经济地理学：伟大的半个世纪//克拉克等. 牛津经济地理学手册. 刘卫东，王缉慈，李小建，等译. 北京：商务印书馆
宋长青，冷疏影. 2005. 21世纪中国地理学综合研究的主要领域. 地理学报，60（4）：546-552
索尔. 1998. 历史地理学引论. 姜道章译. 中国历史地理论丛，（4）：37-56
涂尔逊. 2005. 城市生态环境规划-理论、方法与实践. 北京：化学工业出版社
王成金，金凤君. 2006. 中国海上集装箱运输的组织网络研究. 地理科学，26（4）：392-401
王恩涌，赵荣，张小林. 2004. 人文地理学. 北京：高等教育出版社
王缉慈. 1994. 现代工业地理学. 北京：中国科学技术出版社
王缉慈. 2001. 创新的空间. 北京：北京大学出版社
王缉慈等. 2010. 超越集群. 北京：科学出版社
王茂军. 2009. 中国沿海典型省份城市体系演化过程分析：以山东为例. 北京：科学出版社
王峥等. 1993. 地理科学导论. 北京：高等教育出版社
王峥等. 2003. 理论经济地理学. 北京：科学出版社
魏后凯. 2006. 现代区域经济学. 北京：经济管理出版社
魏后凯，贺灿飞，王新. 2001. 外商在华直接投资动机与区位因素分析. 经济研究，（2）：67-76
魏心镇. 1982. 工业地理学. 北京：北京大学出版社
魏心镇，王缉慈. 1993. 新的产业空间——高技术开发区的发展与布局. 北京：北京大学出版社
沃尔夫. 2008. 全球化为什么可行. 北京：中信出版社
邬建国. 2007. 景观生态学：格局、过程、尺度与等级（第二版）. 北京：高等教育出版社
吴传钧. 1991. 论地理学的研究核心——人地关系统地域系统. 经济地理，11（3）：1-6
吴传钧，刘健一，甘国辉. 1997. 现代经济地理学. 南京：江苏教育出版社
吴绍洪，刘卫东. 2005. 陆地表层综合地域系统划分的探讨——以青藏高原为例. 地理研究，24（2）：169-178
吴绍洪，杨勤业，郑度. 2002. 生态地理区域界线划分的指标体系，地理科学进展，21（4）：302-310
吴越，魏清泉. 2003. 新区域主义的发展观、方法论及其启示. 城市规划汇刊，（2）：89-96

谢泼德，巴恩斯 . 2008. 经济地理学指南 . 汤茂林译 . 北京：商务印书馆
薛凤旋，杨春 . 1997. 外资——发展中国家城市化的新动力：珠江三角洲个案研究 . 地理学报，52（3）：193-206
杨淑珍等 . 1990. 中国经济区划研究 . 北京：中国展望出版社
杨吾扬 . 1989. 区位论原理：产业、城市和区域的区位经济分析 . 兰州：甘肃人民出版社
杨吾扬，梁进社 . 1997. 高等经济地理学 . 北京：北京大学出版社
约翰斯顿 . 1999. 地理学与地理学家——1945 年以来的英美人文地理学 . 唐晓峰等译 . 北京：商务印书馆
约翰斯顿 . 2001. 哲学与人文地理学 . 蔡运龙，江涛译 . 北京：商务印书馆
曾菊新 . 1996. 空间经济：系统与结构 . 武汉：武汉出版社
张辉 . 2006. 全球价值链下地方产业集群转型和升级 . 北京：经济科学出版社
张晶，吴绍洪，唐炳舜 . 2007. 地域系统研究进展与展望 . 中国人口 · 资源与环境，17（4）：49-54
张雷，陆大道 . 1999. 我国二十世纪工业地理学的发展 . 地理学报，54（5）：391-400
张娜 . 2006. 生态学中的尺度问题：内涵与分析方法 . 生态学，26（7）：2340-2355
张文尝，金凤君，樊杰 . 2002. 交通经济带 . 北京：科学出版社
张文忠 . 2000. 经济区位论 . 北京：科学出版社
郑度，傅小锋 . 1999. 关于综合地理区划若干问题的探讨 . 地理科学，19（3）：193-197
郑度，葛全胜，张雪芹，等 . 2005. 中国区划工作的回顾与展望 . 地理研究，24（3）：330-344
郑度等 . 2012. 地理区划与规划词典 . 北京：中国水利水电出版社
郑度，杨勤业，顾钟熊，等 . 2003. 黄秉维地理学术思想及其实践——纪念黄秉维院士诞辰九十周年 . 地理研究，22（2）：133-139
郑开昭等 . 1994. 中国地区经济核心与边陲分析//刘树成等 . 中国地区经济发展研究 . 北京：中国统计出版社
郑昭佩 . 2008. 地理学思想史 . 北京：科学出版社
中国地理学会 . 2007. 地理科学学科发展报告（2006—2007）. 北京：中国科学技术出版社
朱德威，梁进社 . 1986. 大宗物质供销区位的定量分析及其引申 . 地理学报，41（4）：350-359
祝卓 . 1991. 人口地理学 . 北京：中国人民大学出版社
Amin A，Thrift N. 1994. Living in the global//Amin A，Thrift N. Globalization，Institutions，and Regional Development in Europe. Oxford：Oxford University Press
Arthur W B. 1994. Increasing Returns and Path Dependence in the Economy. Michigan：University of Michigan Press
Barnes T J. 2000. Inventing Anglo-American economic geography，1889 – 1960//Sheppard E S，Barnes T. Companion to Economic Geography. Oxford：Blackwell
Black W R. 1972. Interregional Commodity flows：some evperiments with the gravity model. Journal of Reqional Science，12：107-118
Bluestone B，Harrison B. 1982. The Deindustrialization of America. New York：Basic Books

Boschma R A，Martin R L. 2010. The Handbook of Evolutionary Economic Geography. Cheltenham：Edward Elgar Pub

Cairncross F. 1997. The Death of Distance：How the Communications Revolution Will Change Our Lives. Boston，MA：Harvard Business School Press

Camagni R P. 1993. From city hierarchy to city network：Reflections about an emerging paradigm//Lakshmanan T R Nijkamp p. Structure and Change in the Space Economy. Berlin：Springer-Verlag

Castree N. 2003. Place：connections and boundaries in an interdependent world//Holloway S L，Rice S P，Valentince G. Key Concepts in Geography. SAGE Publications

Christopherson S，Garretsen H，Martin R. 2008. The world is not flat：putting globalization in its place：Cambridge Journal of Regions，Economy and Society，(1)：343

Clark G L 1981. The employment relation and spatial division of labor：a hypothesis . Annals of the Association of Amerian Geographers，71 (13)：412-424

De Long J B. 1988. Productivity growth，convergence，and welfare：comment. The American Economic Review，78：1138-1154

Dicken P. 1992. Global Shift. Guilford Press

Dicken P，Kelly P F，Olds K，et al. 2001. Chains and networks，territories and scales：towards a relational framework for analysing the global economy. Global Networks，1 (2)：89-112

Dicken P，Lloyd P E. 1990. Location in Space：Theoretical Perspectives in Economic Geography. Harper Collins Publishers

Dicken P，Thrift N. 1992. The organization of production and the production of organization：why business enterprises matter in the study of geographical industrialization，Transaction，Institute of British Geographers，17：279-291

Ernst D，Kim L. 2002. Global production networks，knowledge diffusion，and local capability formation. Research Policy，31：1417-1429

European Commission A A. 2011. Eurostat Regional Yearbook 2010

Fellmann J P，Getis A，Getis J. 2003. Human Geography. Boston：McGraw-Hill

Friedman T L. 2005. The World Is Flat：A Brief History of the Globalized World in the Twenty-first Century. Allen Lane

Friedman T L. 2006. The World is Flat：The Globalized World in the Twenty-first Century. London：Penguin

Friedmann J. 1966. Regional Development Policy：A Case Study of Venezuela. Cambridge：The M. I. T Press

Friedmann J. 1986. TheWorld City Hypothesis. Development and Change，17：69-83

Gereffi G. 1994. The organistion of buyer-driven global commodity chains：how US retailers shape overseas production networks//Gereffi G，Korzeniewicz M. Commodity Chains and Global Development. Westport：Praeger

Gereffi G. 1999. International trade and industrial upgrading in the apparel commodity Chains. Journal of

International Economics, 48: 37-70

Gerriffi G, Korzeniewicz M. 1994. Commodity Chains and Global Capitalism. Westport: Praeger

Gottmann J. 1957. Megalopolis of the urbanization of the northeastern seaboard. Economic Geography, 33 (3): 189-200

Gould P. 1963. Man against his environment: a game theoretical framework, Annals of AAG, 69: 290-297

Grabher. 2006. Trading routes, bypasses, and risky intersections: mapping the travels of 'networks' between economic sociology and economic geography. Progress in Human Geography, 30 (2): 163-189

Granovetter M. 1985. Economic action and social structure: The problem of embeddedness. American Journal of Sociology, 91 (3): 481-510

Gregory D, Johnston R, Pratt G, et al. 2009. The Dictionary of Human Geography (5th). London: Wiley-Blackwell

Haggett P, Cliff A D, Frey A. 1977. Locational Analysis in Human Geography (2nd) . London: Arnold

Hall P. 2001. Global City-Regions in the Twenty-First Century//Scott A Global City-Regions. New York: Oxford University Press

Harrison B. 1994. Lean & Mean: Why Large Corporations Will Continue to Dominate the Global Economy. NewYork: The Guilford Press

Harvey D. 1982. The Limits to Capital: Chicago. London: Verso Books

Harvey D. 2005. The New Imperialism. Oxford: Oxford University Press

Harvey D. 2009. Reshaping economic geography: the world development report 2009. Development and Change, 40: 1269-1277

Hayter R. 1997. The Dynamics of Industrial Location: The Factory, the Firm and the Production System. New York: John Wiley& Sons

Hoover E M. 1948. The Location of Economic Activity. New York: McGraw-Hill

Hotelling H. 1929. Stability in competition. The Economic Journal , 39: 41-57

Hudson B. 1977. The new geography and the new imperialism: 1879–1918. Antipode, 9 (2): 12-19

Humphrey J, Schmitz H. 2004. Local Enterprises in the Global Economy: Issues of Governance and Upgrading. Cheltenham: Elgar

Isard W. 1956. Location and Space of Economy. Cambridge, Mass: MIT Press

Jefferson, M. 1939. The law of the primate city. Geographical Review, 29: 226-232

Johanson J, Wiedersheim-Paul F. 1975. The internationalization of the Firm-Four Swedish cases. Journal of Management Studies, 12 (3): 305-322

Kobrin S. 1987. Testing the bargaining hypothesis in the manufacturing sector in developing countries. International Organization, 41: 609-638

Krugman P. 1991. Geography and Trade. Cambridge, MA: MIT Press

Krugman P. 1991. Increasing Returns and Economic Geography. Journal of Political Economy, 99: 483-499

Krugman P. 1994. Competitiveness: a dangerous obsession. Foreign Affairs, 73 (2): 28-44

Latour B. 1993. We Have Never Been Modern. Cambridge, MA: Harvard University Press

Launhardt W. 1993. Mathematical Principles of Economics. Hantsi Edward Elgar

Leung C. 1990. Locational characteristics of foreign equity joint ventures investment in China, 1979-1985. Professional Geographer, 42: 403-421

Livingstone D N. 1992. The Geographical Tradition: Episodes in the History of a Contested Enterprise. Oxford: Blackwell

Losch A. 1954. The Economics of Location. New Haven, Conn: Yale University Press (originally published in 1939)

Lucas R E. 1988. On the mechanics of economic development* 1. Journal of Monetary Economics, 22: 3-42

Maddison A. 2001. The World Economy: A Millenial Perspective, Development Centre of the Organization for Economic Cooperation and Development. Paris: OECD

Maddison A. 2004. Historical Statistics for the World Economy: 1-2003 AD. Paris: OECD

Markusen A. 1996. Sticky places in slippery space: a typology of industrial districts. Economic Geography, 72 (3): 293-313

Marston S A. 2000. The social construction of scale. Progress in Human Geography, 24: 219-241

Martin R, Sunley P. 2006. Path dependence and regional economic evolution: Journal of Economic Geography, 6: 395-437

Massey D. 1984. Spatial Division of Labour: Social Structure and the Geography of Production, London: Methuen

Massey D, Meegan R. 1982. Anatomy of Job Loss: The How, Why and Where of Employment Decline. London: Methuen

Massey D, Meegan R. 1985. Politics and Method. London: Methuen

Mellinger A D, Sachs J D, Gallup J L. 2000. Climate, coastal proximity and development//Clark G L, Feldman M P, Gertler M S. The Oxford Handbook of Economic Geography. Oxford and New York: The Oxford University Press

Ohmae K. 1995. The borderless world: power and strategy in an interdependent economy. New York: Harper Business

Ohmae K. 1995. The Evolving Global Economy: Making Sense of the New World Order. Boston: Harvard Business Review Press

O'Brien R, Affairs R I O I. 1992. Global financial integration: the end of geography. New York: Council on Foreign Relations Press

O'hUallachain B, Reid N. 1992. Source country differences in the spatial distribution of foreign direct investment in the United States. The Professional Geographer, 44: 272-285

Palander T. 1935. Beiträge zur Standortstheorie. Uppsala: Almqvist & Wicksells

Peet R. 1985. The social origins of environmental determinism. Annals of AAG, 75: 309-333

Perrou X F. 1950. Economic space: theory and applications. The Quarterly Journal of Economics, 64 (1): 89-109

Piore M, Sabel C. 1984. The Second Industrial Divide: Possibilities for Prosperity. New York: Basic Books

Porter M. 2000. The Competitive Advantage of Nations. New York: The Free Press

Porter M E. 2000. Location, competition, and economic development: Local clusters in a global economy. Economic Development Quarterly, (14): 15

Porter M E, Linde C V d. 1995. Toward a new conception of the environment-competitiveness relationship. Journal of Economic Perspectives, 9: 97-118

Pred A. 1967. Behavior and location: foundations for a geographic and dynamic location Theory. Part I, Lund Studies in Geography B No. 27

Romer P M. 1986. Increasing returns and long-run growth. The Journal of Political Economy, 87 (2): 1002-1037

Sassen S. 1991. The Global City. Princeton: Princeton University Press

Scott A. 1983. Industrial organization and the logic of intra-metropolitan location I: theoretical considerations. Economic Geography, 59: 233-253

Scott A. 1983. Industrial organization and the logic of intra-metropolitan location II: a Case study of printed circuits industry in the Great Los Angeles Region. Economic Geography, 59: 343-367

Scott A. 1984. Industrial organization and the logic of intra-metropolitan location III: a case study of the women dress industry in the Great Los Angeles Region. Economic Geography, 60: 3-27

Scott A. 2001. Global City-Regions. New York: Oxford University Press

Scott A J. 1988. New Industrial Spaces: Flexible Production Organization and Regional Development in North America andWestern Europe. London: Pion

Scott A J. 2009. World Development Report 2009: reshaping economic geography. Journal of Economic Geography, 9: 583

Setterfield M. 1997. 'History versus equilibrium' and the theory of economic growth. Cambridge Journal of Economics, 21: 365

Shaeffer F K. 1953. Exceptionalism in geography: a methodological introduction, Annals of AAG, 43: 226-249

Skulason J B, Hayter R. 1998. Industrial location as a bargain: Iceland and the Aluminium Multinationals, 1962–1994. Geografiska Annaler, 80B: 1, 29-48

Smith N. 1984. Uneven Development: Nature, Capital and the Production of Space. Oxford: Blackwell

Storper M. 1997. The Regional World: Territorial Development in a Global Economy. New York : The Guilford Press

Swyngedouw E. 1992. The Mammon quest: 'Glocalisation', interspatial competition and the monetary order: the construction of new scales//Dunford M, Kafkalas K. Cities and regions in the new Europe. London: Belhaven Press

Taaffe E J, Morrill R L, Gould P R. 1963. Transport expansion in underdeveloped countries: a comparative analysis. Geographical Review, 53 (4): 503-529

Taylor P J. 1981. Geographical scales within the world-economy approach. Reviews, 5: 3-11

Taylor P J. 2004. World City Network: A Global Urban Analysis. London: Routledge

The World Bank. 2009. World Development Report: Reshaping Economic Geography, Washington, D. C

Tickell A, Sheppard E, Peck J, et al. 2007. Politics and Practice in Economic Geography. London: SAGE Publications

Tobler W. 1970. A computer movie simulating urban growth in the Detroit region. Economic Geography, 46 (2): 234-240

Ullman E. 1957. American Commodity Flow. Seattle: University of Washington Press

Vance J E. 1970. The Merchant's World: The Geography of Wholesaling. Prentice

Venables A. 1996. Equilibrium locations of vertically linked industries. International Economic Review, 37 (2): 341-359

Wallerstein I. 1974. The rise and future demise of the world capitalist system: concepts for comparative analysis. Comparative Studies in Society and History, 16: 387-415

Weber A. 1909. Theory of the Location of Industries. Chicago: University of Chicago Press

Whitbeck R. Economic geography: its growth and possibilities. Journal of Geography, 1915-16, 14: 284-296

Whitbeck R, Finch V. 1924. Economic Geography, New York: McGraw-Hill

Witherick M, Ross S, Small J. 2001. A Modern Dictionary of Geography (4th). London: Arnold

Yueng H W C, 2005. Rethinking relational economic geography. Transactions of the Institute of British Geographers. New Series, 30: 37-51

后　记

这是一次“朝圣”之旅。完成本书的修改和统稿、即将交付出版社之际，我对自己这样说。开车行走在青藏公路上，每每看到淳朴的藏民跪拜前往远在千里之外的布达拉宫，我总会为之动容，感受到他们坚定的信仰。尽管路途是那么遥远，但他们心中有着“圣殿”。过去三十年，西方经济地理学“游牧”了太多的地方，而中国经济地理学也追踪实践需求从事了大量的实践工作。这个学科有些让人“困惑”了！到了该回头看看我们的“圣殿”在哪里、我们有什么核心的“信仰”的时候了。这是本书的初衷。

多年前，当学生们在讲座上站起来质问经济地理学有什么独特的理论时，当其他学科的学者轻声问起经济地理学有什么独特的东西时，尽管做出了“维权”式的反驳回答，但我也会在心里默默地问自己：我们到底有什么？我们怎么与其他学科区分开来？机会来了！2007 年底，北京大学蔡运龙教授牵头承担了科学技术部“创新方法工作专项”之一“地理学方法研究”，我被邀请负责“经济地理学方法研究”课题工作。尽管项目立意于“创新”，但我执意要回头看看。从那时起，我下定决心要写一本关于经济地理学思维特点和社会定位的著作。我深知这样工作的难度，也明白这工作不像我们这些年纪尚轻的人该干的，但我更不愿意“困惑”或“被困惑”下去。我的“狂想”得到了课题组成员贺灿飞、童昕和张晓平的支持。

真正着手这项工作之后，我慢慢领悟到，经济地理学这门学科的优势或者特别之处不在于不断细分的研究领域或者一些具体的研究方法，而在于其整体性思维。我将其称之为“面向真实世界的‘立体’思维能力”。这个思维方式包括了我们对空间格局的刻画方法（如区位、空间分异、空间结构），也包括了我们对形成空间格局的驱动力的认识方式（如区域间相互作用、尺度关联和地区综合），还要体现出时间过程。在这个思维框架下，我们认识的当今世界经济空间是一个“鸟巢”式空间，上下左右充满着各种各样的联系。当然，这个思维框架不是经济地理学的全部，而是其骨架。我们的细分研究确实可以放到这样的框架上，让我们明白细分研究对整体思维的贡献，让我们无论“游牧”到哪里都不会忘记自己的“毡房”。

确立这样的框架后，我感到心有余而力不足。无论是精力还是能力，我们课题组的几个年轻人都是难以在短期内完成这样的工作的。有幸的是，我得到了梁进社教授、苗长虹教授以及我的同事王姣娥副研究员的鼎力支持，他们分别承担了空间联系与相互作用、尺度关联与相互依赖、空间结构三章的写作。我真心地感谢本书所有的合作者。没有他们的贡献，我确实无法在目前的时间结点完成这个工作。

从2009年初着手到目前完成书稿，整整花费了四年时间。这也是工作之初我没有想到的。原因并不是我们消极怠工，而是工作的难度。不仅写什么内容难以抉择，而且用什么口气写也不好把握，有的章节甚至写完了又推倒重来。我不希望用教科书式的口气写作，而是期望用交谈的方式来与读者交流心得。直到现在交稿，我也不能肯定我们是不是完全做到了，但我们确实努力了。不足之处，请读者们原谅。拖了这么久才完成，该责备的其实是我自己。尽管有了完整的思考，但是工作繁忙让我难以找到一整段时间集中精力写作。我负责的第1章是利用2012年春节前的空闲时间写完的，一直写到除夕年夜饭之前。那时如释重负的感觉，现在回想起来还感到一丝惬意。第8章的主体部分则是利用2012年国庆难得的八天假期完成的。读者们给我一个借口吧，如果工作不是那么忙，我们会干得更好的。

正如我在第1章里写到的，这本书不是一本系统的教科书，也不是关于经济地理学应该做什么的宣言，更不是对经济地理学的系统阐述，甚至不能称为导论。它只是试图回答，经济地理学思维有什么特点，或者说经济地理学存在哪些有别于其他学科的研究视角。通过对这些视角的介绍和阐述，期望能明确树立起一个针对现实世界的“立体”思维能力的框架。我的初衷是，帮助刚刚接触这个领域的人树立一个整体观，然后再去进行深入学习，通过不断的实践获得“立体”思维能力；给在这个领域“真刀实枪”奋战多年的学者一个茶余饭后消遣和思考的“靶子”；让关心这个学科的其他学者更多地了解这个学科。对于出于这样一些目的写成的一本书，我确实不知道该如何定位它。不过，只要它有点用就可以了。

在本书写作过程中，我曾在多个学术会议或学校讲座上讲述了本书第1章的部分内容。大部分学生对于先树立一个整体观抱有浓厚的兴趣。但是，对于我将经济地理学定位于（地域）空间管理的“系统工程师”（学科的社会定位），一些学者质疑是不是过于实践性了。我个人的理解是，地理学包括经济地理学不是基础科学（即被其他学科强烈需求的学科，如数学），而是直接面向社会实践的学科。这样的学科必须在社会上有一个鲜明的、有特色的定位，才能得到更好的发展。这一点对这个学科的学生尤为重要，涉及就业问题。毕竟，我们这个学科不光要培养学者，还要培养对社会有用的人才。另外，学科的社会定位与学术研究并不矛盾。经济学与经济学家在社会上的作用相得益彰。更何况经济地理学是理论与实践紧密结合的一个学科。当然，这只是一家之言。相信读者们会有自己的理解。

最后，尽管我们努力了，但受水平所限，本书肯定存在疏漏之处。在此，我恳请读者们原谅，并不吝赐教，让我们以后有机会时改正。本书的整体框架、内容和写作风格方面，疏漏之处由我个人负责。

刘卫东

2012 年深秋于奥运园区